《伦理学研究书系》
总　序

伦理学作为经典的人文科学在现代社会具有不可替代的地位和独特的社会功能。

伦理学的价值不在于提供物质财富或实用工具与技术,而是为人类构建一个意义的世界,守护一个精神的家园,使人类的心灵有所安顿、有所归依,使人格高尚起来。

伦理学也可以推动社会经济技术的进步,因为它能提供有实用性的人文知识,能营造一个有助于经济技术发展的人文环境。不过,为人类的经济与技术行为匡定终极意义或规范价值取向,为人类生存构建一个理想精神世界,却是伦理学更为重要的使命。

伦理学对人的价值、人的尊严的关怀,对人的精神理想的守护,对精神彼岸世界的不懈追求,使它与社会中占居主导地位的政治、经济或科技力量保持一定的距离或独立性,从而可以形成一种对社会发展进程起校正、平衡、弥补功能的人文精神力量。这样一种具有超越性和理想性的人文精神力量,将有助于保证经济的增长和科技的进步符合人类的要求和造福于人类,从而避免它们异化为人类的对立物去支配或奴役人类自身。

在人类经济高度发展、科技急速飞跃的今天,在人类的精神上守护这样一种理想,在文化上保持这样一种超越性的力量是十分必要的。伦理学以构建和更新人类文化价值体系,唤起人类的理性与良知,提高人的精神境界,开发人的心性资源,开拓更博大的人道主义和人格力量等方式来推动历史发展和人类进步。

中南大学伦理学学科始建于 20 世纪 70 年代末,由我国著名伦理学家曾钊新先生所开创。1990 年获伦理学专业硕士学位授予权,2002 年获伦理学专业博士点;同年在基础医学一级学科博士点下自主设置生命伦理学二级学科博士点;2006 年成为湖南省重点学科,2007 年获博士后科研流动站,2008 年中南大学应用伦理学研究中心成为湖南省哲学社会科学重点研究基地,2008 年"伦理文化与社会治理"研究基地成为国家"985"三期哲学社会科学重点研究基地,2008 年成立了中南大学宗教文化与道德建设研究中心,目前已经成为我国伦理学研究和伦理学人才培养的重要基地之一。中南大学伦理学开创了道德心理学与伦理社会学研究,形成了伦理学基础理论、传统伦理思想及比较、应用伦理学、生命伦理学四个稳定而有特色的研究方向,曾组织出版"负面文化研究丛书"、"走出误区丛书"、"伦理新视野丛书"等大型学术研究丛书,编辑出版有《伦理学与公共事务》大型学术年刊。目前希望在核心价值体系建设、政治伦理、科技伦理、公共伦理、心智伦理、传统伦理文化等领域有所作为。

《伦理学研究书系》正是基于我们对伦理学事业的挚爱与追求而组织的反映中南大学伦理学学科建设的大型学术研究丛书,初步拟定为《导师文论》、《博士论丛》、《文本课堂》、《经典译丛》、《核心价值体系》、《公共伦理》、《经济伦理》、《政治伦理》、《道德心理》、《传统伦理》、《生命伦理》等系列。它既是对过去研究成果的总结,也是对新的研究领域的拓展;既是研究者个体智慧的体现,也是师生共同劳作的结晶。

书系不是一种学术体系的宣示,仅仅是一种研究组合;书系没有框定的思维和统一的风格,相反充满着研究者个性的光彩;书系没有不可一世的盛气,只有对先人和大家的无限敬仰;书系是中国伦理学百花园中的一片绿叶,追求的是关爱与忠诚、祈盼的是尊重与宽容。

丛书主编 李建华

二〇〇八年二月十八日

序

王小锡

　　李建华教授主编的《伦理学研究书系·经济伦理》丛书 6 册即将出版,我有幸在丛书出版之际较早拜读书稿,在饱览丛书独特研究进路和创新理念之时,我由衷地敬佩建华教授的学术境界和学术谋略。自从他治伦理学以来,建华教授在伦理学领域涉猎广泛,成就卓著,尤其是他对法律伦理、政治伦理、德性伦理等的研究多有建树,在学界形成了广泛的学术影响。现在,在他的主持下,富有创意和特色的经济伦理学丛书也即将出版,真可谓大家学术手笔。建华教授是学界奇才,他的学术战略及其成就在一定意义上是我国当代伦理学学科发展样态的缩影。

　　我认识建华教授时间并不长,但对他为人的坦荡与诚恳、为学的睿智与深邃、为事的韧劲与干练,我深有感触,我们也在"神交"中结下了深厚的友谊。这次承蒙建华教授看重,约我为他主编的经济伦理学丛书作序,我深感我学术分量不够,但他的一句"为经济伦理学丛书作序理当是你老兄"的话语激励我要为经济伦理学学科事业的发展说几句话。

　　改革开放以来,尤其是 20 世纪 80 年代末 90 年代初以来,顺应改革开放和经济建设发展的需要,作为"显学之显学"的经济伦理学在我国的伦理学学科中发展迅猛,凯歌高进,成绩不凡。经济伦理学的学科体系从无到有,研究视阈逐渐拓展,研究问题逐步深入,形成了学科自身对理论和应用问题研究的独特的学科特色,在伦理学分支学科中一枝独秀,展现了一道最为亮丽的学术风景线。

经济伦理研究始终伴随着我国改革开放的进程,并随着改革开放的发展而不断深入。研究的热点是关于经济伦理学学科的基本问题、关于经济与伦理、经济与道德的关系问题、关于经济伦理范畴问题、关于道德的经济作用即道德资本与道德生产力问题、关于经济信用和经济诚信的问题、关于经济正义和公平的问题、关于企业伦理与社会责任问题、关于生态经济伦理问题、关于消费伦理问题等。围绕这些问题的探讨与争鸣,逐步形成了中国经济伦理学特有的学术术语、概念范式和理论命题。从学术层面来讲,可以毫不夸张地说,这无疑是对经济伦理学研究的进一步发展提供了重要的理论资源和学术平台,启发我们对于现实经济实践问题的理论思考和学术解答。同样,经济伦理学的形成和发展可以启发或促进伦理学研究尤其是元伦理学和应用伦理学研究的"实"、"论"结合与互补,并进而推动各学科的理念创新与理论重构。而从实践层面来讲,经济伦理学的一些基本理论观点已经成为现实经济实践指导或应用理念,其中令人感到欣慰的是,一些企业已经清楚地认识到道德是企业发展的无形资产和精神资本,是企业的"安身立命"之根本,"无德"企业无以行天下,进而在生产与经营过程中摈弃"非道德经营"的传统企业哲学,转而恪守"道德经营"的企业哲学,企业家的确在"流淌着道德血液"(温家宝语),企业在承担着必要的社会责任。

尽管30年的经济伦理学研究取得了累累硕果,但与国家与社会期待相比,与合理解答现实经济问题的要求相比,其间差距显而易见。也许我们可以找出许多理由来为经济伦理学发展中的"不足"进行辩护,但一些突出的问题乃至难题需要引起我们的关注。概括起来,我国经济伦理学研究的主要问题大体有二:其一是理论研究尚没有充分凸显"显学"的地位。不管是先构建体系还是先研究问题(其实这是伪命题或伪问题,因为任何理论研究都只能是构建体系与研究问题同时并举,互为促进),理论的研究和发展始终是前提,唯有特色学科理论的完善和发展,才有学科应有的地位;其二是"问题意识"的淡漠。"面向实践"(恩德勒语)的应用研究尚需进一步强化、深入。简言之,经济伦理学研究"上不去"(抽象思辨平台不高)与"下不来"(实际应用的普适性程度不高)的尴尬格局仍然困扰着广大经济伦理学人,其产生的研究后果势必是要么自说自话,无病呻吟,要么软弱无力,浮光掠影。这一"学术困窘"从反面印证了一个道理:越是"形而上"的研究越离不开"形而下"的依据或基础,而越是"形而下"的研究越离不开"形而上"之关照与启迪。离开应用或没有应用价值、忽视当今社会或不能观照当今社会的所谓理论研究,忽视理论分析或没有理论支撑的所谓应用研究,都必将背离学术研究的本真理路和运思进路。事实上,真正的学术创新永远是"形而上"和"形而下"的自觉结合的产物。

鉴于此,中国经济伦理学研究今后应该也能够别开生面,倾力开拓"形而上"与"形而下"结合之研究趋向,进一步揭示经济领域的客观规律,诠释伦理道德之于经济生活的无可替代之价值。在坚持马克思主义主导地位的基础上,推动经济伦理学哲学层面的理论抽象、西文译著的文本解读与实践层面的田野调查这三辆拉动未来中国经济伦理学腾飞的"三驾马车"的快速前进,推进中国经济伦理学研究的实质性进步,是为时代赋予我们广大伦理学人的历史使命。

敢于承担历史使命的是可敬的,也是值得学习和借鉴的。由建华教授主持编著的这套《伦理学研究书系·经济伦理》丛书,立足中国,立足应用,实为难能可贵。她是"形而上"和"形而下"的自觉结合的最新成果,这可以说是经济伦理学乃至伦理学研究的一大令人欣喜之事。丛书立意高远,富有伦理抱负,直面现实生活尤其是企业发展中的迫切需要学术理论来加以解决的经济热点问题,其学术境界堪称学界之标杆。由是观之,该套丛书之所以成功,绝不仅仅在于其强烈的现实针对性和"实践感"(布迪厄语),更在于其理论抽象层面的分析、阐述鞭辟入里,切中要害,逻辑谨严,环环相扣。离开了前者或后者,学术研究必然会陷入低水平徘徊的泥淖之中,失去其逻辑力量。可以想象,《伦理学研究书系·经济伦理》丛书的强烈的现实意识、问题意识与深刻的学术视阈的契合,一定能发挥重大的理论功能,并在我国经济伦理学乃

序

至伦理学的发展史上留下深刻的学术记忆。

我相信《伦理学研究书系·经济伦理》丛书出版一定会受到学界同仁关注和欢迎,我也真诚地希望建华教授及其所领导的学术团队在我国伦理学学科建设中再接再厉,再创辉煌。

是为序。

2009 年 5 月于南京隽凤园

(作者为中国伦理学会副会长、南京师范大学公共管理学院教授、博士生导师)

目　　录

第一章
导论：拥有即存在？

第一节　问题的提出

　　20 世纪 70 年代以来，由于现代化、标准化的大批量生产，消费者的购买力获得极大的提升，与此对应，广告业的繁荣、市场营销术以及分期付款制度的完善，使得人们日益倾心于现世物欲的满足和享乐，在对商品无止境的追求和拥有的"激情"岁月中，强调节约、简朴、自我约束的传统价值体系日益遭到破坏，西方社会由此被描绘为处于一个无节制的物欲时代。的确，如果我们用一种历史的眼光来看待 20 世纪，就不难发现这是一个消费者创造世界的世纪。这个以物的大规模消费为特征的社会中，经济增长与更低的税收得到普遍赞成，人们渴望有更多的钱来消费。而拥有现有的兴奋使人想望拥有还没有的一切，进而祈祷不加约束地"拥有更多"。人们关于"存在"的概念越来越成为"拥有"，购买能力越强，拥有更多就意味着更佳存在，幸福生活等同于消费的增加。在此情景下，以享乐主义、奢侈为特征的消费道德观带来的灾难性后果不容忽视，它使当代人类世界在不知不觉中陷入全球化的消费陷阱，预示着一个充满困惑和危机的未来。

　　无须过多的提示，人们就可以感受到当代人类消费问题的严重性和紧迫性。以追求经济财物和拥有更多物品为主导的社会，经济增长放在了首位，而其他非经济因素被放在次要的位置。在任意消费、奢侈消费以及攀比消费的示范效应冲击下，人们对于物品的欲望无限上升，使人们习惯于期待经济的持续增长和更高的生活水准。现代人鼓吹和实践着"大量生产——大量消费——大量废弃"的生产生活方式，使得能源危机和环境危机的严峻现实触目惊心，最终将对赖以生存的地球带来毁灭性的破坏。在漠视地球生态圈的承受限度下，在不加控制的攫取冲动下和掠夺性的开发中，地球越来越不堪重负，千疮百孔。环境恶化、生态失衡、全球变暖、臭氧层消耗、空气污染、土地荒漠化、水资源危机、森林植被破坏、海洋资源破坏等问题接踵而至，自然资源相对于人类庞大的消费需求变得几近枯竭。我们有必要自问：为什么把有限而脆弱的地球当成了可以无限索取的自然？难道我们没有起码的道义来善待我们人类共同的家园？

我们的物质生活和创造自己生活的技术手段是空前丰富提高了，我们有了越来越多提高效率和提供便捷的工具，越来越多可供炫耀的奢侈品迅速转成为日常装备，越来越细致和考究的用品，越来越多的选择，越来越快被人追逐随后又忘掉的潮流。我们创造了比任何时候物质都丰富的时代，我们拥有的生活理应比以前更加轻松、自由，而这一切却无法使我们的生活和心灵更满足一些，宁静一些，从容一些。通过购买获得满足感和成就感的观念还在不停地被灌输，"购物购到你走不动为止"，人们变得越来越像传说中的经济动物，购物成了习以为常的爱好。从各种精美的用品到品牌服饰，从高档轿车到高尚住宅名品别墅，所有这些都象征着财富、地位、时尚、风度等，而我们被所拥有的一切和所欲望的一切挤压得无所适从。今天的社会为我们提供了如此多的选择，五彩缤纷眼花缭乱，而具有讽刺意味的是，我们的满足感却严重匮乏。那么，我们应当如何消费？消费的理想状态是什么？怎样消费才能有利于我们幸福生活的目的？

一般来说，消费者包括了个人和群体，而我们所讨论的消费通常是指个人消费，即人们获取、使用和体验一定的物质资料和服务以满足生活需要的过程。每个活着的人首先是一种生命的存在，作为生命的存在，人类的种种有限性就是人存在过程中所面临的基本问题：如所有的人都需要一定的物质资料或生活资源，所有的人遭遇必需品的绝对匮乏都必然会带来痛苦。毫无疑问，如果没有"拥有"最低限度的生活资源人们就完全无法"存在"。其次，除了充分满足基本生物需求以外，人们还寻求更多的"拥有"以丰富自己的存在，这也是人与动物的求生活动的根本区别所在。动物的本性是前定的，人的本性既有自然的赋予，又永远处于生成之中，由自己去争取和创造，体现着自在和自为的双重本性。而人的自为本性表明，"他的存在就是他的活动"，他怎样存在，也就意味着他能成为什么。而自为的本性同人的生存活动和生活条件息息相关，他能成为什么，主要取决于他能拥有什么。由此，为了良好存在或更佳存在，人们需要拥有足够满足生活所需的物品。在一般意义上说，拥有是为了存在，尤其是"拥有"意味着能够确保人们不仅存在而且更佳存在的时候，拥有作为存在的物质资源前提意义便更为清楚。然而，反过来是否可以说，存在只是为了拥有？拥有即是存在？拥有物质的丰裕一定会带来生活的充实和未来的美好吗？我们似乎就不难意识到，存在大大超乎拥有，超乎吃饱穿暖。

笛卡儿曾以他的经典命题"我思故我在"作为他整个哲学的出发点。海德格尔对此评价说，"直到笛卡儿时代，任何一个自为地存在的物都被看作'主体'；但现在，'我'成了别具一格的主体，其他的物都根据'我'这个主体才作为其本身而得到规定。"①主客二分的哲学从笛卡儿开始，人成为了世界的中心，一切由人出发，一切服从于人的价值标准和评价体系，自然界就只能作为人的实践对象和满足实践需求的对象而存在，从而失去了自身存在的价值和根基。这种"人类中心主义"的道德意识，使人类无节制地征服和掠夺自然的活动获得了道德正当性。在自由主义者看来，现代消费主体体现了启蒙主义鼓吹的理性、自由、进步的理想。而把对现世物欲的追求和享乐作为人生唯一的目标，把个人利益看得至高无上变得理所当然，以个人或自我为中心的道德价值观主宰着现代人类的道德意识。顺着笛卡儿的思路，"我买故我在"被理直气壮地广为流传，用弗洛姆的话说，现代的消费可以表

---

① 孙周兴编：《海德格尔选集》（下），三联书店 1996 年版，第 882 页。

述为"我所占有的和所消费的东西即是我的生存",通过购买和消费来"拥有"和"不拥有",以此确定主体的独立存在,显现消费权利和自由的神圣不可侵犯。而对个人主体性的辩护,最终变成了对"个人主义"和"利己主义"的道德论证。

马克·吐温曾无不诙谐地指出,文明是一个无限积累不必要的必需品的过程。今天看来,此言果然有其道理。现代社会在享乐主义消费主义的引导下渐渐陷入物欲的洪流中,个人主义、利己主义大行其道,成为备受追捧的意识形态。在这种情势下,现代消费伦理问题的存在已经成为一个不争的严重事实,而对消费伦理的共同关注和解释也表达了人类的价值期望,即希望通过人类的自我反思、自我批判和自我拯救而开辟出一条现实的解决之道。

第二节　基本的维度

对消费的伦理追问,给现代经济伦理提出了理论的要求,即如何在人类告别物质匮乏渐渐走向丰裕的时期,深入探讨人类消费活动的内在道德性问题,确切地揭示其本身的道德价值维度,而消费伦理正是对这一要求的满足。

消费作为满足人的需要而达到幸福的手段,它不是一个纯而又纯的消耗物质财富再生产自身的问题,而是必然地内涵着人和社会、人和自然的关系,内涵着伦理的意蕴。由于道德和伦理在本质上负有为人类生活和行为提供合理性根据和价值评判的义务,具有约束人类行为,调整行为关系的规范功能。因此,人们通常认为,消费伦理主要研究人们消费活动中的道德关系和道德规范的总和。根据这个定义,消费伦理探讨的是道德标准以及怎么用这些道德标准去指导、规范人们的消费行为。这样定义消费伦理也是没有问题的,因为伦理学必将研究道德规范问题。但是,"人类道德生活是一个具有不同层次结构的综合性系统,即终极信仰的超越层次、社会实践的交往层次和个人心性的内在人格层次。……在伦理学的理论构成中,终极信仰的超越层次属于道德形而上范畴,社会实践的交往层次属于普遍性社会道德规范范畴,而个人心性的内在人格层次则属于美德伦理或个人道德的范畴。"①因此,对于一切可以进行善恶评价的消费行为,消费伦理不仅仅关注的是消费活动的经济合理性和道德价值评价,以及消费行为应遵循的道德规范和价值原则,还涉及消费行为与生活目的的关系,即人生根本意义的哲学问题。其目的是回应当代人类所共同面临的消费道德问题,实现伦理的消费功能和消费的伦理价值的双向整合。从这个意义上说,我们把消费伦理分为"消费的伦理"和"伦理的消费"两个维度来诠释,这样或许更适合于我们对消费生活的伦理理解。"消费的伦理"是对人们消费行为本身的道德合理性的理解,即消费行为的内在道德意义和价值尺度。"伦理的消费"是对人们消费行为的价值评价和道德规范,也就是消费行为应遵循的道德秩序和道德规范。这两个相互关联的方面,共同构成了消费伦理的丰富内涵。

要言之,"消费的伦理"是研究消费生活中的道德现象及其规律性的学问,是调整人的消费行为和消费关系的规范体系。而消费的伦理的任务就是通过对消费行为的道德论证、反思和批判,确定消费行为所应遵循的基本道德原则,从而为人们不仅是"存在"而且是"更好存在"提供依据和担保。以下我们探讨作为社会性经济行为之一的,一种人们正常的满足生活需要的合理消费行为所内含的道德合理性。

首先,合理消费是一种真正的"生产的消费",它以生活本身为目的,具有合目的性价值的内在特性。人类社会进行的生产,最终目的是为了满足生活需要,维护人类自身的生存和发展,这里的生产,是为了消费的生产,消费是生产的直接目的,既包括物质财富的生产也包括人自身的生产。而消费则指的是生产制约下的消费。在马克思看来,人们通过消费实现自身的再生产,并且随着社会财富的不断发展和丰富,在更高的层次上把人再生产出来。当然,如果人们一旦被财富所迷惑,追求外在浅薄的物质利益的满足,那么,人就会被物所奴役,丧失作为

---

① 万俊人:《寻求普世伦理》,商务印书馆 2001 年版,第 42—43 页。

人的本性。而此时的消费走向异化,它表现为生产和消费脱节,消费不再是生产的目的和动力;同时,这种消费背离了人的需要,背离了人的发展,不再以人类生活的目的为目的,从而丧失其应有的正当性。

其次,从一种理想的意义上来说,合理消费是消费自由与消费责任的协调平衡。作为一种符合经济理性和道德正当性的消费,自由与责任的平衡是它充分必要条件之一。一方面,如诺贝尔经济学奖得主哈耶克所说的"消费者主权理论"认为,市场经济中,消费者购买某种商品的同时把消费意向和偏好传递给了生产者,生产者按照消费者的需求进行生产,生产什么,生产多少,取决于消费者的意愿和爱好,"消费者是上帝"就是"消费者主权理论"的通俗版本。也就是说,作为消费者拥有"消费者主权",有自由消费的权利,这是一种基本的生活权利。作为社会的成员,我们有权利要求社会为我们提供充分有益的生活条件,以满足我们正常的生活需要,同时,在平等、自愿、自由的基础上,我们可以根据自己的经济状况、个性风格、生活习惯来做出选择性地消费。另一方面,我们在享受消费自由的权利时,也有承担一定的社会责任的义务。这就意味着,我们作为一个公民既是消费者,也是生产者,生产是消费的前提,而不能"寅吃卯粮","坐吃山空",这也表明了消费是有前提预制的。同时,人的社会性决定了消费的社会性,消费的观念、消费的功能、消费的行为、消费的供应都具有社会属性,消费本质上也是一种社会活动。这表明,消费如果只是个人的纵欲和享乐,就是对消费权利的滥用或误用,合理的消费是消费自由与消费责任的平衡。

第三,合理消费是一种较为公平的消费模式。人的消费离不开对自然资源的摄取和消耗,而"地球只有一个",在人类生活资源有限性的前提预制下,节约非必要的生活费用和资源消耗,消解现实中人和自然的紧张关系,以维持人类可持续的发展,是一种消费美德也是合理消费的题中之义。事实上,消费关涉人类代内公平和代际公平,关系人类整体的长远利益和人类生活的持续进步。因此,合理消费必然体现人是"自然之子"这一人类生存事实,履行人与自然的和谐共处的责任,均衡利用自然资源合理保护生态环境,体现一种公平的可持续消费的特征。这也是合理消费的道德性之重要方面。

需要指出的是,上述能够证实消费的道德正当合理性的三个方面,即以生活本身为目的的"生产的消费",自由与责任的平衡,消费公平,它们本身具有人类善的积极价值,也正是消费的伦理所在。但是,它指的仅仅是人们正常的满足生活需要的消费行为,具有经济理性和道德正当性。当然,这是从某种理想化意义上来说的,现实中的消费往往不全是这样。事实上,不合理消费现象还比比皆是,如奢侈消费,享乐消费,炫耀性消费等,这既不是理性的也不是正当的消费。

消费既有合理消费,也有不合理的消费,既有合经济理性和道德正当性的消费,也有缺乏两种价值证明的消费,这表明消费活动本身需要必要的伦理准则来指导、规范和评价,以此为人们消费观念和消费行为的合理性和正当性提供价值依据。如亚里士多德所说,所谓道德,无非是一种在行为中造成正确选择的习惯,并且这种选择乃是一种合理的欲望。人们在消费活动中,通过良心、信念、情感、意志所做出的自我规范和自我约束,而伦理的作用也就是促使人们的行为从"实然"向"应然"转化,成为协调各种关系的不可或缺的重要规范。消费活动的外在道德规范性证明至少包括以下几个方面:

第一,健康合理的伦理价值观念体系为确保消费的可持续、自然资源的均衡利用和生态环境的有效保护提供了必要条件。事实上,自然资源的有限性也决定了人类物质消费的有限性。全球大规模的消费时代的到来,消费已经不是对使用价值的消费,而是对物品所代表的符号价值的消费。也就是说,消费的用意不仅是满足基本生存需要,也不仅仅是满足享乐的需要,还有实现个体身份表达和社会定位的需要。因此,这种消费强调的是独一无二的个性和品位,以及消费方式中的自豪感和成就感。由此,消费品力求动感时尚,标新立异,更新换代的速度之快,使得仍然具有使用价值的消费品被闲置或废弃,造成巨大的资源浪费。弗洛姆曾指出,从前的人们总是把自己所占有的一切都保存起来,尽可能长久地使用这些东西。购买一件物品的目的是为了保留它。那时人们的观念是"东西越旧越好";而今天人们买来物品是为了扔掉它,今天的口号是"消费,别留着","东西越新越好"。不管是一辆汽车、一件衣服或是一台技术设备,人们买来一段时间后就开始厌烦了,急着淘汰旧的以便用上新的型号或款式。购买——暂时的使用——扔掉——再买新的,循环反复成为现代人的特征。然而,地球脆弱的生态系统承受不起几十亿人的奢侈浪费的生活方式,全球性的生态危机已经成为威胁人类生存的迫在眉睫的问题。因此,当生态问题日益严重的时候,确保消费的可持续,均衡利用自然资源和合理保护生态环境必然成为人们所关注的重点。在现实的消费生活中,伦理价值观念体系的引导和规范作用,使我们自觉意识到人类只是整个生态系统的一个物种,我们应主动把握自然界自身的运动规律,努力保持生态系统的动态平衡,摒弃高消费的生活方式,放弃恣意掠夺自然资源和野蛮吞噬其他物种的行为,实现人与自然的和谐共处,共生共荣。

第二,现代工业化的社会是一个崇尚消费的社会,日益盛行的高消费把人们渐渐带入一个难以为继的生存困境中去。健康合理的消费道德观有利于消解代内公平问题的尖锐和紧张,为实现代际公平奠定坚实的基础。事实上,人类生活资源的有限性预制了社会物质财富的总量的有限性,因此,富人的奢侈挥霍总是意味着穷人的消费不足,发达国家的肆意浪费和对发展中国家自然资源的掠夺,加剧了资源的短缺和经济发展的不合理性,也加剧了贫富悬殊和社会不公。美国制造的生活方式受到世界范围内有财力的人争相效仿,但却掩盖不了少数人的挥霍浪费与多数人的绝对匮乏尖锐对照的事实。经济的迅速发展和物质财富的迅速积累,没有给社会带来福音,相反却是贫富悬殊的加剧,代内公平问题日益凸显。突出和尖锐的现实性的代内公平问题尚未解决,代际不公问题必然如影相随。因为代际公平的实现有赖于代内公平问题的解决,以便为其提供了社会政治、经济和文化的制度条件。现代人的挥霍性消费,必然导致后代人的消费不足,甚至是以牺牲后代人的生存和发展权利为代价,也就是通常说的:前人作孽,后人遭殃。1972年联合国斯德哥尔摩人类环境大会所签发的《联合国环境方案》中说:"我们不是继承了地球,而是借用了子孙的地球",当代人对后代人所应负的责任和义务是显而易见的。人类只有一个地球,自然资源不属于任何一个人和任何一代人,因此,每一个人每一代人都要担当起合理消费的责任。这其中,作为一种无形的秩序和约束的道德规范起到了重要的作用。

第三,健康合理的消费道德观有利于实现个体身心的和谐。后工业社会中,世俗生活和消费文化对人的存在产生了强大的"平面化"效应:片面强调物质消费,对物过分依赖,个人失去对生命本真意义的追求,转而在消费中确证人的存在意义,导致了价值迷失、信仰危机。现代人物质生活充裕舒适,许多人依然感到莫名其妙的空虚,试图用物质上的东西来满足不可缺少的社会、心理和精神的需要,这显然是徒劳的。当人被描绘成一个只会消费的平面,上面只有欲望二字时,人的需要的全面性和丰富性被压抑和消解,人成为没有理想、信念和精神的躯壳,以为"拥有即存在"。马斯洛对此曾"百思不得其解,为什么富裕使一些人发展而使另一些人停留在'物质主义'的水平上……也许我们有必要在自我实现者的定义上再加一条,即他不仅身体健康,基本需要得到满足,能积极地发挥能力,而且忠实于一些他正在为之奋斗或摸索着的价值。"[①]事实上,人类生活幸福的程度并不取决于财富的多少,而在很大程度上取决于生活的信念、生活的方式和生活环境之中的对比感受。一味地追求物质生活的丰裕舒适,却荒芜了精神的家园,单纯的消费无论如何是无法承载人生的价值和意义的。

第四,道德本身具有一种社会资源意义。按照马克斯·韦伯的看法,伦理道德无疑为社会政治经济的发展提供了伦理的人文资源支持。任何一种社会发展模式的背后都渗透和浸润着一种价值理念与伦理精神,在一定的条件下,伦理价值精神决定着这种发展模式的成败兴衰。韦伯的"新教伦理"就包含着以节俭为核心的美德伦理和以天职为核心的工作伦理,正是这样一种作为社会伦理价值取向的新教伦理驱动

---

① [英]柯林·威尔森:《心理学的新道路》,杜新宇译,华文出版社2001年版,第180页。

了资本主义的发展。美国著名学者福山也指出："法律、契约、经济理性只能为后工业化社会提供稳定与繁荣的必要却非充分基础；唯有加上互惠、道德义务、社会责任与信任，才能确保社会的繁荣稳定，这些所靠的并非是理性的思辞，而是人们的习惯。"[①]在福山看来，道德是一种社会资本，特别是作为社会核心价值观的信任，对于现代经济生活有着巨大的精神文化力量。哈佛大学社会学教授普特南则把社会资本定义为能够通过协调的行动来提高社会效率的信任、规范和网络等社会组织特征。今天，在享乐主义、物质主义肆无忌惮地对人心和人道腐蚀和颠覆的时期，我们需要一种勤奋进取、公平正义、自制节俭、规范有序的社会伦理精神。

第三节　进展与评论

消费与人们的日常生活息息相关，作为一种普遍化日常化的经济现象，已成为人类社会古老而熟悉的话题。然而，消费问题在伦理学界还没有得到应有的重视和探讨，倒是社会学家和生态学家最先表现出浓厚的兴趣。事实上，随着人们对消费所内蕴的伦理道德意义的探求欲的增强，消费伦理研究的迫切性也日益凸显出来。当然，对消费的伦理道德考量离不开社会经济、消费文化以及心理因素等多方面的分析，而与多种具体研究相互借鉴也是必不可少的。也许正如美国生物学家约翰·霍普金斯所说："任何一门科学都好像是一条河流。它有着朦胧的、默默无闻的开端；有时候在平静地流淌，有时候湍流急奔；它既有涸竭的时候，也有涨水的时候。借助于许多研究者的辛勤劳动，或是当其他思想的溪流给它带来补给时，它就获得了前进的势头，它被逐渐发展起来的概念和归纳不断加深和加宽。"[②]霍普金斯的概括当然也适合

① ［美］弗朗西斯·福山：《信任：社会道德与繁荣的创造》，李宛蓉译，远方出版社1998年版，第18页。

② ［美］R. 卡逊：《寂静的春天》，吕瑞兰译，科学出版社1979年版，第292页。

我们梳理消费伦理理论脉络,描绘其整体性的轮廓以及描述其兴起和发展的历程。

一、国外消费伦理研究的兴起与进展

"消费既是西方社会巨大转变的原因,也是西方社会巨大转变的结果。"①在西方社会变迁过程中,消费成为一种宰制性的社会和历史的力量。最早关注消费问题的是经济学,因为消费首先是经济活动的重要一环。古典经济学家都将消费作为其经济学说的重要内容,威廉·配第、亚当·斯密、李嘉图、魁奈等人对生产与消费的关系,节制消费,奢侈性消费等展开了多方面的探讨。马克思在《1857—1858 年经济学手稿》中分析了生产与消费的同一关系,另一方面他又看到,消费这个不仅被看成终点而且被看成最后目的的经济行为,除了它又会反过来作用于起点并重新引起整个过程之外,本来不属于经济学的范围。消费还具有社会文化的含义。由于消费在社会经济和文化生活中的显著地位,消费问题引起不同学科、不同理论派别的学者们的强烈兴趣。

从 18 世纪开始,由工业革命引发的消费热潮从英国发端,随之遍及世界。"消费需求是工业革命的关键",英国约克大学教授柯林·坎贝尔认为,伴随着工业革命出现的是消费革命,"消费行为是如此的盛行、对于商业态度的接受是如此的普遍",因此,"世界上第一个消费社会到 1800 年已经出现是绝对错不了的。"②这里出现的是与工业革命有着同样深远意义的第一次消费革命。在《消费社会的诞生:十八世纪英格兰的商业化》(*The Birth of a Consumer Society*:*The Commercialization of Eighteenth-Century England*) 一书中正式出现了"消费革命"(Consumer Revolution)这一概念,作者 Nei Mckendrick 认为这场革命为

---

① 陈坤宏:《消费文化理论》,台湾扬智文化事业股份公司 1998 年版,第 7 页。

② Campbell, Colin, *The Romantic Ethic and Spirit of Modern Consumerism*, Oxford, London: Basil Blackwell, 1987, p. 17. 关于消费社会产生的时间学者各有看法。但是,大多数西方学者以是否进入大众规模消费阶段作为消费社会出现的标志,更多地认同消费社会是 20 世纪 50 年代以后才出现的,并且都倾向于用这个概念来揭示晚期资本主义社会的特征。参见郑红娥:《社会转型与消费革命》,北京大学出版社 2006 年版,第 59 页。

英国工业化的起步提供了第一推动力,它的社会历史意义只有新石器时代的农业革命才能与之媲美。① 贝格(Maxine Berg)和克利弗德(Helen Clifford)在《消费与奢侈:1650 年—1850 年的欧洲消费文化》(*Consumers and Luxury, Consumer Culture in Europe* 1650—1850)中,从奢侈与必需、新奇与模仿、公共与私人消费空间等方面,全面展现了这一时期欧洲消费伦理文化的变迁。② 由工业革命引发的广泛意义上的商品交换,一方面刺激了生产,一方面激发着人们的消费欲望,消费从此在资本主义历史舞台上扮演着越来越重要的角色。

随后,19 世纪出现了大机器、大工业的新式工厂以及新的阶级——布尔乔亚(Burgensis),他们率先以标新立异的消费来凸显自己的存在,从而引导了一种以消费品的高档来显示自身的有闲和显赫地位的消费风气,这在《布尔乔亚——欲望与消费的古典记忆》中体现得淋漓尽致。1899 年,针对当时美国新兴上流社会的消费至上心理,制度学派的创始人索尔斯坦·凡勃伦(Thorstein Veblen)于 1989 年发表了给他带来巨大声誉的著作《有闲阶级论》(*The Theory of The Leisure Class*),通过对有闲阶级产生过程的展示说明了整个社会是如何从原始社会转向工业社会的。凡勃伦所指的"炫耀性消费"(Conspicuous Consumption)实质上是一种符号意义的消费,通过大肆浪费、挥金如土来卖弄自己的金钱实力,其根本动机在于通过夸富式炫耀博得社会地位和声誉。从而获得一种社会意义上的自尊的满足。有闲阶级的财富和名誉的显现通过两种方式显现出来,即明显的有闲和明显的消费。在凡勃伦看来,前者导致时间和精力的浪费,后者导致财物的浪费,"炫耀性消费"实质上就是一种严重的浪费,虽然相对于个体而言有价值,但对整个人类的发展来说,是一种应遭到摒弃的、非道德的消费行为。但凡勃伦要摒弃的只是进行这种炫耀性消费的有闲阶级,他认为

---

① See Nei Mckendrick, *The Birth of a Consumer Society: The Commercialization of Eighteenth-Century England*, Bloomington: Indiana University Press, 1982.

② See Maxine Berg, Helen Clifford, *Consumers and Luxury, Consumer Culture in Europe* 1650—1850, Manchester and New York, Manchester University Press, 1999.

炫耀性消费不会随着有闲阶级的消亡而消亡,而是有可能在现代工业社会中大行其道。[1] 德国学者齐美尔(G. Simmel)在《时尚的哲学》(1901),《都市与心灵生活》(1903)等论著中考察了新的消费模式。[2] 他描述了19世纪末20世纪初柏林居民在现代城市中的真实境遇与生活体验,城市的各种休闲设施,比如百货公司、剧院、音乐厅、体育馆等消费场所为人们提供了货币交流的新出处,也满足了新兴城市阶级的社会和心理的欲求。理论家注意到,在货币成为现代生活的象征和主宰后,个体在顺应现代文化形态、现代生活的客观逻辑的同时,力图通过消费来凸显自身的存在。

第二次消费革命发生在20世纪,随着福特主义(Fordism)为代表的资本主义大规模工业生产方式的兴起,20世纪初大众消费社会就整体性地兴起了。从福特主义到后福特主义(post-Fordism)的过渡,反映了西方社会从工业社会向后工业社会的转变。[3] 消费不仅普及社会各阶层,而且成为人们生活的目标。以往节俭的美德已经失去了意义,消费已经超过了基本需要进入高层消费阶段,奢侈消费成了社会的风气。正如丹尼尔·贝尔(Daniel Bell)在《资本主义文化矛盾》(*The Culture Contradictions of Capitalism*)一书中所分析的,大众消费的出现归功于技术革命,特别是由于大规模使用家用电器(如洗衣机、电冰箱、吸尘器等),它还得助于三项社会发明:(1)采用装配线流水作业进行大批量生产,这使汽车的廉价出售成为可能;(2)市场的发展,促进了鉴别

---

[1] 参见[美]凡勃伦:《有闲阶级论》,蔡受百译,商务印书馆1964年版。

[2] Simmel, G. *The Metropolis and Mental Life*, Reprinted in Levine, D. On Individuality and Sovial Form, Chicago: Chicago Press, 1971.

[3] 一般来说,20年代的美国就已经进入了"大众消费社会",这与20世纪初以福特主义为代表的大规模工业生产方式息息相关。福特主义倡导"每天工作8小时付5美元工资",这种现代化、标准化的大批量生产使消费者的购买力获得极大的提升。60年代以后,一种称为"弹性积累"的生产模式应运而生,这种模式也被称为"后福特主义",它不仅具有灵活性且更能激发消费欲望。后福特主义时代的到来,标志着西方社会从传统的"生产社会"迈入"消费社会"。而对西方"消费社会"的反思和批判,成为当代消费伦理研究的重心。

购买集团和刺激消费欲望的科学化手段;(3)比以上发明更为有效的是分期付款购物法的传播,彻底打破了新教徒害怕负债的传统顾虑。大众消费使布尔乔亚的生活方式扩大到广大的社会中下阶层。

两次消费革命的发生,是资本主义经济体系与社会文化体系之间存在的一种长期互动关系的结果。马克斯·韦伯在其《新教伦理与资本主义精神》(*Protestant Ethnic and Capitalism Spirit*)一书中精辟地指出,资本主义的兴起不仅仅是一个经济和政治制度的综合体,它还有特殊的精神风格和文化意义,其所呈现的特征处处和某种宗教上的伦理态度相互呼应,共同构成了现代人普遍的生活方式。韦伯的经典研究表明,在一个片面强调竞争、优胜劣汰、尔虞我诈的社会中,理性的经济伦理——诚实、信任、责任心是多么难以建立起来,正是新教伦理产生的勤奋、忠诚、敬业、清醒、俭省、节欲、严肃的人生态度,强调人的道德行为和社会责任,视获取财富为上帝使命的新教精神促进了美国经济。沿袭着韦伯的研究思路,柯林·坎贝尔在其《浪漫伦理与现代消费主义精神》(*The Romantic Ethic and Spirit of Modern Consumerism*)一书中,通过对18世纪英国工业革命时期伴随而来的消费革命的梳理与分析,探寻现代消费主义的起源。指出浪漫主义与现代消费主义之间的关系是:"欲望—获得—使用—幻灭—新的欲望,这种循环是现代享乐主义的一般特征,同样也适用于浪漫主义的人际关系,就像适用于衣服、录音带等文化产品的消费一样","在解释现代消费主义时,把消费主义看作是物质主义。认为当代消费者怀有无休止地获取物的欲望的思想是对驱使人们需要占有商品的机制的一种严重误解。他们的基本动机是实际经验已经在想象中欣赏过的愉快的'戏剧'的欲望,并且,每一种'新'产品都被看成提供了一次实现这种欲望的机会。"[1]坎贝尔指出现代社会消费主义的特征不仅源于工业资本主义的市场力量,也与获取快感和白日梦的浪漫艺术相关,"浪漫的"想法、灵感和态度对消

---

① Campbell, Colin, *The Romantic Ethic and Spirit of Modern Consumerism*, Oxford, London: Basil Blackwell, 1987, p. 90.

费社会的利益有用。他认为消费可以决定需求(Demand)和需求供给(Demand Supply),浪漫主义本身在推动工业革命时作用突出,在现代经济特征中拥有重要地位。并提出存在一种"浪漫伦理"(Romantic Ethics)致力于促进现代消费主义精神(Consumerism Spirit),如同"清教伦理"(Protestant Ethics)促进了资本主义精神。

与韦伯同时代的维尔纳·桑巴特(Werner Sombart)站在了资本主义的对立面看待问题,他在其《奢侈与资本主义》(*Luxus und Kapitalismus*)一书中发现韦伯只注意到新教伦理提倡的自制、勤奋和节俭是不够的,资本主义为什么能发展起来?这与荷兰、法国和英国的贵族,特别是那些贵妇人的存在有关,她们对香水、首饰、服装、盛大娱乐活动无休止的热衷和追求,使奢侈消费的风气愈演愈烈,也是资本家们不断生产商品的一个基本前提。在桑巴特看来,是奢侈消费推动了资本主义经济的发展。雷蒙·阿隆综合了韦伯和桑巴特在讨论资本主义这一问题时,形成对照的一些因素:形成他们分歧的根本原因,是他们使用了不同的资本主义定义。在桑巴特的著述中,资本主义基本上同与满足需要相关的经济体系形成鲜明对照。资本主义是受无限获取财富的欲望驱动的体系,其发展没有界限,它是一个以交换和金钱、以财富的集中和循环、以理性的计算为特征的体系。这些特征是通过直接将系统作为整体进行把握而描绘出来的,而不是与其他文明进行比较得出的。①

事实上,尽管新教道德的某些习俗仍旧沿袭下来,但在 20 世纪 50 年代的美国文化已经转向了享乐主义,它注重游玩、娱乐、炫耀和快乐——并带有典型的美国式强制色彩。对于大众消费社会的整体性兴起,法兰克福学派(Frankfurt School)的研究者们是忧心忡忡。40 年代至 50 年代,他们的工作形成了关于消费社会的批判性研究进路。霍克海默(M. Horkheimer)、阿多诺(T. Aderno)、马尔库塞(H. Marcuse)以及

015

---

① [德]维尔纳·桑巴特:《奢侈与资本主义》,王燕平等译,上海人民出版社 2000 年版,第 243 页。

弗洛姆（E. Fromm）等人，敏锐地感触到商品化力量正在向社会的精神和文化领域中渗透，看到了消费主义正在越来越多地主宰着人们的行动。他们认为，大众消费的本质体现了资本主义商品拜物教的逻辑，是生产领域的异化渗透到社会生活和文化领域的结果，资本主义从对生产过程的控制转向了对消费过程的控制。他们看到了西方社会在充裕的物质生活后面蕴藏着的人的精神上的痛苦和不安，人成了商品的奴隶和消费的机器，过着"占有"而不是"存在"的生活。然而，他们对消费异化持一种悲观的态度，认为不断滋长的"单向度"现象逐渐削弱理性所具有的"否定性"力量，由此，被后来的许多研究者视为精英主义式的批评。

20 世纪 60 年代到 70 年代，对现代消费现象的研究进入到一个繁荣的阶段。丹尼尔·贝尔的研究可以说是独树一帜，在他看来，享乐主义是资本主义体系促成的，也是资本主义文化矛盾的表现。享乐主义伦理彻底颠覆了传统资产阶级的价值观和新教伦理，将社会从传统的清教徒式"先劳后享"引向超支购买、及时行乐的靡费心理。[1] 贝尔的思想主要体现在《今日资本主义》（1971）、《后工业化社会的到来》（1974）、《资本主义文化矛盾》（1976）等著作中。霍加特（R. Hoggart）在其早期著作《文化的用途》（1958）中，描述了美国的消费主义伦理对英国传统工人阶级文化的冲击。他认为，一种健康的、淳朴的生活方式逐步被堕落的、时髦的消费主义伦理所取代。

斯蒂文·贝斯特曾精辟地指出："马克思第一个追溯了商品形式的发生及其历史发展，并且表明它又如何成为资本主义社会的结构原则。后来的马克思主义者（卢卡奇、阿多诺、马尔库塞等）已经说明了在一种'新资本主义'消费经济中，商品化是如何渗入经验和社会生活的新领域的。在他们的理论中，资本主义已经变成了一个被物化的并且赋予自身合法地位的系统，在这个系统中，客体世界获得了控制权，

---

① ［美］丹尼尔·贝尔：《资本主义文化矛盾》，赵一凡等译，三联书店 1989 年版，第 14 页。

而人类的富裕是由消费所定义的。在这个传统基础上,波德里亚最初主张商品形式已经发展到一个新阶段,此时符号价值替代了使用价值和交换价值,符号价值把商品重新定义为被消费和展示的符号。"①的确,法国后马克思思潮代表人物让·波德里亚(Jean Baudrillard)在《物体系》(*The System of Objects*)、《消费社会》(*The Consumer Society*)、《符号政治经济学批判》(*For a Critique of the Political Economy of the Sign*)等著作中,把马克思对资本主义的批判从生产领域扩展到消费领域。在他看来,消费崇拜已经深入到人们的思想,成为消费社会的伦理和意识形态;与此同时,符号操控的消费逻辑无所不在,其目的是用来否定真相;而符号价值成为消费社会区分逻辑的内在根据,通过对它的占有使一种差异和等级的关系在现实生活中显现出来。波德里亚的批判理论及其独具个性的分析模式给现代社会带来深刻的影响,遗憾的是,波德里亚缺乏对他所揭露的消费现象和问题的深思反省,对于消费的具体社会实践问题也是悬而未决。

20世纪80年代以后,研究者从不同的角度考察现代消费的各个方面,研究的视域也更为广泛。诸如,美国学者杜宁的《多少算够:消费社会与地球的未来》,是从环境保护主义立场出发对西方消费主义伦理的全面批判之作;日本著名社会学家见田宗介在其《现代社会理论:信息化、消费化社会的现在与未来》中指出,现代资本主义体系的矛盾是"市场需要的有限性与生产能力的无限扩大"之间的矛盾,这一基本矛盾经常以"恐慌"的形式显现出来。而"消费化"与"信息化"并列成为资本主义体制的"魔杖",所得之处,点石成金,无限开拓着消费需求,以满足生产自身无限扩大的欲望,由此找到了一剂克服生产过剩避免严重经济危机的良方。② 经济学家堤清二在其《消费社会批判》中认为,今日的消费社会虽然是自由市场经济的结果,但她并不因此不会

---

① Douglas Kellner(ed.), *Baudrullard: A Critical Reader*, Cambridge: Cambridge Press, p.41.

② 参见[日]见田宗介:《现代社会理论》,耀禄、石平译,国际文化出版公司1998年版。

对孕育消费社会的母体产生威胁。本来属于人类行为的消费反而支配人类,而受过剩消费市场所支配的社会又促使人们去思考"何谓消费","消费到底是什么",这种努力反而成为一种超越的契机。① 他们对现代消费现象的分析和批判是颇具解释力和启发性的。

西方对消费问题的研究经历了漫长的发展和演变,借鉴了许多跨学科的研究方法,取得了令人炫目的成就,给我们展现了一幅色彩斑斓的历史图景。我们不难发现,在这些理论中,对消费在社会生活中的核心作用、消费服从于经济扩张的神话、商品符号操控的消费逻辑、现代人存在的矛盾与困境,消费文化与大众媒介等重要话题做了细致研究,深入要津。但是也存在着一些理论的偏颇,如在强调消费文化与资本合谋形成文化霸权,阻碍人的自由发展的同时,我们不能断言大众在商品面前必然是逆来顺受,蒙蔽受骗,还应当注意到大众的品位和理性,至少消费者的自由个性和审美情趣,决定了他们具有扮演主动角色的能力。当然,对于西方消费主义文化的全球化影响,尤其是某种携带着令全球同质化力量的"文化霸权主义",无论在理论还是实践上,我们都必须保持足够的警惕来对抗。

二、国内消费伦理研究的现状与问题

20 世纪 90 年代以来,消费伦理问题开始受到国内学者的关注,取得了一定的进展,但与国外学术界所取得的理论成就相比,国内还仅仅处于起步的阶段。面对现代社会种种令人迷恋而又无从把握的消费现象,对它的思考和探讨,成为国内学界一个新的研究热点。以下试就我国学界对消费伦理问题的研究做一简要的梳理。

(1)消费的伦理意蕴。消费不仅是一种经济现象,也是一种伦理文化现象,消费过程中的消费方式、消费质量、消费标准和消费发展方向等无不渗透着伦理道德问题。现代意义上的消费不同以往之处在于,它不是受生物因素驱动的,也不纯然由经济决定的,而是更带有社会、象征和心理的意味,并且自身成为一种地位和身份的建构手段。也

---

① 参见[日]堤清二:《消费社会批判》,朱绍文等译,经济科学出版社 1998 年版。

就是说,消费既是人再生产自身的一种方式,又是对社会财富的一种消耗,人总是在消耗一定的社会财富中再生产自身的。这样,消费本身就内涵着人和社会、人和自然的关系,内涵着一种伦理的意蕴。人在什么意义上进行消费,他就在什么意义上把自己再生产出来,而对社会财富的消耗,作为社会生产和再生产的一个环节,则既可能促进社会生产力的发展,推动社会的前进,又可能造成社会生产力的破坏,阻碍社会的发展。因此,消费并不是人的一种自我满足、自我规定的行为,需要一种消费道德价值观通过社会舆论、系统习惯和内心信念等调节着人们的消费内容、消费方式和消费行为。① 就消费的伦理意蕴来说,有学者指出,可以从"消费主体消费什么?"和"消费主体消费多少?"两个方面来思考,前者是消费的质的规定性,后者则是消费的量的规定性,而消费伦理就是对消费的"质"和"量"做出思考并规定的一种社会关系的反思。②

　　(2)合理消费的伦理评价标准。目前国内主要存在三种观点:第一种是经济技术性判断标准。厉以宁认为合理的消费支出具有三层含义:等于或接近于社会平均消费水平;与个人收入、财力相适应;在资源的社会供给量为既定的条件下不过多占有或消耗该种资源。③ 王玉生、陈剑旄认为消费行为的经济效应标准,是指消费者把有限的货币收入分配在各种商品的购买中,并获得最大的效用(满足程度)。也就是说,消费并不是多多益善,而是要考虑消费者消费该商品所获得的效用总量,即满足的程度越高消费越合理。第二种是社会规范标准。从规范经济学的角度可表述为服从帕累托最优状态标准,即在一个消费体系中任何一个人消费效用的改变都会至少降低另一个消费者的效用(满足)水平,这个消费体系达到帕累托最优状况;反之,当任何一个人消费效用的增加不降低另一个消费者的满足水平,则存在消费体系帕

----

　　① 参见唐凯麟:《对消费的伦理追问》,《伦理学研究》,2002 年第 1 期;郭金鸿:《国内消费伦理研究综述》,《南京政治学院学报》,2004 年第 5 期。

　　② 李建华:《走向经济伦理》,湖南大学出版社 2008 年版,第 330 页。

　　③ 厉以宁:《经济学的伦理问题》,三联书店 1995 年版,第 143 页。

累托改进。从伦理的角度看,个人的消费需求的满足不能损害他人的消费需求的满足行为和满足能力;个人的消费行为不能损害社会风气或污染社会公共道德。比如公款吃喝、公费旅游都是损公肥私的不合理消费。厉以宁认为奢侈这种行为最恶劣之处在于给社会风气产生消极影响,诱发攀比摆阔,是一种不必要、不合理的消费。赵修义归纳了奢侈消费的四个特征:炫耀性、高价性、贵重性和歧视性(也称为利己性和贪婪性),认为炒作奢侈危害很大,可能造成普通大众的"心理失衡",因此,可以激励消费,但是绝不能激励奢侈。在如何遏制奢侈的泛滥问题上,有论者指出,一是政府在这方面应该率先垂范,在政策和税收上进行遏制;二是媒体也应该负起相应的责任,不应过分炒作奢侈主义;三是学界应该有自己的声音,明确反对奢侈主义的盛行。[1] 第三种是生态效应标准。鉴于工业时代人类消费产生的弊病,以及当代人口急剧膨胀、资源相对匮乏、生态环境日益恶化,有论者指出,人类的生产和消费活动不能仅仅停留在满足人类自身的各种消费需求上,还应当考虑人类生产活动自身的可持续性,生态环境的良性运行。对此,倪瑞华提出了可持续消费为核心的适度、公平、和谐的消费原则,以节约能源、合理利用自然资源;尹世杰认为绿色消费是当代消费的大趋势,具有重要的理论和实践意义。发展绿色消费,要建立绿色产品生产体系;加强对绿色产品的质量检测、监督;建立绿色营销体系;要培养优美的生态环境;要树立全民绿色消费理念。[2] 当然,消费行为的评价绝不可简单化。王玉生指出,由于人自身存在的二重性和人的需要的综合性与矛盾性,对人的消费活动评价也应是多重的。要走出鼓励消费还是抑制消费的价值悖论,还需要辩证地看待消费的伦理评价和经济评价。也就是说,消费行为既有经济学意义上的技术合理性问题,同时还

020

---

① 参见王玉生、陈剑旄:"关于节俭与消费的道德思考",《道德与文明》,2003年第1期,第73—75页;周中之:"'现代消费伦理与都市文化'学术研讨会在上海隆重召开",《消费经济》,2006年第2期。
② 参见倪瑞华:"可持续消费:对消费主义的批判",《理论月刊》,2003年第5期;尹世杰:"关于绿色消费一些值得研究的问题",《消费经济》,2001年第6期。

有伦理意义上的道德价值评价问题。周中之认为消费的伦理评价与经济评价在一定条件下可以统一起来,比如说节俭,不仅具有道德价值也具有极为重要的经济价值;另一方面,当两种评价发生矛盾时,矛盾的焦点在于是减少、抑制消费还是鼓励、刺激消费,在不同的情况下应该而且可以强调某一个侧面,我们对消费的伦理评价应该朝向有利于经济建设的方向发展。他认为消费的伦理评价应与经济的发展目标保持一致,让位于经济评价。① 苏宝梅认为伦理评价与经济评价的矛盾只不过是假象,两者在本质上是统一的。如果在现实中两者发生冲突,伦理评价应优于经济评价,经济评价应无条件地服从伦理评价。②

（3）对消费主义的道德批判。厉以宁指出,消费主义来自资本主义意识形态的一个基本教义,即认为人的自我满足和快乐的第一位要求是占有和消费物质产品。在现实生活层面上,消费主义表现为大众性高消费、大众媒介积极介入和主导以及大众对消费时尚的普遍追求。对消费主义的批判,主要有两个方面,其一是消费主义导致生态危机;其二是消费主义导致精神危机。在"拥有即存在"的观念驱使下,人们追求着一种最大限度的物质享乐和感官刺激的消费主义生活,使得全球性的生态危机成为威胁人类生存的严重问题。与此同时,消费主义倡导消费至上的价值观鼓励着人们为消费而消费,"我消费我存在",消费由手段变成人生目的,满足需要的消费变为满足欲望的非理性纵欲,在欲望的丛林中,人的价值由物的价值来确证和彰显,神圣而崇高的目标渐行渐远,一种丧失意义后剩下的虚无主义或空虚感如影随形。而消费主义伦理的肆虐,也离不开广告符号的泛滥。广告是无所不在的符号系统,无孔不入地赤裸裸地宣传消费主义文化,在它的推波助澜下,消费主义如鱼得水。卢风指出,消费主义就其实质而言是一种人生观,这种人生观认为人生的根本意义在于消费,消费就是人们"精神满

第一章　导论：拥有即存在？

---

① 周中之:"消费的伦理评价与当代中国社会的发展",《毛泽东邓小平理论研究》,1999 年第 6 期。

② 苏宝梅:"对节欲的伦理解读和经济评价",《齐鲁学刊》,2000 年第 5 期。

足和自我满足"的根本途径。① 学者们普遍认为,尽管造成人类诸多问题的原因错综复杂,但是消费主义难逃干系,它们共同导致了人与自然之间的普遍的紧张关系,危及人类生存的根基;导致了人类代内消费和代际消费的不公正;使人成为物的奴隶,丧失对人生意义和价值的追问能力。

(4)消费的自我生活目的。万俊人指出,消费是为了生活。消费行为既不是一种纯粹的满足生理需求的物质消耗行为,也不是简单的经济行为,它与人的生活目的、理想及其实现方式息息相关。最佳的消费方式,应是在符合生活目的本身要求的基础上,合理高效地消费或利用物质生活资源。适当的消费或最佳的利用物质资源就在于人为自身确定的生活标准,也就是合理地确定自己的"生活指数"。② 甘绍平认为,要真正进入"自我生活"的时代,首先就必须扭转在第一个现代化时代中形成的、通过不顾后果的获利欲望驱动起来的并且是当作最高的生活目标的消费主义趋势。要改变这种趋势,唯一的途径就是培育和倡导一种以义务感、敬重意识和自我约束理念为内涵的放弃之伦理,即对超出必要消费之界限的挥霍性的物质欲望与物质享受作出自愿的限制与放弃。"放弃之伦理"所倡导的就是放弃这种既对人的自我实现没有任何意义又要大量消耗自然资源的消极的、非自主性的消费方式。所谓自主性消费,是指消费并非只是通过外在的刺激达到被动的满足,而是自我实现的一种方式。自我生活的时代的重要特征体现在主要是通过精神生活品质的优化显示出来的人类的生活质量的改善上。③

(5)消费伦理与节约型社会。在我国正大力建设资源节约、环境友好型社会的今天,提倡一种与社会主义市场经济发展相适应的可持

---

① 卢风:"论消费主义价值观",《道德与文明》,2002 年第 6 期。

② 万俊人:《道德之维——现代经济伦理导论》,广东人民出版社 2000 年版,第284 页。

③ 甘绍平:"论消费伦理——从自我生活的时代谈起",《天津社会科学》,2000 年第 2 期。

续的消费伦理观势在必行。如何切实落实和开展建设节约型社会的要求,当务之急是在全社会广泛倡导和确立消费正义的全新消费理念和生存哲学,从根本上超越消费主义的价值观念和消费模式。政府要借助其所特有的公信力和重要的社会职能,在全社会倡导消费正义的价值理念,制定相关的消费政策以引导人们的消费方式,坚决制止一切浪费资源的消费行为,这是建设节约型社会的重要途径。同时,当前的消费伦理建设,必须立足于我们经济社会发展的现状,立足于我们社会主义初级阶段的实际。强调不能把消费和节约对立起来,消费也是一种善。应该倡导适度消费、合法消费、可持续消费和绿色消费。周中之认为消费活动是由两方面决定的:一是人的经济能力,即"有没有能力消费"的问题;二是人的意志和愿望,即"愿不愿意"消费的问题,而人的愿望受人生观、价值观等各种因素的影响。因此,消费伦理对调整一个人的消费行为有重要意义。建设节约型社会,要加强公民消费伦理观的教育。他明确提出消费者在享有消费权利的同时,应承担一定的社会责任:(1)对生态环境的社会责任。(2)对预防疾病,搞好公共卫生安全的责任。(3)社会风气的道德责任。[①]

　　从现有状况看,我们需要检省和指认的是,消费伦理研究还存在着较多的问题,比如说,如何对中国传统消费思想进行伦理评价? 如何进行西方消费伦理传统的再认识以及中西方消费伦理的比较研究? 消费行为的经济合理性和道德正当性以及它们的关系是什么? 如何对消费心理和行为异化进行哲学的深层分析? 消费社会中的客体、符号以及符码的多层复杂关系是怎样的? 进而,消费作为生活方式,如何实现人类享受生活或幸福地生活之人生目的? 一种现实合理的消费伦理秩序如何可能? 与此同时,如何运用西方理论家的消费理论考察中国的消费现象,将相关理论进行"语境化",建构适用于中国本土的消费伦理,

---

　　① 可参见周中之:"消费的自由与消费的社会责任",《道德与文明》,2007 年第 2 期;苏令银:"探讨都市文化视阈中的现代消费伦理",《上海师范大学学报》(哲学社科版),2006 年第 1 期。

023

第一章　导论：拥有即存在？

这依然是一个理论与实践的难题。毋庸置疑的是,对上述问题的研究具有重要的理论价值和现实意义。

第四节　思路与结构

导论的标题"拥有即存在"是我从弗洛姆的"我所占有的和所消费的东西即是我的生存"这句脍炙人口的经典名言中推演而来的。[①] 事实上,在建构全球化社会进程中,以物质追求为核心的消费价值观日益渗透到世界的各个角落,人们纷纷效仿西方发达国家,抛弃各自文明中的传统节俭美德,遵循实用主义和享乐主义,追求外在力量的确证,渴望拥有和控制更多的物质,把财富视为能力与成功的标志,"依照这样的存有生命哲学观,人活在这个世界里,生存的最高价值就是以'理性'来经营足以让欲望得到最大满足的事业。在现实社会里,欲望得到最大满足与否的最重要也是最保险的尺度,则又在于以诸如存在、占有、拥有、持有、具有、所有、享有等之'有'的形式来验证。"[②]由此,以"拥有即存在?"作为本篇的标题,表达了我对资本主义充分塑造的现代西方消费社会的一种精神特质的认识,也表达了对享乐主义、消费主

　　[①]　作为法兰克福学派核心成员之一的弗洛姆(Erich Fromm)认为,人生存方式有两种,即"重占有(to have)的生存方式"和"重存在(to be)的生存方式"。前者以贪婪地谋取、占有、牟利当作个人的神圣权利,将个人与外界的关系看作为占有关系。"重占有的生存方式"的本质根源于私有制的本质。在这种生存方式中,我和我所拥有的东西之间的关系不是一种活的、创造性的过程,我拥有的和我自己都变成了物。"重存在的生存方式"则是非占有的方式,即要求人们放弃自我中心,抛弃自私心理。它表现出一种爱、奉献和牺牲精神,能给予外界和同他人分享。它的先决条件是独立、自由和具有批判的理性,其主要特征是积极主动地生存。这意味着创造性地运用人的力量,展现他的愿望、才能和丰富的天赋,要自我更新,要成长,要爱,超越孤立以及富有牺牲精神。虽然两种生存方式都根植于人的本性之中:重占有,即拥有的倾向,其力量说到底根源于人渴望生存这一生物因素;重存在,即分享、奉献和牺牲的倾向,其力量根源于人类存在的特殊状况和人渴望通过与他人的统一克服自身孤独感的内在需要。参见[美]埃里希·弗洛姆:《占有还是生存》,关山译,三联书店1988年版。

　　[②]　叶启政:"启蒙人文精神的历史命运:从生产到消费",载《中国社会学》,社会科学文献出版社2002年版,第79页。

义伦理以及与之相关的人生哲学的怀疑和否定的态度。

当代西方应用伦理学的主题表现出一种"向生活世界回归"、"向人自身回归"的内涵,人的现实安顿和伦理道德的实际应用问题成为道德思考的重点,可以说,消费伦理的诞生和发展也是源自于现实生活的需要,即解决由人类无节制的消费所引发的生态危机和意义危机的需要。正是在这种强烈的现实关注和解决危机的过程中,人们认识到价值观念的改变对于问题解决的根本作用,这也是消费伦理发展的动力之源。在消费伦理的视野里,人的存在和发展始终是至关重要的,即人们如何通过作为人的存在方式的消费,去实现幸福生活的人生目的。事实上,想要好的"存在",想要享受生活,都是没有问题的,错的是那种以"拥有"而不是"生活"为目的的生活方式。毫无疑问,拥有是为了存在,而存在却不只是拥有。

第二章
消费伦理之源流比较

远在自然经济的时代，对人消费活动和消费行为等消费问题的道德思考与伦理评价，就已经进入了古代思想家的视野。事实上，自古以来围绕节俭和奢侈的善恶问题的讨论，以及由此延伸而来的对消费与生活方式的关联，及其对人类生活目的的意义之思考，成为中西方消费伦理的聚焦点。事实上，不同的物质经济基础、道德文化传统、历史文明进程会产生出不同的消费伦理理论，有着各自独特的消费伦理观念、价值评价标准、道德推理逻辑和话语表达方式，因而，尽管中西方消费伦理有着许多共同点，仍然呈现出旨趣各异的理论特色。

本章将简要叙述中国传统主流消费伦理思想和西方消费伦理的历史演变。古代中国的消费伦理主流，选取了具有代表性的儒家、墨家、道家以及《管子》的消费伦理思想；西方消费伦理的嬗变，是从古希腊罗马的消费伦理精神，追溯到当代享乐主义伦理的滥觞。对这些实例的选取，是基于它们具有相对的普遍代表性。从根本意义上说，对消费伦理传统的历史叙述，对古人悠久的消费伦理智慧的品味，对中西消费伦理作出的初步比较，目的是理解消费伦理文化的传统本色，揭示它们在现代消费生活中可能产生的精神意义，为今天建立新型消费伦理提供可资利用的道德文化资源。

第一节　俭:中国古代消费伦理之主流

"俭",历来被古人视为重要的德目之一,《说文解字》曰:俭,约也,从人;奢,张也。所谓俭,即简朴,节制,不张扬,不奢侈。《左传》有云:"俭,德之共也;侈,恶之大也。"(《左传·庄公二十四年》)司马光对此解释说,"夫俭则寡欲,君子寡欲则不役于物,可以直道而行,小人寡欲则能谨身节用,远罪丰家。""侈则多欲,君子多欲则贪慕富贵,枉道速祸,小人多欲则多求妄用,败家丧身,是以居官必贿,居乡必盗。"(《司马文正公传家集·训俭示康》)因而,在大多数思想家看来,节俭是大善,其道德价值为人所称颂,而奢侈则是恶,是所有恶德恶行的根源。"俭"成为中国古代消费伦理之主流,细究其缘由,有其相关的思想、理论和经济条件,主要有以下几个方面:

第一,经济发展的制约。一般来说,生产决定消费,任何社会消费都离不开一定的社会生产方式的制约,同时,消费也与一定的经济生活条件和道德文化传统休戚相关。中华民族历来依靠农业维持生存,以小农为主的自然经济是中国古代社会经济结构的基本特征。小农经济是一种脆弱的经济基础,它的发展与兴盛与政治的清明,社会的稳定,自然的风调雨顺有很强的依赖关系。在一个农业国家里,春耕夏耘,秋收冬藏,"夫民之所生,衣与食也。食之所生,水与土也。"(《管子·禁藏》)土地的分配和利用是经济生活的中心,农业生产理所当然地成了立国之本,而商业则被视为"末",各种经济思想和国家政策都重本抑末、重农轻商。在自给自足的自然经济和小农生产方式的条件下,土地和人力的有限以及生产力水平低下,物质生活资料的极为匮乏与人们渐增的消费需求之间的矛盾是显而易见的,因而,崇俭成为古代农业社会所选择和提倡的一种消费模式和生活态度。它通过抑制消费,降低需求来消极地适应生产的有限性和经济的不发达,这在客观上起到了缓解生产与消费的矛盾,稳定封建政治经济秩序的作用。

第二,等级消费思想。中国古代社会人际关系的基本结构是宗法等级制,社会成员安分守己,按等级消费被视为合理的消费格局,具有维护宗法等级关系、平衡各阶层消费心理、符合高低有别之天道、稳固统治秩序之作用。《礼记·王制》有云:"诸侯无故不杀牛,大夫无故不杀羊,士无故不杀犬豕,庶人无故不食珍",祭祀品选择上,"天子以牺牛,诸侯以肥牛,大夫以索牛,士以羊豕。"(《礼记·曲礼》)人们必须依照各自的身份名位来消费,否则就是违礼僭越,大逆不道。古代思想家们大多赞同等级消费制,认为在生产力低下的阶级社会,物质资料有限,不能满足普遍的消费需要,不能进行平等的消费,"势位齐而欲恶同,物不能赡则必争,争则必乱,乱则穷矣。先王恶其乱也,故制礼义以分之,使有贫富贵贱之等,足以相兼临者,是养天下之本也。"(《荀子·王制》)因此,为"养天下之本也",行等级消费之模式,满足统治阶级的奢侈消费,而物质生产总量有限,倡导人民群众黜奢崇俭,是势在必行,绝对必要的。

第三,"俭以养德"的思想。中国古代重视德性的养成,"自天子以至于庶人,壹是皆以修身为本。"(《大学》)这是"人之所以异于禽兽者"的根本。俭是成就各种德性的基础,"言有德者,皆由俭来也"。(《司马文正公传家集·训俭示康》)俭之所以养德,是联系人的欲望来讲的,在消费生活中,是否应当满足欲望,满足到什么程度,是一个重要的人生哲学命题。俭可以用来节制贪欲,磨砺精神,坚强道德意志,奠定道德自律的基础。《国语·鲁语》云:"夫民劳则思,思则善心生。逸则淫,淫则忘善,忘善则恶心生。"孟子很懂得这一点,所以说,感官物欲会妨碍存心养性,"耳目之官不思,而蔽于物。"(《孟子·告子上》)是故,"养心莫善于寡欲"。(《尽心下》)至于"夫俭则寡欲",(《司马文正公传家集·训俭示康》)"俭以养德"(《诸葛亮集·诫子书》)等道德箴言,更是广为流传。这样一种思想自然会影响到古代中国人对奢俭的态度,"俭"成为首要的选择。

第四,"克俭于家"的思想。《大学》讲"修身、齐家、治国、平天下","天下之本在国,国之本在家,家之本在身。"(《孟子·离娄》)修身养德,是"齐家、治国"的根本。黜奢崇俭对修身养德有着重要价值,同样,对齐家、治国、平天下也是须臾不可少的。《尚书·大禹谟》曾指出:"克勤于邦,克俭于家",南宋叶梦得亦称,"夫俭者,守家第一法也。"(《石林治生家训要略》)而奢侈的生活方式,则是"国侈则用费,用费则民贫,民贫则奸智生,奸智生则邪巧作。"(《管子·八观》)由此,墨子指出:"俭节则昌,淫佚则亡",(《墨子·辞过》)曾国藩亦说:"勤苦俭约,未有不兴;骄奢倦怠,未有不败。"(《曾文正公家训》卷上)节俭有益于家庭的富裕与和睦,家和则万事兴;节俭有利于"正人心"、"敦风俗",形成良好的社会道德风尚,实现社会的有序与和谐。而奢侈则使人民贫弱,国库空虚,人心涣散,民风奸诈,道德败坏,不利于社会的稳定和经济的发展。晚唐诗人李商隐对此有深刻的概括:"历览前贤家与国,成由勤俭败由奢",因此,俭德被国家和社会极力推崇。

概言之,黜奢崇俭代表了中国古代消费伦理的基本思维路向,对中华民族之勤劳简朴,自强不息、义以为上、安贫乐道等生活性格之塑造有着深刻且深远的影响。儒家、墨家、道家以及《管子》都有崇俭抑奢的主张,他们各自拥有丰富的消费伦理思想,是中国传统道德文化的重要组成部分。以下分别予以阐述。

一、儒家:尚俭·依礼而行

孔子开创的儒家伦理是中国传统伦理的主导形态。在中国消费思想史中,儒家消费伦理思想占有举足轻重的地位。对这一道德文化资源的分析和阐述,包括了"道德价值观念"和"消费行为模式"两个方面。在"道德价值观念"方面,儒家主张尚俭,去奢,节欲;在"消费行为模式"方面,则是依礼而行,以礼为度。儒家的消费伦理思想,为社会消费生活提供了理论依据和价值指导,它有着消极的影响,对于今天建立新型的消费伦理又具有积极意义。

1. 尚俭的道德价值观念

(1)儒家尚俭的道德价值观是与孔子开创的"仁学"伦理思想紧密相连的。"孔子贵仁"(《吕氏春秋·不二》),认为"仁"是处理人伦关系的普遍的伦理原则。仁的中心意思,是"己欲立而立人,己欲达而达人"(《论语·雍也》)。仁含括三方面:"一忠恕,二克己复礼,三力行。

忠恕是由内心推己及人;克己复礼则是以社会之行为规范约束自己;而忠恕与克己复礼皆以力行为基本。"①儒家倡导仁爱思想,必然在其消费思想上有所体现,概括起来不外两个层面:"治国"层面和"修身"层面。从"治国"层面来看,即从国家财政开支和政策方面来考量消费问题,统治者该如何力行"惠民"思想;从"修身"层面来分析,贵义贱利、尚俭去奢、安贫乐道是成就以"仁"为核心的理想人格之主要标准。

首先,以仁为基础的消费伦理观,体现在治国、平天下方面,就是"为政以德","以政裕民",是"立人"、"达人"的"惠民"思想。孔子曰:"道千乘之国,敬事而信,节用而爱人,使民以时。"(《论语·学而》)"节用",不奢侈,"爱人",则意味着"轻徭"、"薄赋",才能"使民以时"落到实处;力行"养民也惠"(《论语·公冶长》),才能"足食,足兵,民信之矣。"(《论语·颜渊》)孔子的"惠民"思想为民本主义者孟子所继承。孟子倡"仁政"说,主张发展生产,勤俭节约,改善物质生活,提高消费水平。孟子的理想是,使人人都有恒产,皆能维持生活,"养生丧死无憾",就是"王道之始也","不王者未之有也"。其云:

> "五亩之宅,树之以桑,五十者可以衣帛矣;鸡狗彘之畜,无失其时,七十者可以食肉矣;百亩之田,勿夺其时,八口之家,可以无饥矣。谨庠序之教,申之以孝悌之义,颁白者不负戴于道路矣。七十者衣帛食肉,黎民不饥不寒,然而不王者未之有也。"(《孟子·梁惠王上》)

对于不顾民生,奢侈消费的行为,孟子给予猛烈地抨击:"庖有肥肉,厩有肥马,民有饥色,野有饿莩,此率兽而食人也。兽相食,且人恶之,为民父母行政,不免于率兽而食人,恶在其为民父母也!"(同上)荀子则是较早注意到尚俭与"生财"关系的伦理思想家。他一方面批评"墨子之节用也,则使天下贫"(《荀子·富国》),"天下尚俭而弥贫",认为必要的消费可以促进生产。另一方面,他又指出节俭所得的剩余可用来改进和发展生产,"不知节用裕民则民贫",(同上)"务本节用财

---

① 张岱年:《中国哲学大纲》,江苏教育出版社 2005 年版,第 249 页。

无极"(《荀子·成相》),节俭仍是强国安民之本。荀子说:

"节其流,开其源,潢然使天下必有余。"(《富国》)

"强本节用则天下不能贫"(《天论》)

"天下诸侯无靡费之用,士大夫无流淫之行。"(《君道》)

"知节用裕民,则必有仁义贤良之名,而且有富厚丘山之积矣。"(《富国》)

关于节俭与生财之关系,《大学》有云:"生财有大道,生之者众,食之者寡,为之者疾,用之者舒,则财恒足矣。"这在一定程度上,揭示了增产节约、增收节支方能富国惠民的经济规律。儒家倡导节俭生财,是其"仁爱"原则在"惠民"主张中的伦理价值之体现,也是儒家"民为贵"的民本经济思想的集中反映。

其次,儒家以"仁"为基础的尚俭消费伦理观,于个人来说,是达道、成德、成人的内在于人之规定,是成就儒家理想人格的主要标准。在学生子贡的眼中,"夫子温、良、恭、俭、让以得之"。(《论语·学而》)孔子尚俭,子曰:

"奢则不孙,俭则固;与其不孙也,宁固。"(《述而》)

"君子忧道不忧贫"(《卫灵公》)

"食无求饱,居无求安"(《学而》)

"耻恶衣恶食者,未足与议也。"(《里仁》)

"一箪食,一瓢饮,在陋巷,人不堪其忧,回也不改其乐。"(《雍也》)

在孔子看来,士人君子的理想人格是"仁者安仁",是一个守道有德、见利思义、安贫乐道的真正的人。尔后,从孟子到宋明理学在尚俭方面大大提升了孔子关于俭德的学说。与孔子一脉相承,孟子亦不看重荣华富贵,"仁则荣,不仁则辱。"(《孟子·公孙丑上》)君子应是"谋道不谋食",去利怀义、节制私欲、唯道是上,故曰:"富贵不能淫,贫贱不能移,威武不能屈。"(《孟子·滕文公上》)而"饱食暖衣,逸居而无教,则近乎禽兽"。(同上)朱熹同样对节俭持肯定态度,他解释说:"俭是省约有节","俭谓节制,……只是不放肆,常收敛之意。"(《朱子语类》卷二十二）对于不节不俭,一味奢侈的现象,他强调说:"今者一向奢而文,则去本已远,故宁俭而质。""俭德极好,凡是俭则鲜失"。(同上,卷一百二十五)后儒继承和发挥了孔孟的思想,节制物欲,进取仁义,认为俭乃德之始,节俭成为生活行为的准则,也成为儒家道德教育的重要内容。后辈被要求在勤俭中刚强道德意志,完善道德人格。清儒张履祥在《答颜孝嘉》中说:

> "父母于子,欲其他日克家,必须使其苦惯。若是爱以姑息,美衣甘食,所求而无得,所欲而无不遂,养民膏粱纨绔气体,稼穑艰难有所不知,一与之大任,必有不克负荷者矣。所以劳苦种种,正以为动心忍性也。动心忍性,所以为大任也,……须从百苦中打炼出一副智力,然后此身不为无用,外可以济天下,内可以承先人。"(《杨园先生全集》卷十三)

儒家尚俭的消费观还典型地体现在儒商的身上,有学者指出,一般商人以夸富相显耀,儒商则以节俭自律。明代学者沈思孝对晋商节俭风气曾有记叙:"晋中俗俭朴苦,有唐虞夏之风。百金之家,无有夏帽;千斤之家,冬无长衣;万金之家,食无兼味。"(《晋录》)[1]在富有的商家那里,节俭之道也是遵奉无疑,充分反映了中国古代儒商对俭德的理性自觉。显而易见,儒家以"仁"为道德根本,以成仁成德为人生价值目标,肯定尚俭是个体依仁求德的根本途径之一,肯定节俭对于完善德性和理想人格的作用,这是十分可贵的。

(2)儒家尚俭的道德价值观又是与其理欲说息息相关的。理欲之辩可以说是自孔子以来,乃至整个儒家伦理学的一个重大论题。一般来说,理欲问题通常是涉及道德原则与物质利益,道德与幸福之关系的问题。与墨家重苦行,道家讲寡欲,杨朱纵欲说的不同,儒家讲节欲。关于天理人欲之说,始见于《礼记·乐记》,文中讲到天理就是"天之性",人欲就是"人之好恶无节"。《乐记》并没有把理欲问题看得很严

---

[1] 详见唐凯麟、曹刚:《重释传统》,华东师范大学出版社 2000 年版,第 336 页。

重。① 当然，凡人总有欲望，这是无可否认的。问题是如果欲望不加以节制，则会成为贪欲，贪欲无度，物欲横流，骄奢淫逸，失去人之为人的根本，人就无异于禽兽了。对于这个议题，孔子说："富与贵，是人之所欲也；不以其道得之，不处也。贫与贱，是人之所恶也；不以其道得之，不去也。"（《论语·里仁》）孔子首先承认了基本的人性事实，"富与贵"、"贫与贱"，分别是人之所欲和所恶，然后指出，不用正当的方法去谋利，是不能接受的，也就表明了孔子"不义而富且贵，于我如浮云。"（《论语·述而》）表明他"义以为上"，"以义制欲"之节欲的道德立场。孟子曾讲"养心莫善于寡欲"（《孟子·尽心下》），同时又正视消费资料的基础性，肯定物质利益对于道德教化和提高人们道德水准的作用，他深刻地洞察到民"无恒产因无恒心"，因而提出最低的消费标准："是故明君制民之产，必使仰足以事父母，俯足以畜妻子，乐岁终身饱，凶岁免于死亡。"（《孟子·梁惠王上》）荀子则提出以心导欲或节欲，由于欲多种多样，各人所欲对象又不同，不是所有的欲都能够得到满足，唯有知足常乐，从道节欲，以道制欲，才能获得良善生活。故曰："君子乐得其道，小人乐得其欲，以道制欲，在乐而不乱；以欲忘道，则惑而不乐。"（《荀子·乐论》）

先秦儒家节欲论的消费行为价值观，被后来正统化的儒家伦理渐渐推向极端，天理人欲之辨愈加详备。到北宋，二程区分了天理与人欲，认为满足基本的生活需要是天理，如饥而求食，寒而求衣；超过一定的限度则是人欲，如欲求美味美服，奢侈放纵。"人心莫有不知，唯蔽于人欲，则忘天理也。"（《河南程氏遗书》卷十一）故曰，"人心私欲，故危殆。道心天理，故精微。灭私欲则天理明矣。"（同上，卷十一）朱熹更是强调理欲之辩，他说："学者须是革尽人欲，复尽天理，方始是学。"（《朱子语类》卷十三）"圣贤千言万语，只是教人明天理，灭人欲。"（同上，卷十二）但朱熹也承认，"饥食、渴饮"，是人之普遍的，不能不满足的生理需要，这种基本的欲望是正常的，满足人的正常消费需要，是天

---

① 参见张岱年：《中国伦理思想研究》，江苏教育出版社 2005 年版，第 98 页。

理自然。他说：

　　"夫口之饮食,目之欲色,耳之欲声,鼻之欲臭,四肢之欲安逸
如何自会恁地? 这固然是天理之自然。"(《朱子语类》,卷六十一)

　　"问饮食之间,孰为天理孰为人欲? 曰:饮食者,天理也;要求
美味,人欲也。"(同上,卷十三)

　　"问饮食、渴饮、冬裘夏葛,何以谓之天职? 曰:这是天教我如
此。饥便食,渴便饮,只得顺他。穷口腹之欲便不是。盖天只教我
饥则食,渴则饮,何曾教我穷口腹之欲?"(同上,卷九十六)

　　可见,理学家之存理去欲,排斥人欲,其实并不是要否认一切欲望,
也不是要推行禁欲主义,而是要去除非基本的私欲、贪欲、奢欲,使人免
于外物诱惑,纵欲恣意,腐化堕落,沉湎于声色犬马中,从而造就尚俭的
良好道德风尚,实现社会的稳定和长治久安。

　　2. 依礼而行的消费行为模式

　　节俭是一种美德,也是一种"惠而不费,劳而不怨,欲而不贪"的中
道。(《论语·尧曰》)儒家尚俭,何为俭? 何为奢? 何为吝? 在孔子看
来,消费之度在于合"礼"与否。也就是说,社会成员在消费的时候,除
了顾及个人的经济条件之外,更为重要的是,消费要符合自己的社会地
位和等级身份,依礼而行,以礼为度。即所谓"道之以德,齐之以礼,有
耻且格"。(《论语·为政》)在古代中国,"不学礼,无以立"(《论语·
季氏》)"礼"是受到广泛重视的政治伦理概念,被看作是一种社会制度
和伦理规范秩序。孔子重视依礼而行,"非礼勿视,非礼勿听,非礼勿
言,非礼勿动",(《论语·颜渊》)并身体力行之。得意门生颜渊死,家
贫而无力购置外椁,其父颜路请求孔子卖掉车子置椁,孔子回绝了:
"以吾从大夫之后,不可徒行也。"(《论语·先进》)孔子一方面认为颜
渊无椁不算违礼,应该量力而行;另一方面,自己从大夫后,身份地位要
求是不能没车徒行的。关于俭与礼的关系,孔子的评价标准主要是
"俭不违礼","用不伤义"。子曰:"礼,与其奢也,宁俭",(《论语·八
佾》)"麻冕,礼也;今也纯,俭,吾从众"(《论语·子罕》)在经济条件有
限以及俭不违礼的情况下,孔子毫不犹豫地选择节俭消费;而在涉及根

本的礼制问题上，则毫不含糊。如古代每月初一要祭庙，即"告朔"之礼，子贡想免掉祭祀要宰杀的羊，孔子批评道："赐也！尔爱其羊，我爱其礼。"（《论语·八佾》）至于晏子，孔子认为他身为齐相，一件狐裘穿三十年，用很小的猪祭祀祖先，就不是节俭而是吝啬了，且没按等级消费，与身份极不相称。而管仲不俭，僭奢越礼，孔子无不谴责地说："邦君树塞门，管氏亦树塞门。邦君为两君之好，有反坫，管氏亦有反坫。管氏而知礼，孰不知礼？"（同上）当季氏超越身份等级而"八佾舞于庭"时，他非常生气："是可忍也，孰不可忍也？"。（同上）

孔子重视礼，在他那里多指礼仪秩序和伦理规范，荀子强调和发挥了孔子的礼论，他坚信"以礼为用"，以礼论德的原则，其思想成为儒家伦理的社会规范伦理和制度伦理传统的发源。荀子认为人生来就有贪图利益和感官享受的欲望，消费欲求是人之情："食欲有刍豢，衣欲有文绣，行欲有舆马，又欲夫余财蓄积之富也；然而穷年累世不知足，是人之情也。"（《荀子·荣辱》）人的欲求之心是无限的，同时又是相似的："凡人有所一同：饥而欲食，寒而欲暖，劳而欲息，好利而恶害，是人之所生而有也，是禹桀所同也。"（同上），而"欲恶同物，欲多而物寡，寡则必争矣。"（《荀子·富国》）人的欲壑难填，而消费资料和物质财富是有限的，这种无限的欲望和有限财富之间的矛盾无法解决，必然引起冲突和纷争，导致社会贫困和动荡。由此，对消费欲望的节制就离不开"礼"，依礼而行成为普遍的道德要求。对于礼的起源，荀子分析说：

> "礼起于何也？曰：人生而有欲，欲而不得，则不能无求，求而无度量分界，则不能不争，争则乱，乱则穷。先王恶其乱也，故制礼义以分之，以养人之欲，给人之求，使欲必不穷于物，物必不屈于欲，两者相持而长，是礼之所起也。"（《礼论》）

> "食饮衣服居处动静，由礼则和节，不由礼则触陷生疾。容貌态度进退趋行，由礼则雅，不由礼则夷固僻违，庸众而野。故人无礼则不生，事无礼则不成，国家无礼则不宁。"（《修身》）

荀子依据人性本恶的预设，认为作为个人行为准则的"礼"，起源于人之物欲的无穷以及节制物欲的必要，目的是通过合理的制度安排，实现思想和社会的稳定和有序。荀子的这一致思理路,与17世纪英国契约论理论家霍布斯的想法有着惊人的异曲同工之妙。

依礼而行的消费行为模式,体现了一种不平等的社会结构和制度,也是封建等级制在消费上的必然反映。对于等级消费的合理性,荀子辩护说:"分均则不偏,势齐则不壹,众齐则不使"(《荀子·王制》)就是说,如果在各方面都平等,则"两贵之不能相事,两贱之不能相使",(同上)等级混乱,百姓不服从,国家无法统一,因而,根据"有天有地而上下有差"的原理,先王"制礼义以分之,使有贫富贵贱之等,足以相兼临者,是养天下之本也"。(同上)从前面的叙述看,儒家消费伦理在行为模式方面主要是从个人美德和社会责任来考虑的,儒家认为,在消费问题上,只有人人遵循"礼"的行为规范和行为模式,各安其名,各尽其分,依礼而行,以礼为度,恪守俭德,安贫乐道才能归于和谐,达到"礼之用,和为贵"的境界。(《论语·学而》)

二、墨家:节用·自苦为极

从战国到汉初,墨子和他学派的声名及影响几乎与孔子不相上下,《韩非子·显学》有云:"世之显学,儒墨也,儒之所至,孔丘也;墨之所至,墨翟也"。墨子对于孔子和儒家所粉饰的各种烦琐的礼仪制度,很是反感。《淮南子·要略》记载:"墨子学儒者之业,受孔子之术。以为其礼烦扰而不悦,厚葬靡财而贫民,久服伤生而害事。故背周道而用夏政"。墨子之所以背周道而法夏,与对素有节俭勤苦之名的夏禹的推崇不无关系,他曾赞叹说:"昔禹之湮洪水,决江河而通四夷九州也,……腓无胈,胫无毛,沐甚雨,栉疾风"。(《庄子·天下》)墨子及其弟子,效仿传说中的圣王禹,皆能苦行,视苦若甘,专注勤俭,倡导节用,他们"生不歌,死无服","以裘褐为衣,以跂蹻为服,日夜不休,以自苦为极",(同上)其节用、自苦为极的朴素消费伦理观体现了小生产者及平民的利益与要求。墨家独特而深厚的消费伦理思想,分别体现在"节用"的消费行为规范和"兴天下之利"的相关消费思想两个方面,并始终贯穿着功利主义与节俭主义的统一。

1. 消费行为规范:"节用"

古代墨家重视生产劳动成果和实际利益,他们主张的消费行为规范,概括来说主要是一种"节用"。赵靖先生评价说:"在墨家的经济思想体系中,生产论实际上成了节用论的从属部分。在墨学十大纲领中,经济方面的纲领只有一个:'国家贫,则语之节用、节葬。'墨翟几乎把一切经济问题都纳入节用的范畴下,把节用看作是解决一国经济问题的不二法门。"①墨子主张节用,源于他对生产与消费关系的深刻认识。那种不顾生产对消费的决定和制约,盲目追求奢侈消费的行为,是治国的七大忧患之首。在传统社会中,农业生产是古代经济生活中的头等大事,风调雨顺与政通人和对一个国家和人民来说相当重要。一方面,风调雨顺意味着五谷丰登,衣食有望,否则"一谷不收谓之馑,二谷不收谓之旱,三谷不收谓之凶,四谷不收谓之馈,五谷不收谓之饥",(《墨子·七患》)遇到灾荒之年,民则无所仰,仕者大夫亦损禄,以致"尽无禄","禀食(口粮)而已矣",(同上)国家也因此岌岌可危;另一方面,政通人和对农业生产起着非常积极的作用,政治清明的时候,人民能休养生息,"不误农时",保障农业生产所需的人力、物力和时间,不像兵荒马乱的时候,劳役和徭役繁重,疲于奔命,民不聊生。然而,农业生产有赖于天时地利,不稳定的因素较多,自然条件又非人力所能及,即使是"上世之圣王,岂能使五谷常收而水旱不至哉!"(同上)由此,要解决这个矛盾,除了加强农业生产外,在消费方面只能是尽可能的节用,"以时生财,固本而用财,则财足"。(同上)作为财富的最大消耗者,统治阶层更是要注重节用,杜绝奢侈浪费,"凡足以奉给民用,则止。诸加费不加于民利者,圣王弗为"。(《墨子·节用中》)基于上述认识,墨子倡导节用,包括人们衣食住行的节用,以及节葬短丧,非乐。

首先,在衣食住行方面,墨子制定了详细的节用之法,其曰:

衣:"为衣服之法:冬则练帛之中,足以为轻且暖,夏则絺绤之

---

① 唐凯麟、陈科华:《中国古代经济伦理思想史》,人民出版社 2004 年版,第 180 页。

中,足以为轻则清,谨此则止。故圣人之为衣服,适身体和肌肤而足矣。非荣耳目而观愚民也。当是之时,坚车良马不知贵也,刻镂文采不知喜也。何则? 其所道之然。"(《墨子·辞过》)

食:"其为食也,足以增气充虚,强体养腹而已矣。故其用财节,其自养俭,民富国治。"(同上)

"古者圣王制为饮食之法,曰:足以充虚继气,强股肱,耳目聪明,则止。

不极五味之调、芬香之和,不致远国珍怪异物。"(《墨子·节用中》)

住:"室高足以辟润湿,边足以围风寒,上足以待雪霜雨露,宫墙之高,足以别男女之礼。谨此则止,凡费财劳力,不加利也,不为也。"(《墨子·辞过》)

行:"车为服重致远,乘之则安,引之则利;安以不伤人,利以速至,此车之利也。古者圣王为大川广谷之不可济,于是制为舟楫,足以将之,则止。虽上者三公诸侯至,舟楫不易,津人不饰,此舟之利也。"(《墨子·节用中》)

此外,墨子还指出,遇到欠收灾荒之年,统治者还要相应地减免税收,压缩开支,降低生活标准,与民同甘共苦,"岁馑,则仕者大夫以下皆损禄五分之一。旱,则损五分之二。凶,则损五分之三。馈,则损五分之四。饥,则尽无禄,禀食而已矣。故凶饥存乎国,人君徹鼎食五分之三,大夫撤县,士不入学,君朝之衣不革制,诸侯之客,四邻之使,雍食而不盛……此告不足之至也。"(《墨子·七患》)

其次,墨子认为儒家"盛为声乐,以淫遇民"(《墨子·非儒》),典章和礼乐不过是繁文缛节,毫无用处,成为少数贵族的奢侈享受。由此,墨子反对纵情声乐,非乐。其云:

"是故子墨子之所以非乐者,非以大钟、鸣鼓、琴瑟、竽笙之声,以为不乐也;非以刻镂,华章之色,以为不美也,……。虽身知其安也,口知其甘也,目知其美也,耳知其乐也,然上考之不中圣王之事,下度之不中万民之利。是故子墨子曰:为乐,非也。"(《墨

子·非乐上》)

至于丧葬之礼,墨子认为,如果依照圣王之法,于丧葬,就该"棺三寸,足以朽体;衣衾三领,足以覆恶。以及其葬也,下毋及泉,上毋通臭。垄若参耕之亩,则止矣。"(《墨子·节葬下》)如此劳民伤财,墨子非常反对:"又厚葬久丧,重为棺椁,多为衣衾,送死若徙。三年哭泣,扶后起,杖后行,耳无闻,目无见,此足以丧天下。"(《墨子·公孟》)父母去世,子女要守三年之丧,对于国家和民众的财富精力是很大的损害,因此,墨子主张节葬短丧。他说:

> "上士之操丧也,必扶而能起,仗而能行,以此共三年。若法若言,行若道,使王公大人行此,则必不能蚤朝晏退,听狱治政。使士大夫行此,必不能治五官六府,辟草木,实仓廪。使农夫行此,则必不能蚤出夜入,耕稼树艺。使百工行此,则必不能修舟车,为器皿也。使妇人行此,则必不能夙兴夜寐,纺绩织纴。细计厚葬,为多埋赋之财者也;计久丧,为久禁从事者也。财以成者,扶而埋之;后得生者,而久禁之。以此求富,此譬犹禁耕而求获也,富之说无可得焉。"(《墨子·节葬下》)

对这些节用之内容,我们可以发现这样一些特点:

第一,从衣食住行方面给出的详细规定来看,它们主要是一些消费行为所应遵循的道德规范。在消费问题上,墨子的观点是那些为了满足生活的基本需要的消费,是切合实用的消费,也是正当的消费;反之,则是没有实用价值的奢侈消费,是不正当的消费。"节用"的消费行为规范,正是对那些奢侈消费的道德约束和限制,这些行为规范连同与之相关的消费思想一起构成了墨家消费伦理的基本内容。

第二,墨子在注重节用的同时,也强调生产之重要性。他认为要使饥者得食,寒者得衣,劳者得息,使一切人民皆能维持一定的消费水平,就必须加强生产。故谓"凡五谷者,民之所仰也,君之所以为养也。故民无仰则君无养,民无食则不可事。故食不可不务也,地不可不力也,用不可不节也。"(《墨子·七患》)除了生产之外,还要注意防范不时之灾,即所谓"国备",他说:"国无三年之食者,国非其国也。家无三年之食者,子非其子也。此之谓国备。"（同上）墨子观察到了生产与需要之间的矛盾,一方面是要加紧发展生产;另一方面,节俭消费、抑制需要、适当积累亦是不可少的,所谓"生财密而其用节"。（同上）在物质财富不丰盈的古代社会,墨家的节用不仅反映了小生产者及下层劳动人民的利益和要求,也是一种消极地适应低水平生产的有效消费方式和生活态度。

第三,古代社会,广大小生产者和平民生活贫困,节用是他们本来的持家之道。墨子对衣食住行的节用规定,主要是针对当时的统治阶级而言的。墨子批评当时统治阶级"非无足财也,而无足心也",（《墨子·亲士》）他们不满足实用,追求享乐,形成奢侈挥霍之风,为衣服,"以为锦绣文采靡曼之衣,铸金以为钩,珠玉以为珮,女工作文采,男工作刻镂,以为衣服";（《墨子·辞过》）为饮食,"以为美食刍豢,蒸炙鱼鳖,大国累百器,小国累十器,前方丈,目不能遍视,手不能遍操,口不能遍味,冬则冻冰,夏则饰饐";（同上）为宫室,"以为宫室台榭曲直之望,青黄刻镂之饰";（同上）为舟车,"饰车以文采,饰舟以刻镂。女子废其纺织而修文采,男子离其耕稼而修刻镂,故民饥";（同上）为妻室,"当今之君其蓄私也,大国拘女累千,小国累百……是以天下之男多寡无妻,女多拘无夫,男女失时,故民少";（同上）为声乐,"以为大钟、鸣鼓、琴瑟、竽笙之声";（《墨子·非乐上》）为丧葬,"棺椁必重,葬埋必厚,衣衾必多,文绣必繁,丘陇必巨"。（《墨子·节葬下》）为满足享乐消费,统治者"厚作敛于百姓,暴夺民衣食之财",其必然结果是"富贵者奢侈,孤寡者冻馁"。（《墨子·辞过》）尚俭节用,本为先秦各学派所推崇,而墨子及其弟子不但身体力行,自奉甚俭,还制定了具体的标准和内容,对消费行为予以规约,把矛头直接指向了封建统治阶级。墨家这一节用的思想已经超越了纯经济学的意义,闪烁着伦理智慧之光。

2. 相关消费思想:"兴天下之利"

儒家"正其谊不谋其利,明其道不计其功",与儒家哲学的根本观念不同,墨家专注"利"和"功",并以此为墨家思想的出发点。墨家"兴天下之利"的功利主义思想,虽然不是直接思考消费伦理问题的,但客观上还是对墨家节用、节葬、非乐等消费思想有着重要的、直接的影响。
墨子言利,他说:

　　"仁人之所以为事者,必兴天下之利,除去天下之害,以此为事者也。"(《墨子·兼爱中》)

　　"仁之事者,必务求兴天下之利,除天下之害,将以为法乎天下,利人乎既为,不利人乎既止。"(《墨子·非乐上》)

　　"何谓三表,子墨子言曰:有本之者,有原之者,有用之者。于何本之? 上本之于古者圣王之事。于何原之? 下原察百姓耳目之实。于何用之? 发以为刑政,观其中国家百姓人民之利。"(《墨子·非命上》)

　　墨家认为,一切行为,皆以"兴天下之利"为其价值目的,而"国家百姓人民之利"则为一切价值之最终标准。与墨家相反,儒家区分了义与利:"君子喻于义,小人喻于利",(《论语·里仁》)义与利是相对立的;墨家则认为义利是一致的,"义,利也。"(《墨子·墨经上》)墨子曾说,"天下莫贵于义",(《墨子·贵义》)有义则治,无义则乱,义是利于天下的。墨家的利,指公利,也是道德的最高原则,善恶之分皆由此为标准。在墨家看来,国家百姓人民之利,即是人民之"富"与"庶"。凡能使人民富庶之事物,皆为有用,否则皆为无益或有害;一切价值,皆依此估定。① 人民的富庶既然是国家百姓人民之大利,因而,有关富民养民,丰衣足食的实现方式就显得非常重要。墨子强调,"财不足则反之时,食不足则反之用"。(《墨子·七患》)财利不足,就要反过来注重按农时耕种,遵循农业生产的客观规律;食不足,则要节用,反对奢侈。他说:

　　"圣人为政一国,一国可倍也;大之为政天下,天下可倍也。其倍之,非外取地也,因其国家去其无用之费,足以倍之。圣王为政,其发令、兴事、使民、用财也,无不加用而为者。是故用财不费,民德不劳,其兴利多矣。"(《墨子·节用上》)

---

　　① 冯友兰:《中国哲学史》(上),华东师范大学出版社 2000 年版,第 73 页。

之所以"兴利多",源自于节用,去除了无用之费,"其用财节,其自养俭,国富民治"。(《墨子·辞过》)以同一理由,墨家反感儒家的典章礼仪制度,墨子认为,"儒之道,足以丧天下者四焉",(《墨子·公孟》)厚葬久丧和"盛以声乐"就位列其中。他还说,"累寿不能尽其学,当年不能行其礼,积财不能赡其乐。盛饰邪术,以营世君;盛为声乐,以淫遇民;其道不可以期世,其学不可以导众。"(《墨子·非儒》)音乐美术之类,属于情感之类,墨子皆以为是无用之物,应该予以去除。而儒家主张的厚葬久丧,守孝三年,是对人力物力的巨大损害,使财贫,人寡而国乱,"足以丧天下"。因此,墨子坚定地主张节葬短丧,非乐。其"节用"之法之于国家百姓人民的"富"、"庶","兴利多"的意义十分重要,于国于民都是须臾不可少的,其经济伦理价值也因此凸显出来。

墨家倡导近于苦行主义的节用思想。当然,墨家并不是要完全的禁欲,而是节制一些人的非基本的欲望,以求天下人最基本欲望的满足。墨子反对美服、美色、甘食、盛乐、安逸,是要牺牲目前的一切享受,以求人民皆能维持生活。与墨子生活类似,其徒宋钘也极重苦行,"以禁攻寝兵为外,以情欲寡浅为内"。(《庄子·天下》)宋钘相信,人本来欲望就不多,只要最基本的欲望能够满足即可。墨家的"不侈于后世,不靡于万物,不晖于数度,以绳墨自矫","以自苦为极"的消费伦理思想,(同上)皆为"兴天下之利",为达到利民、利国、利天下之目的。

三、道家:宝俭·少私寡欲

古代中国,与以孔孟道德为代表的儒家伦理形成重要对应和补充的,是以老(聃)庄(周)学说为代表的道家同样丰富而深厚的伦理理念和资源。道家思想源远流长,玄虚旷达,是一个不断发展和完善的体系。严格来说,对先秦道家消费伦理思想的考察,首先要对"道家"这个文化概念作一定的限制。正如冯友兰先生所说,"先秦道家思想总共有三个阶段。以杨朱为代表的是第一阶段。《老子》书中大部分所代表的是第二阶段。《庄子》书中大部分则是第三阶段,也就是最后的阶段……《老子》书中也杂有道家第一阶段和第三阶段的思想,《庄子》

书中也杂有道家第一和第二阶段思想"。① 如同中国古代的许多其他著作一样,这两部著作也均非一人一时之作,而是道家这一派学说的言论汇编。我这里将要考察的主要是作为道家精髓的老(聃)庄(周)的消费伦理思想。

道家反对奢侈的生活方式。老子"宝俭",他说:"我有三宝,持而保之。一曰慈,二曰俭,三曰不敢为天下先。慈故能勇,俭故能广,不敢为天下先故能器长。今舍慈且勇,舍俭且广,死矣!"(《老子》67 章)"俭故能广",唯有俭啬才能厚广,王弼曾注:"节俭爱费,天下不匮,故能广。"②老子认为,俭才是财富充盈,人民富裕的途径,舍"俭"求"广"犹如缘木求鱼。在以小农为主的自然经济条件下,崇俭,是中国传统消费伦理的主流思想。儒家尚俭去奢,主张一种合乎礼仪标准的等级消费,以此维护封建等级政治经济秩序;墨家基于"兴天下之利"之价值指导,倡导近于苦行主义的节用思想。《管子》既主张节俭又鼓励侈靡,认为俭与侈的辩证统一,生产与消费才能和谐运转,经济才能得以良性的发展,实现富国安民的价值目的。道家的"宝俭"论,与先秦大部分思想家所见略同,但道家的消费主张又与其"道"的思想联系在一起,具有自己的理论特征和现实要求。

首先,道家"宝俭"论体现了"道"的思想。毋庸置疑,"道"是道家哲学体系中的最高范畴,它有着丰富的、多方面的内涵。在老子看来,"视之不见","听之不闻","搏之不得"(《老子》14 章)的"道"是无形的,没有固定的形状,所谓"有物混成,先天地生。寂兮寥兮,独立而不改,周行而不殆,可以为天下母。吾不知其名,强字之曰道。"(《老子》25 章)但是"道"并非无有,从生成论意义上说,天地万物由"道"而创生,所谓"道生一,一生二,二生三,三生万物";(《老子》42 章)从本体论意义上说,"道"存在于万物之中,是世界的本原和宇宙的最高法则,所谓"道无所不在",(《庄子·知北游》)"道常无为,而无不为"。(《老

---

① 冯友兰:《中国哲学简史》,新世界出版社 2004 年版,第 58 页。
② 参见陈鼓应:《老子今注今译》,商务印书馆 2003 年版,第 311 页。

子》37章）"无为"是"道"的一种基本规定，"无为"表现为"生而不有，为而不恃，长而不宰"（《老子》51章）道使万物生长而不据为己有，成就万物而不自恃其能，长养万物而不主宰万物。万物的生长创造过程，完全是自由的，顺乎自然的。"不有"，"不恃"，"不宰"表明了道不具有丝毫的占有性。根据道的这种"无为"的性质，老子认为，人们的活动也应顺应自然，不执著于一定的道德规范，不任意而行，所谓"人法地，地法天，天法道，道法自然。"（《老子》25章）从"道"的思想出发，推衍出伦理的最高原则"无为"，体现在消费领域中，就是要顺乎人性的自然发展，视俭为"三宝"之一，"复归于朴"，"少私寡欲"，"无知无欲"。

其次，道家"宝俭"的消费主张又是与其寡欲说紧密相连的。人生而有欲，欲望是不可完全涤除的。如何对待欲望，不同的学派有不同的价值取向。与儒家"节欲说"，墨家的"苦行说"不同，道家讲寡欲，世人也称其主张为"无欲说"。实际上，"老子的真实意思，乃主张少私寡欲。真能寡欲，满足于其所得，更无其他想望，便是无欲了。"①其云：

"见素抱朴，少私寡欲。"（《老子》19章）

"不尚贤，使民不争；不贵难得之货，使民不为盗；不见可欲，使心不乱。是以圣人之治，虚其心，实其腹，弱其志，强其骨。常使民无知无欲。"（《老子》3章）

"化而欲作，吾将镇之以无名之朴。无名之朴，夫亦将无欲。不欲以静，天下将自正。"（《老子》37章）

"我无欲而民自朴。"（《老子》57章）

老子从"无为"的原则出发，反对追求物质的享受。他认为人的欲望是有害的，过分地寻求感官刺激，会使人心受到激扰，行为放荡而不能止，所谓"五色令人目盲；五音令人耳聋；五味令人口爽；驰骋畋猎，令人心发狂；难得之货，令人行妨。"（《老子》12章）

因而，老子学派极力主张摒弃外在物欲的诱惑，建立内心宁静恬淡

---

① 张岱年：《中国哲学大纲》，江苏教育出版社2005年版，第410页。

的生活。而要达到寡欲，则要"知足"，满足现状，"复归于朴"，呈现婴儿式的"无知无欲"状态，这样才能持守安足，保持朴质，过着符合自然本性的生活。老子说：

"甚爱必大费，多藏必厚亡。故知足不辱，知止不殆，可以长久。"(《老子》44章)

"咎莫大于欲得；祸莫大于不知足。故知足之足，常足矣。"(《老子》46章)

"持而盈之，不如其已；揣而锐之，不可长保。金玉满堂，莫之能守；富贵而骄，自遗其咎。"(《老子》9章)

庄子与老子一脉相承，在庄子看来，"同乎无欲，是谓素朴，素朴而民性得矣。"(《庄子·马蹄》)放纵情欲，只能伤性害德，所谓"恶、欲、喜、怒、哀、乐六者，累德也"。(《庄子·庚桑楚》)庄子描述的理想人格是"有人之形，无人之情"，(《庄子·德充符》)是齐生死，顺应天性，心灵自由的人。庄子认为"死生无变于己，而况利害之端乎"，(《庄子·齐物论》)死生终始，无非日夜延续，更何况于欲？欲实在不成问题，不足以扰乱人内心的宁静。这与斯宾诺莎的观点有某种惊人的相似："愚人在种种情况下单纯为外因所激动，从来没有享受过真正的灵魂的满足，他生活下去，似乎并不知道他自己，不知神，亦不知物。当他一停止被动时，他也就停止存在了。反之，凡是一个可以真正认作智人的人，他的灵魂是不受激动的，而且依某种永恒的必然性能自知其自身，能知神，也能知物，他绝不会停止存在，而且永远享受着真正的灵魂的满足。"①的确，庄子理想的是一种绝对自由的精神境界，个体心灵的快乐不为外界所扰，不为外物所役，所谓"物物而不物于物"，(《庄子·山木》)欲是根本不足以挂齿的。

道家一派注重寡欲、知足，即所谓"知足者富"。在老子看来，理想的社会是"小国寡民，使用什伯之器而不用，使民重死而不远徙。虽有舟舆，无所乘之；虽有甲兵，无所陈之；使人复结绳而用之。甘其食，美

---

① [英]斯宾诺莎：《伦理学》，商务印书馆1983年版，第267页。

其服,安其居,乐其俗"。(《老子》80 章)在一个"桃花源"式的乌托邦社会里,人民安居乐业,民风淳朴真实,在物质生活上,把俭视为"三宝"之一,"去甚,去奢,去泰",(《老子》29 章)满足于最少的欲望即可。道家在消费上"宝俭",去奢崇俭的观点,蕴涵了对物欲文明的批评;同时,道家关于"少私寡欲"的道德劝告,对于今天消费崇拜已经深入人心的思想,对整个社会的伦理和意识形态的消费社会来说,无疑是一付有效的"清热解毒"良方。

四、《管子》:俭与侈的统一

管仲春秋时期的著名人物,辅佐齐桓公"九合诸侯,一匡天下"。(《史记·管晏列传》)孔子曾赞许说:"桓公九合诸侯,不以兵车,管仲之力也。如其仁,如其仁。"(《论语·宪问》)管仲的消费思想主要见于《管子》一书,内容丰富,语言精练。关于《管子》,曾众说纷纭,现在一般认为此书为后人托管仲之名而作,并且是"非一人一时之作",多为稷下学派中一些推崇管仲思想的学者所撰述,大约成书于战国中后期。本文无法涉及史学的考证,而只是就《管子》消费伦理思想本身作些分析。其"侈靡"的消费论,与先秦诸子无一例外的倡导节俭不同,《管子》还主张在某种情况下鼓励奢侈,通过消费来刺激经济的发展,这是较之先秦其他思想家略高一筹的地方。《管子》既主张节俭又鼓励侈靡,其消费伦理思想主要体现在两个方面:一是在普遍情况下都适用的一般原则,即"俭其道乎!"的消费伦理原则;二是在具体情况下采用的消费手段,即"莫善于侈靡"的特殊消费政策。而俭与侈的辩证统一,生产与消费才能和谐运转,经济才能得以良性的发展,实现富国安民的价值目的。

1. 消费伦理原则:"俭其道乎"

消费作为经济生活的一个重要领域,其消费水平和消费模式的确立,都会受到那个时代一定生产力发展水平的制约。中国古代社会,无疑是物质财富不充盈,生产力水平低下。因而在消费问题上,古代思想家都以节俭为其基本的道德价值取向,《管子》当然也不例外,节俭仍是在大多情况下普遍适用的基本原则。因此,从国家大政来说,遵循

"俭其道乎!"的消费伦理原则,是有利于国富民强的道德理性选择的结果。其曰:

"明君制宗庙,足以设宾祀,不求其美;为宫室台榭,足以避燥寒湿暑,不求其大;为雕文刻镂,足以辨贵贱,不求其观。故农夫不失其时,百工不失其功,商无废利,民无游目,财无砥滞,故曰:俭其道乎!"(《管子·法法》)

"圣人之制事也,能节宫室、适车舆、以实藏,则国必富、位必尊;能适衣服、去玩好以奉本,而用必赡,身必安矣。"(《管子·禁藏》)

"明王之务,在于强本事,去无用,然后民可使富。"(《管子·五辅》)

"沉于乐者洽于忧,厚于味者薄于行,慢于朝者缓于政,害于国家危于社稷。"(《管子·中匡》)

《管子》明确指出节俭对治国有着重要的价值。明君治国,其目的是"国富"、"位尊"、"用赡"、"身安",故明君有六务,而六务之首就是节用,即所谓"先王以守财务,以御民事,而平天下也"。(《管子·国蓄》)为什么《管子》如此重视节俭在治国中的作用呢?这是因为,如果不以"俭其道乎"来治理国家,君主没有积蓄而宫室修得华丽壮观,百姓没有积蓄而讲究服饰,肆意消费的风气盛行,农业生产所得收入少,而消费的开支却很大,在整个国家形成奢华浪费的风俗,那么,"国侈则用费,用费则民贫,民贫则奸智生,奸智生则邪巧作。故奸邪之所生,生于匮不足;匮不足之所生,生于侈;侈之所生,生于无度。故曰:审度量,节衣服,俭财用,禁侈泰,为国之急也。"(《管子·八观》)以俭治国,开源节流,就国家的发展和振兴而言,俭能去除各种纵情任欲等浪费现象,把有限的资源投入到生产,"实圹虚,垦田畴,修墙屋,则国家富;节饮食,搏衣服,则财用足。"(《管子·五辅》)国家富有,国库充盈,才能"奉本","厚民生",备饥馑,有效控制整个国计民生。就齐国欲争雄称霸而言,齐国野心勃勃,欲王霸天下,"非有积蓄不可以用人,非有积财无以动下",(《管子·事语》)因而,欲使齐国逐渐强大,通货积财,富国强兵,成为春秋时代的霸主,节俭不失为有效的消费方式和经济管理方式,正所谓:"国虽富,不侈泰、不纵欲……此正天下之本而霸王之主也。"(《管子·重令》)

节俭消费的原则有两个方面:一是消费必须适用即止。《管子》所制定的消费标准是:"故立身于中,养有节。宫室足以避燥湿,食饮足以和血气,衣服足以适寒温,礼仪足以别贵贱,游虞足以发欢欣,棺椁足以朽骨,衣衾足以朽肉,坟墓足以道记。不作无补之功,不为无益之事。"(《管子·禁藏》)从这些标准来看,以适用为准,"不求其美","不求其大",亦"不求其观"。(《管子·法法》)这既体现了当时社会生产方式对消费的制约,又反映了劳动人民素朴的消费观念。这点与墨家主张的满足生活所必需的消费才是正当的消费的观点是相似的。二是必须按等级消费,《管子》有云:"度爵而制服,量禄而用财,饮食有量,衣服有制,宫室有度,六畜人徒有数,舟车陈器有禁。生则有轩冕、服位、谷禄、田宅之分,死则有棺椁、绞衾、圹垄之度。虽有贤身贵体,毋其爵不敢服其服;虽有富家多资,毋其禄不敢用其财。天子服文有章,而夫人不敢以燕以飨庙。将军大夫以朝,官吏以命,士止于常缘,散民不敢服杂彩,百工商贾不敢服长鬈貂,刑余戮民不敢服丝,不敢畜连乘车。"(《管子·立政》)这就是说,消费要符合消费主体各自的社会地位和身份名位,确保封建统治的上下尊卑贵贱的等级秩序。上至天子、诸侯,下至庶人、百姓,根据不同身份等级严守各自不同的消费标准,饮食有丰俭,服饰有限度,宫室有规格,所用舟车仆人等亦有规定和限制。任何僭礼越份的奢侈行为,意味着向传统伦理提出了革新的挑战,都被视为离经叛道,在道德上予以否定的评价。当然,在维护封建等级消费制的同时,节俭仍是基本国策,各个等级和阶层均须以节俭为上,以俭为德。"适身行义,俭约恭敬,其唯无福,祸亦不来矣。骄傲侈泰,离度绝理,其唯无祸,福亦不至矣。"(《管子·禁藏》)俭则兴,奢则败,可谓"历览前贤家与国,成由勤俭败由奢"。国泰民安是有关国家社稷安危存亡之大事,节俭之德因此弥足珍贵。

2. 特殊消费政策："莫善于侈靡"

在《管子》的消费伦理思想中，最有新意的地方是其"莫善于侈靡"的消费论。一方面，《管子》倡导节俭，这是正常经济条件下的一般消费伦理原则；另一方面，在特定情况下，不受传统消费观念的拘泥，不墨守成规，采取特殊的消费政策，鼓励奢侈。适当的侈靡消费具有一定的经济合理性和道德正当性，具体表现在以下三个方面：

（1）从充分满足"民之所愿"，调动人们生产积极性来说，一定的侈靡消费是必要的。所谓"饮食者也，侈乐者也，民之所愿也。足其所欲，赡其所愿，则能用之耳。"（《管子·侈靡》）就人性论的角度而言，人的本性是重饮食玩乐等物质精神享受，凡人皆有欲望，而欲望是不可能去除的，那么应该怎样对待人的欲望呢？《管子》说："今使衣皮而冠角，食野草，饮野水，孰能用之？伤心者不可以致功"，（同上）如果人们总是恶衣恶食，生活简朴，哪有动力去改进和发展生产呢？唯有"足其所欲，赡其所愿"，满足人们的基本欲望，鼓励消费，所谓"辨于地利而民可富，通于侈靡而士可戚"，（同上）以此来调动人们的生产积极性，推动经济的发展。

（2）侈靡消费能"兴时化"，刺激生产，增加就业。《侈靡》篇云："兴时化若何？曰，莫善于侈靡。"所谓"兴时化"，即振兴生产，搞活流通。为了改变社会生产不振，经济不景气的局面，《管子》认为，应适当鼓励侈靡消费，也就是今天所说的高消费。《管子》甚至赞同厚葬久丧，与墨家极力主张短丧薄葬不同，墨家主要是从节用的角度来考虑，认为厚葬久丧会劳民伤财，使国家贫人民弱，而《管子》却看到消费有利于推动社会再生产的一面。他说："巨瘗培，所以使贫民也；美垄墓，所以使文明也；巨棺椁，所以起木工也；多衣衾，所以起女工也"。（《管子·侈靡》）挖掘巨大的墓室，装饰精美的墓庐，制作巨大的棺椁，陪葬很多的用品等，都需要大量的人力物力，"使贫民"、"使文明"、"起木工"、"起女工"，这些对刺激生产和增加就业大有裨益，有利于增加人民的生计。并且，"长丧葬以毁其时，重送葬以起其财，一亲往，一亲来，所以合亲也。"（同上）久丧厚葬，人与人之间一来一往，能促进感情,团结士人。《管子》甚至认为"雕卵然后瀹之,雕撩然后爨之",(同上)即把鸡蛋绘画之后再煮食,把木材雕刻之后再烧掉,也是增加了就业机会。"故上侈而下靡,而君巨相上下相亲,则君巨之财不私藏,然而贫动职而得食矣。"统治阶层侈靡,则财富散入民间,贫民就有可以谋生的事做,以此养家糊口,维持生活。即所谓"富者靡之,贫者为之"。(同上)

(3)侈靡消费能救济贫困,赈救灾荒。碰到灾害之年,贫民无法务农,无处谋生,国家则应当采取应急措施:"若岁凶旱水泆,民失其本,则修宫室台榭,以前无狗后无彘者为庸。故修宫室台榭,非丽其乐也,以平国策也。"(《管子·乘马数》)也就是说,遭遇灾荒,国家应大兴土木,修建宫室台榭,为那些穷得连猪狗都养不起的贫民提供劳动机会,以工代赈,以此谋生。这一权宜之计,齐国晏子曾实施过:"景公之时,饥,晏子请为民发粟,公不许。当为路寝之台,晏子令吏重其赁,远其兆,徐其日,而不趋,三年台成而民振,故上说乎游,民足乎食。"(《晏子春秋·内篇杂上》)晏子借筑台之工事,雇佣大量贫民为之,施行发粟赈灾之策。显然,《管子》这一经济思想目的仍是拉动内需,扩大就业途径,增加贫民收入,振兴经济。这与现代西方经济学家凯恩斯有着惊人的相似之处,后者认为消费乃是一切经济活动之唯一目的,唯一对象。就业机会必须受总需求量之限制,总需求只有两种来源,一是现在消费;二是现在准备未来的消费。在经济萧条和不景气的情况下,通过国家的财政政策和货币政策来刺激有效需求,扩大政府开支,增加货币供给,以此实现充分就业,增加国民收入。而早在两千多年前,《管子》就有类似的提法,是十分可贵的。

与此同时,提倡侈靡消费是有一定条件的。《管子》奢靡消费政策的提出,最终目的是国富民安,旨在刺激消费,刺激生产,推动社会经济的发展。作为特殊情况下运用的权宜之策,这种侈靡消费是有条件有限度的。第一,侈靡消费必须有一定物质财富的积蓄,在此前提下方能行之。"积者立余食而侈,美车马而驰,多酒醴而靡,千岁毋出食,此谓本事。"在财富充盈,资产富余的情况下适当地侈靡消费,使货币流通,生产振兴,未尝不是好事。相反,如果是"厄隘之国",食无积蓄,财无富余,国贫民弱,则不可行侈靡之策。可谓"非有积财无以用下,非有积财无以劝下,泰奢之数(术),不可以用于厄隘之国也。"(《管子·事语》)第二,在生产委靡,经济不振的时候,应当推行侈靡消费政策。经济不景气,仍然厉行节约,强调勤俭,则无法改变生产停滞,流通不畅的局面。因而,要"兴时化",自然是"莫善于侈靡"了。对此,《管子》也明确指出:"不侈,本事不得立。"(《侈靡》)唯侈靡才能强"本事",即农业生产的兴盛。

3. 俭与侈的统一

显然,《管子》的消费伦理思想包含了两个方面,既肯定了"俭其道乎!"的道德价值,又认为一定条件下适当的侈靡消费是必要的。这里实际上涉及消费与生产的关系问题,一方面生产决定消费;另一方面消费需要的增长,消费水平的提高又反过来促进生产的发展。因此,一定条件下,刺激消费就能推动生产。而节俭总是与奢侈相对,或多或少表现为对消费的一种抑制。那么,《管子》既主张节俭又鼓励侈靡,孰轻孰重? 两者是否矛盾呢? 它们之间的关系又是如何处理的?

首先,俭侈有度,"不知量,不知节。不可谓之有道"。(《管子·乘马》)在《管子》看来,"俭则伤事,侈则伤货"。无论是节俭还是侈靡,都不能过度,其云:"黄金者用之量也。辨于黄金之理则知侈俭,知侈俭则百用节矣。故俭则伤事,侈则伤货。俭则金贱,金贱则事不成,故伤事。侈则金贵,金贵则货贱,故伤货。"(同上)《管子》从黄金角度来考量俭侈:过于侈靡,放散财富,大量耗费黄金,则金贵而商品相对趋贱,有碍商品的生产,故"伤货","货尽而后知不足,是不知量也";(同上)过于节俭,流通受阻,黄金用量少则金趋贱,妨碍营利活动,不利于百业兴,故"伤事","事已而后知货之有余,是不知节也"。(同上)不知量,不知节,过于侈靡抑或过于节俭都会造成经济的损害,不利于国家和人民的长远利益。《管子》辩证地看待消费的俭侈问题,并且洞察到俭侈之度的重要性。《管子》还说:"审用财,慎施报,察称量,故用财不可以啬,用力不可以苦。用财啬则费,用力苦则劳。"(《版法》)可见,当俭则俭,当用则用,当侈则侈,关键是俭侈有度,是否"谓之有道"。这里,俭侈之度,就在于合国家利益与否,在于合等级消费的规定与否。符合国家利益,指俭侈要有利于国家财富的增长和政局的稳定;符合等级消费的规定,即社会成员要各按自己的身份名位、不同的标准来消费,俭侈各有度。

其次,俭侈统一,俭侈并重。《管子》的消费论是俭与侈的统一,在俭侈并重的基础上倡导特殊的侈靡消费政策。概言之,节俭是关系到国计民生的总的消费伦理原则,侈靡是为了达到促进生产的目的而采取的一种政策手段,权宜措施。《管子》从经济伦理的角度出发,既主张节俭的消费伦理,又强调一定侈靡消费的合理性,看到了消费与生产互为目的的关系。事实上,俭与侈的共同目标是一致的,其目的是为了国富民安,只是具体运用的场合和发挥的经济作用不同。《管子》注意到,过度的节俭和过度的奢侈都会影响生产,不利于经济的良性发展。故《管子·内业》有云:"圣人与时变而不化,从物而不移",如果说"不化"和"不移"是指国家的基本目标和总的消费伦理原则,那么,"与时变"和"从物"就是指一定条件下的侈靡,是特殊情况下所运用的消费政策。两者并不矛盾,是辩证的统一。

《管子》"侈靡的消费观在先秦时代是独特的,任何其他学派均无这一观点。秦汉以来能理解这一观点的也只极少数几个思想家,只有北宋范仲淹一人才真正运用了这个观点以解决旱灾问题并收到了良好效果。"①在极少数几个思想家中,包括了西汉早期的桑弘羊,他秉承了《管子》的侈靡消费观,主张"节奢刺俭",(《盐铁论·通有》)即对侈靡消费予以一定的"节",对节俭消费则要"刺(激)"。在著名的盐铁会议上,桑弘羊引用管子的话说:"不饰宫室,则材木不可胜用也;不充庖厨,则禽兽不损其寿。"(同上)他赞成奢侈,认为有利于消费品的生产和流通,有利于资源的开发。显然,他的论点遭到贤良、文学们的激烈反对,后者普遍持有儒家黜奢崇俭的消费道德价值观。而事实上,在短

---

① 胡寄窗:《中国经济思想史简编》,中国社会科学出版社 1981 年版,第 141 页。

缺经济条件下,生产力水平低下而又一时无法提高,过度刺激消费势必引起社会生产由必需品向奢侈品转移,由农业向工商业转移,导致消费与生产脱节,必需品供应不足,引起社会不安和动荡。并且,在封建土地所有制下,统治阶级的穷奢极欲只会加重广大农民的经济负担,横征暴敛将导致农民朝不保夕。可见,古代中国所面临的仍是落后的生产力问题,而不是消费不足或者是财富过剩。《管子》所处的时代,与提出宁愿粉饰"凯旋门"以增加就业主张的 17 世纪英国古典经济学创始人威廉·配第所处的时代不同,也与提出公共工程政策的现代西方经济学家凯恩斯所处的时代相去甚远,《管子》的消费伦理思想,虽然有其失之偏颇的地方,但不乏一定的经济伦理价值,其真理的颗粒依然熠熠生辉。

第二节　西方消费伦理之流变脉络

西方消费伦理思想历经了一个不断发展波澜曲折的过程。毋庸置疑,希腊文明是西方伦理文化的源头,从古希腊快乐主义发展到制欲主义,经过漫长的中世纪幽暗的禁欲主义,再到今天享乐主义物质主义的盛行,人类对消费生活的理解和认识在不断地深入。我们关注的是西方主流消费伦理思想中的各种观点、理论学说,追踪它们形成和发展的历史轨迹,从而展示西方消费伦理发展的基本脉络。

一、古希腊罗马的消费伦理思想

如同在古代中国人那里存在着源远流长而丰富的消费伦理思想,古希腊人同样拥有其独具特色而深厚的消费伦理观念和资源。古希腊的思想家看重理性,要求人以内在的理性反对各种欲望,并用理性去征服他们,理解古希腊的伦理学正是从这点出发。在他们看来,有理性意味着理性能够控制情欲,从而使人过上一种有德性的生活。思想家们围绕着"节制"、"享乐"、"欲望"等概念展开深刻的伦理思考,并由此出发探讨了消费与人的生活方式,消费与人的幸福问题,具有深刻的启迪意义。

早在公元前 6 世纪,在前苏格拉底时期,毕达哥拉斯学派就宣称灵魂是世界的理性,肉体是灵魂的坟墓,为了净化灵魂,他们倡导"节制"美德。赫拉克里特的伦理则是一种高傲的苦行主义,他鄙视那些使人背离自己原有抱负的情欲,认为无论人们所希望获得的是什么,都是以灵魂为代价换来的,并且如果一个人所有的愿望都得到了满足,那不是件好事。德谟克里特则认为快乐是人生的鹄的,应当减少痛苦,"一生没有宴饮,就像一条长路没有旅店一样。"而获得快乐的最好手段是节制和适度,真正的幸福是肉体快乐与精神宁静相结合,达到一种精神上的"朗悦"(euthymia)状态,"幸福不在于占有畜群,也不在于占有黄金,它的居住是在我们的灵魂之中。"①

作为伦理思想史上极为重要的具有开拓性的人物,苏格拉底一生都在劝说和呼吁人们"对灵魂操心",将投向外在广袤宇宙的智慧之思转向人类自身生活的根本问题,并指出真正重要的是要活得好,而不仅仅只是活着。在他看来,有理性的生活就是理性能控制情欲,不被情欲所奴役。那些被吃喝、色欲、物欲所控制的人,俨然是情欲的奴隶,"这些情欲冷酷地支配着每一个落入它们掌握之中的人。"其天才弟子柏拉图也强调理性、激情和欲望和谐统一的德性生活,他认为人的灵魂由三个部分组成,即理性、激情、欲望。欲望是一种占有的冲动,支配着肉体趋乐避苦的倾向,并且总是表现为野性的,贪得无厌的,没有满足的限度。欲望和激情是可朽的,但激情高于欲望,它是理性的天然同盟,服从于理性的命令。理性是不朽的,是人之为人的所在,是人灵魂的最高法则,它克制着欲望和激情,引导它们趋向善的德性。《菲德罗篇》中有一个生动的比喻,如果说灵魂是两驾马车,那么理性就是一位熟练的驾驭者,激情如同一匹已经驯服的脾气温良的马,而欲望则是一匹桀骜不驯难以驾驭的劣马。驾驭者如果能成功控制好劣马就能使马车顺利前行,否则,就只能听之任之,由桀骜的劣马拉着马车任意狂奔。灵

① 北京大学哲学系外国哲学教研室编:《古希腊罗马哲学》,商务印书馆 1961 年版,第 113 页。

魂的善恶取决于理性是否能有效地控制欲望。按照柏拉图的意思，一个正义的人，是一个灵魂和身体关系和谐的人，也就是理性支配着欲望，灵魂统摄着身体的人。他说："我们每一个人如果自身内的各种品质在自身内各起各的作用，那他就是正义的"，"它们会监视它，以免它会因充满了所谓的肉体快乐而变大变强不再恪守本分，企图去控制支配那些它所不应该控制支配的部分，从而毁了人的整个生命"。① 在柏拉图看来，欲望的节制和克己非常重要，是人由肉身化世界升入善的价值本体世界的必由之路，"节制"因此被列为古希腊"四元德"之一。②

亚里士多德认为合乎理性地行动和生活，即合乎人类自身幸福生活的目的，是最好的和最愉快的，而单纯的情感或肉体欲望的满足感是不足以令人愉悦的。在消费问题上，人的理性指导人们能够选择合理的消费行为，即所谓合乎"中道"。他说："有三种品质：两种恶——其中一种是过度，一种是不及——和一种作为它们的中间的适度的德性。"③德性是一种适度，因为它以选取中间为目的，过度与不及是恶的特点，而适度则是德性的特点。不及与过度的消费会有损德性，适度的消费才是值得肯定的。亚里士多德分析了作为具体德性的"慷慨"和"大方"。在他看来，慷慨是适度的、正确的生活品质。"对财物使用得最好的人是具有处理财物的德性的人，即慷慨的人"，"慷慨的人，也像其他有德性的人一样，是为高尚的事而给予。他会以正确的方式给予：以适当的数量、在适当的时间、给予适当的人，按照正确的给予的所有条件来给予。他在给予时还带着快乐，至少是不带着痛苦。因为，德性的行为是愉悦的或不带痛苦的。"④一个慷慨的人，在消费上是量力而

第二章 消费伦理之源流比较

---

① ［古希腊］柏拉图：《理想国》，郭斌和、张竹明译，商务印书馆1986年版，第169页。

② 柏拉图把苏格拉底的道德追求概括为智慧、勇敢、节制、正义四种德性，被称为"四元德"。

③ ［古希腊］亚里士多德：《尼各马可伦理学》，廖申白译，商务印书馆2003年版，第53页。

④ 同上书，第97页。

行的,他的主要特征就是在财富方面花费的适度,不适当和不正确则为挥霍或吝啬了。挥霍和吝啬是财物方面的过度与不及。吝啬,通常用来说那些把财物看得过重的人;挥霍,就是浪费自己的财物,一个挥霍的人是在自我毁灭的人,浪费财物就是毁灭自己的一种方式,因为财物是生活的手段。论述"大方"的德性时,亚里士多德从消费数量,消费结果,消费动机等方面指出:"大方的人的花费是重大的和适宜的,其结果也是重大的和适宜的。……大方的人是为高尚而花大量的钱,因为为着高尚是所有德性的共同特征","在大方上不及是小气,其过度是虚荣、粗俗等等。虚荣、粗俗等等不是指在适当的对象上花钱过度,而是指在不适当的对象上和以不适当的方式大量地花钱来炫耀自己。"①当然,大方的人,并不是肆意浪费财物,他的消费总要相对于他的资源,不仅适合那个场合,也要适合消费对象。亚里士多德对具体美德"慷慨"和"大方"的讨论反映出他对消费的基本看法,即合理中道的消费行为是有实践智慧的人的德行,理性的消费行为选择方针才是成就人类幸福生活之人生目的的恰当方式。

古希腊持"幸福主义"或"享乐主义"观点最典型的是以亚里斯提卜(Aristippus)为代表的昔勒尼学派(Cyrenaic School),以及由此发展而来的伊壁鸠鲁学派(Epicurus)。亚里斯提卜被视为伦理享乐主义的创始人,他强调感性的、眼前的、现实的快乐享受,并认为肉体的快乐要优于精神的快乐。伊壁鸠鲁也认为人生的目的是追求快乐,快乐是善,快乐就是有福的生活的开端与归宿。在他看来,如果抽掉了嗜好的快乐,抽掉了爱情的快乐以及听觉与视觉的快乐,就不知道还怎么能够想象善。于是,快乐是幸福生活的开始和目的,是人生的全部归宿,快乐是一切善与恶的判断标准。但是,伊壁鸠鲁所提倡的快乐,并不是在消费上一掷千金,奢侈放荡的那种快乐生活,而是指"身体的无痛苦和灵魂的无纷扰"。他说:"当我靠面包和水而过活的时候,我的全身就洋

---

① [古希腊]亚里士多德:《尼各马可伦理学》,廖申白译,商务印书馆2003年版,第104页。

溢着快乐;而且我轻视奢侈的快乐,不是因为它们本身的缘故,而是因为有种种的不便会随之而来。"①伊壁鸠鲁倡导的是一种严肃简朴、内心宁静、心灵快乐的生活方式。由此,他把欲望分为自然的欲望和不必要的欲望两类。自然的欲望包括了那些不可或缺的欲望,即为了人的生命或生活之基本需求而产生的欲望。伊壁鸠鲁并不反对满足欲望,而是严格区分了欲望的种类,并认为只有那些不可或缺的欲望才是需要得到合理正当的满足的,而其他的欲望只会给生活带来麻烦,控制好欲望,节制而自足,精神安宁才能实现真正的快乐。

在对待消费欲望和追求物质享乐的问题上,中国古代儒家和道家排斥"利"与"欲",倾向于把个人欲望与幸福割裂开来,古希腊人则倾向于从欲,并把个人欲望提升到幸福。西方发展到斯多亚学派和古罗马新柏拉图主义时期,也逐渐把幸福和欲望割裂开来。斯多亚学派(Stoic School)反对快乐主义将快乐视为人生最高的善,主张有道德的人就在于理性地生活。"斯多亚派形成了克服人内心世界过程的更深刻的概念。肯定地说,在开始时,他们充分承认犬儒学派对于身外世界一切财富的漠不关心,有德性的圣人的自我克制一直作为一个不可磨灭的特征铭刻在他们的伦理学上。但是很快,……他们更加强调个别灵魂的统一和独立。"②斯多亚学派强调通过自我克制、刚毅和禁欲做到独立于事物之外,不为外物所役,即"不动心"的宁静心境。"在大众尽享欢乐的节日里,我们应该严厉控制灵魂,命令它独立自处,制止享乐。如果一个人既不寻找那诱人堕落和引向奢华的东西,也不被那些东西牵着走,这就是他能够具有自己的坚定性的最确实的证明。"③新柏拉图主义则将斯多亚学派的理性主义伦理学推进到禁欲主义。他们

---

① [英]罗素:《西方哲学史》上卷,何兆武、李约瑟译,商务印书馆 1963 年版,第 307 页。

② [德]文德尔班:《哲学史教程》上卷,罗达仁译,商务印书馆 1997 年版,第 227 页。

③ [古罗马]塞涅卡:《塞涅卡道德书简》,赵又春等译,上海三联书店 1989 年版,第 87 页。

认为恶是灵魂依恋于肉体的结果,"邪恶的灵魂通过它自己的自由选择,通过过分关注肉体的欲望来使它自身依附于肉体;而肉体似乎再一次给邪恶而不是它的原因提供了机会。经受美德的训练,对于治疗这种对肉体的过分依恋是必需的。某些美德要求对'混合物',对属于我们每个人的活的动物进行训练;但是更高的美德是灵魂从对肉体的关注中得来的净化。"①新柏拉图主义的灵魂只有摆脱肉体的邪恶,才能达到无恶的"净化"状态的理论,为中世纪西方严酷的禁欲主义提供了哲学的思想资料。

二、禁欲苦行与贪婪攫取的并行

灵魂与肉体二元对立的理论,从柏拉图那里发源,被新柏拉图主义所强调,也支配着中世纪基督教的禁欲主义。在基督教神学看来,人在世俗生活中是没有幸福可言的,现世的一切事物总是不幸的,只能期待着一个幸福的来世。而进入天国的代价是压抑和控制个人的欲望,舍弃现世生活的快乐和享受,甚至是完全禁欲,使灵魂摆脱肉体的羁绊而回复于上帝。

中世纪后期,欧洲新的资本主义生产方式开始形成,封建主义生产方式逐渐解体。随着资本主义经济的发展,新兴的资产阶级珍视个性的自由和意愿的生活方式,越来越不能忍受封建桎梏和神学禁欲主义,在此背景下,迎来了文艺复兴这一伟大的时代。发生在 14 世纪的意大利文艺复兴运动继承了古希腊的快乐主义,用人性取代神性,用世俗生活代替禁欲主义,带有强烈的反对中世纪否定人的生存价值,贬低人现世生活幸福的逆反情绪。如荷兰人道主义者爱拉斯谟在《愚神颂》中讴歌人性的解放,提倡符合人自然本性的生活,他说:"如果没有快乐,也就是说没有疯狂来调剂,生活中哪时哪刻不是悲哀的,烦闷的,不愉快的,无聊的,不可忍受的?……最愉快的生活就是毫无节制的生活",意大利人文主义者彼得特拉也宣称:"我不想变成上帝,或者居住在永恒中,或者把天地抱在怀抱里。属于人的那种光荣对我就够了。

---

① 宋希仁主编:《西方伦理思想史》,中国人民大学出版社 2004 年版,第 109 页。

这是我所祈求的一切,我自己是凡人,我只要求凡人的幸福。"①人们开始重视现实的世俗生活中的幸福和感官的快乐,崇尚"凡人的幸福",注重节俭,反对禁欲,反对奢侈的消费伦理观逐渐取代了以往崇尚神权统治,向往死后获得更多财富的价值观。

从一种宽泛的历史角度看,"11世纪初,欧洲还是一个落后地区,……与当时的拜占庭帝国,阿拉伯帝国和中华帝国相比,欧洲属于不发达地区。自13世纪起,在经济潜力与技术水平方面,欧洲逐渐取得了优势,到15世纪末,欧洲已毫无疑问成了在世界上享有最先进技术的地区,而且她的相对优势仍继续得到空前迅速的增长。"②从16世纪到19世纪,流行于西欧各国及其海外附属国的是"重商主义"的经济伦理思想,它以最大限度地攫取和占有金银为鹄的,宣扬国家的强大完全要由它所拥有的黄金白银来衡量。比如,德国著名的重商主义者霍尼克就坚定地认为,本国存有的黄金和白银,不管它们源自国内还是国外,无论出于什么情况以及什么理由,都应当尽可能地不让它们流失出去。基于此目的,重商主义者极力反对铺张浪费,反对外国奢侈品的输入。对于自毁国力的奢侈之风,英国重商主义者托马斯·孟曾给予严厉批评:"因要装点门面和其他种种奢侈浪费的缘故,使我们消费的进口货的价值,超过了我国财富所能胜任的程度,而且也不能出口我们自己的商品来抵付——这就是一种滥用不自量力的人的品质。"③这一时期的欧洲"存在着两种生活方式,两种作风;不是阔气,便是节俭,二者必居其一。凡是金钱社会尚未建立的地方,统治阶级势必照旧讲奢侈,摆排场,因为它不能过分指望金钱的暗中支持。"④而在金钱社会已建立

第二章 消费伦理之源流比较

---

① 北京大学西语系资料组编:《从文艺复兴到十九世纪资产阶级文学家艺术家有关人道主义人性论言论辑》,商务印书馆1971年版,第29,11页。

② [意]卡洛·M.奇波拉主编:《欧洲经济史》第2卷,商务印书馆1988年版,第3—4页。

③ [英]托马斯·孟:《英国得自对外贸易的财富》,李琼译,商务印书馆1965年版,第26页。

④ [法]布罗代尔:《15—18世纪的物质文明、经济和资本主义》(2),顾良等译,三联书店1993年版,第540页。

的城邦共和国,商人的经济地位与日俱增,他们无须通过奢侈示富来彰显地位,因为金钱的特权是显而易见的。重商主义者反对奢侈的消费行为,实质上也是反对当时靠炫耀性消费来维持的封建特权,同时,也为国内资本的积累和增加,为以后资本主义经济的迅猛发展铺平了道路。

亚当·斯密反对为生产而生产,强调消费是生产的目的。他在1776年出版的《国富论》中批评重商主义时说:"消费是一切生产的唯一目的,而生产者的利益,只在能促进消费者的利益时,才应当加以注意。这原则是完全自明的,简直用不着证明。但在重商主义下,消费者的利益,几乎都是为着生产者的利益而被牺牲了;这种主义似乎不把消费看作一切工商业的终极目的,而把生产看作工商业的终极目的。"①与此同时,斯密对重商主义节俭的消费观却很是推崇,在他看来,节俭之于国民财富的增长有着重要的作用。他说:"资本增加,由于节俭,资本减少,由于奢侈与妄为。一个人节省了多少收入,就增加了多少资本。""资本增加的直接原因,是节俭,不是勤劳。诚然,未有节俭以前,须先有勤劳,节俭所积蓄的物,都是由勤劳得来。但是若只有勤劳,无节俭,有所得而无所贮,资本决不能加大。"②通过节俭,限制个人生活消费,把勤劳所得的部分收入转化为资本,有利于扩大社会生产规模。而"奢侈者所为,不但会陷自身于贫穷,而且将陷全国于匮乏。"斯密从消费行为是否有利于物质资料的生产者,是否有利于社会资本的增加,是否有利于国民财富的增长出发,着眼于全社会整体利益和长远利益来对消费行为进行善恶的判断和评价。由此他强调,奢侈都是公众的敌人,节俭都是社会的恩人。

斯密以"看不见的手"理论发展了西方古典政治经济学体系。在他看来,毫无疑问,每个人生来首先和主要关心自己。从人的利己主义本性出发,我们每天所需的食料和饮料,不是出自屠户、酿酒家或烙面

① [英]亚当·斯密:《国民财富的性质和原因的研究》(下),郭大力译,商务印书馆1974年版,第227页。
② [英]亚当·斯密:《国民财富的性质和原因的研究》(上),郭大力译,商务印书馆1974年版,第311页。

师的恩惠,而是出于他们自利的打算。人们仿佛在一只"看不见的手"的引导下,将个人追求自身利益的行为导向人类社会的共同善。也就是说,人们在努力增进自己利益的同时,也实现着增进人类福利的社会目的。斯密的这一逻辑推理源自18世纪初期经济学家曼德维尔(B. Mandeville),后者在其《蜜蜂的寓言,或个人劣行即公共利益》中提出了"私恶即公利"的著名命题,鼓励消费提倡奢侈。曼德维尔认为,个人对利益和享乐的追求是导致社会繁荣的内因,人的贪婪、挥霍、奢侈等个人劣行就是公共利益,它们能使人奋发努力,客观上促进了国家的繁荣昌盛;而知足、节制、节俭的纯粹美德只会使人停滞不前,如同蜜蜂社会中,蜜蜂最初都贪婪自私,奢侈挥霍,追求自身利益,这样各行各业都兴旺发达,整个社会繁荣昌盛;而后来蜜蜂们改变了奢侈的生活习惯,崇尚节俭朴素,结果却是经济萧条,社会走向衰落。曼德维尔的奢侈消费促进经济繁荣的观点,构成了20世纪著名的凯恩斯消费倾向理论的思想渊源。后者更是强调刺激有效需求,鼓励消费以拉动经济。

比斯密稍后的大卫·李嘉图(David Ricardo)完全赞成通过"看不见的手"可以使个人利益和公共利益达成一致。他认为人们的消费欲望是无限的,需求也是无限的。在贸易完全自由的制度下,追求物质利益,满足个体的欲望和爱好,是与整体的普遍幸福一致的。对于斯密和李嘉图热衷于国民财富的研究,同期经济学家西斯蒙第(Sismondi)在其《政治经济学新原理》予以了批评,他认为政治经济学的研究对象应该是人和人的福利,而不是财富本身,财富应当为人所花费和享受,作为满足人需要的手段而不是目的。他说,"人一生下来,就给世界带来要满足他生活的一切需要和希望得到某些幸福的愿望,以及使他能够满足这些需要和愿望的劳动技能或本领。这种技能是他的财富的源泉;他的愿望和需要赋予他一种职业。……他所创造的一切,都应该用于满足他的需要或他的愿望。"①从满足人的需要出发,西斯蒙第的结

---

① [瑞士]西斯蒙第:《政治经济学新原理》,何钦译,商务印书馆1997年版,第49页。

论是消费先于生产并决定生产，需求先于供给并决定供给，从而揭示了消费不足导致资本主义生产过剩危机的必然性。

　　一般来说，对于消费如何推动资本主义经济发展的问题，主要存在着两种消费伦理观：一种是主张节俭消费，积累财富来发展生产力；另一种是主张刺激消费，甚至用奢侈来推动经济的发展。这两种观点在西方的经济学、社会学和伦理学等学术领域中曾引起长期而又激烈的讨论。毋庸置疑，节俭成为众所周知的一种美德，节俭消费观似乎更易被人们所理解和接受。那么，在资本主义的起源时期，奢侈消费又扮演着什么样的角色？是否有助于资本主义的发展？这个问题曾在 17 世纪和 18 世纪引起思想家的普遍关注。孟德斯鸠（Montesquieu）认为，富人不挥霍，穷人将饿死；柯耶教士（Abbe Coyer）则对奢侈在资本主义早期发展中的重要作用有过精彩的论述："奢侈犹如火，它也许有益，也可能有害。它毁灭富人的住宅，却维持我们的工厂。它吞没挥霍者的遗产，却使工人有口饭吃。它削减少数人的财产，却使多数人走向富裕。里昂的原料、织锦、黄金布料、花边、镜子、珠宝、马车、精致的家具、美味佳肴，如果这些都遭到禁止的话，那么，不仅数百万人将无所事事，而且同样多的人将面临饥馑"；①犹太人平托（Pinto）也表达了对奢侈的推崇，并公开出版了著作，即《奢侈的理论，本论文力图确立如下事实：奢侈对于国家的繁荣不仅是有益的，而且是不可或缺的》。当时，不管从哪方面说，有一点是公认的：奢侈促进了当时将要形成的经济形式，即资本主义经济的发展。

　　维尔纳·桑巴特认为，近代资本主义起源于奢侈消费。在其《奢侈与资本主义》一书中，他明确指出："奢侈曾从许多方面推动过现代资本主义的发展。比如，贵族的财产主要以债务的形式转移到资产阶级手中，在这一过程中，奢侈扮演着重要的角色。然而，在这种联系中，

---

　　① ［德］维尔纳·桑巴特：《奢侈与资本主义》，王燕平等译，上海人民出版社 2000 年版，第 151 页。

我们唯一感兴趣的是奢侈创造市场的功能。"①从十三四世纪开始,源自与亚洲的贸易和对亚洲的开拓,新的白银资源和其他金属的发现以及私人高利贷造就了资本的迅速积累。十五六世纪的德意志以及17世纪的荷兰、法国和英国都是如此。在桑巴特看来,那些新兴的富翁,对近代社会的经济发展来说具有重要意义的一点是,除了钱以外一无所有的他们,把大把大把的钱财用于奢侈生活,以此来炫耀他们的资本,除此之外没有其他突出的能耐。他们向旧有的贵族家庭传播他们那种物质主义的、富豪的世界观,通过这种方式,旧贵族家庭被拖入了"奢侈的旋涡"。宫廷和西方上流社会开始崇尚奢侈消费,与此同时,性价值观的世俗化,"肉体的解放",被赋予各种称呼的女人:宫廷情妇、女主人、宫娥、高级妓女等等,在她们的影响和推动下,宫廷和整个社会蔓延着的挥霍无度,对财富的渴求、对盛大娱乐活动的热衷、奢侈消费的风气愈演愈烈。于是,桑巴特不得不感叹道,没有一件事比从中世纪到18世纪两性关系的改变那样,对中古和近代社会的形成具有更重要的意义。18世纪中叶以后,欧洲各国的奢侈消费就达到令人惊讶的规模,每个人将每样东西都用于家具、房子、衣服的奢侈上。那些供应精品的商店的货架在几天之内就会被买空。当时有人甚至惊呼,整个世界都疯了,奢侈已被推至极端:"感官不再感到满足,它们已经迟钝。我们不再遇到令人兴奋的变化,而是面对怪诞的和使人生厌的铺张浪费;这就造成了时尚、衣着、风俗、举止、言语在没有恰当原因的情况下持续不断变化。富人们很快就对新的快乐感到麻木。他们房中的陈设像舞台设备一样可以随意改变;穿着成了真正的任务;吃饭则是为

第二章 消费伦理之源流比较

---

① [德]维尔纳·桑巴特:《奢侈与资本主义》,第154—155页。桑巴特关注资本主义的消费市场,注重奢侈创造市场的功能。马克思则强调了拓展市场对资本主义的重要性:"美洲的发现,绕过非洲的航行,给新兴的资产阶级开辟了新天地。东印度和中国的市场、美洲的殖民化、对殖民地的贸易、交换手段和一般商品的增加,使商业、航海业和工业空前高涨,因而使正在崩溃的封建社会内部的革命因素迅速发展。……市场总是在扩大,需求总是在增加。甚至工场手工业也不再能满足需要了。于是,蒸汽和机器引起了工业生产的革命。"《马克思恩格斯选集》,第1卷,人民出版社1995年版,第273页。

了炫耀。在我看来,奢侈对于他们就如同贫困对于穷人一样,是一种苦恼。啊! 为奢侈而牺牲任何事物,这太值了! 巴黎这些富人的巨大灾难就是疯狂的消费,他们总是花得比预计的要多。奢侈以如此可怕的消费形式出现,以致没有哪份私有财产不被其逐渐消耗掉。从没有一个时代像我们现在这样恣意挥霍! 人们浪费自己的收入,挥霍尽财产;每个人都试图通过让人吃惊的铺张浪费,在邻居中出人头地。"①强烈的奢侈消费欲求,使得工业和商业通过为富人提供大量的消费品而兴旺发达起来。在奢侈工业的巨大利润的感召下,农业也迅速对奢侈需求产生回应,并催生了新的资本主义农业,尤其是表现在殖民地上,那里有成千上万的奴隶为欧洲专门从事糖、可可、咖啡等产品的大规模生产。桑巴特对奢侈与贸易,奢侈与工业,奢侈与农业作了具体地分析,证实奢侈品需求的增长对资本主义成长具有举足轻重的作用。他以一句话精练地概括了他的研究:"于是,正如我们所看到的,奢侈,它本身是非法情爱的一个嫡出的孩子,是它生出了资本主义。"②

与桑巴特的奢侈推动资本主义发展的观点不同,对于 18 世纪资本主义的近代兴起,马克斯·韦伯在其《新教伦理与资本主义精神》中指出,新教伦理起到了举足轻重的作用。更确切地说,韦伯认为一种世俗化的宗教禁欲主义,也就是节俭的消费观念是成就近代西方世界经济快速增长的精神动力之源。新教伦理的禁欲主义宣扬神圣的职业观念和人生态度,把苦行僧式的世俗劳作和克己赎罪,同上帝赋予的"天职"(calling)理念结合起来,强调"从事某种职业的人生就是禁欲道德的实践",这样,新教伦理巧妙地消除了财富与罪恶之间的关联,成为入世和世俗化的实用的经济伦理。韦伯说:"仅当财富诱使人无所事事,沉溺于罪恶的人生享乐之时,它在道德上方是邪恶的;仅当人为了日后的穷奢极欲,高枕无忧的生活而追逐财富时,它才是不正当的。但

---

① [德]维尔纳·桑巴特:《奢侈与资本主义》,王燕平等译,上海人民出版社 2000 年版,第 83 页。

② 同上书,第 215 页。

是,倘若财富意味着人履行其职业责任,则它不仅在道德上是正当的,而且是应该的、必需的。"①这就是说,持续而理性地追求、积累和使用财富是正大光明的事,它与上帝积累财富的天职责任感相关联。而如果沉于物质享受,奢侈放纵的生活则是不道德的,而且也违背了神圣的"天职"。即"你须为上帝而辛劳致富,但不可为肉体、罪孽而如此。"毫无疑问,新教徒的生活和意识中贯穿了宗教的目标,他们通过不断慎重地反省和禁欲苦行来系统化自己的善行生活,抛弃以奢侈享乐为目的的消费方式,以节俭的生活态度和严谨的工作习惯来合法地追求物质财富。于是,当消费的限制与这种获利活动的自由结合在一起的时候,禁欲主义的节俭必然要导致资本的积累。韦伯精辟地指出,强加在财富消费上的种种限制使资本用于生产性投资成为可能,从而也就自然而然地增加了财富。这就是世俗的新教禁欲主义伦理对于资本主义经济增长所具有的巨大精神促进作用。正如韦伯所说:"在私有财产的生产方面,禁欲主义谴责欺诈和冲动性贪婪。被斥为贪婪、拜金主义等等的是为个人目的而追求财富的行为。因为财富本身就是一种诱惑。但是这里禁欲主义是那种'总是在追求善却又总是创造恶的力量',这里邪恶是指对财产的占有和财产的占有的诱惑力。因为,禁欲主义,为了与《圣经·旧约》保持一致,为了与善行的伦理评价相近似,严厉地斥责把追求财富作为自身目的的行为;但是,如果财富是从事一项职业而获得的劳动果实,那么财富的获得便又是上帝祝福的标志了。更为重要的是,在一项世俗的职业中殚精竭虑,持之不懈,有条不紊地劳动,这样一种宗教观念作为禁欲主义的最高手段,同时也作为重生与真诚信念的最可靠、最显著的证明,对于我们在此业已称为资本主义精神的那种生活态度的扩张肯定发挥过巨大无比的杠杆作用。"②

尽管桑巴特与韦伯同样肯定资本主义精神对西方世界近代兴起的

---

① [德]马克斯·韦伯:《新教伦理与资本主义精神》,于晓译,陕西师范大学出版社 2006 年版,第 93 页。

② 同上书,第 99 页。

作用,但他们在精神的宗教起源上却有着理论分歧。当代美国思想家丹尼尔·贝尔睿智地指出,韦伯突出说明了资本主义起源的其中一面:禁欲苦行主义(asceticism),而桑巴特却深刻地洞察到它的另一面:贪婪攫取性(acquisitive)。贝尔把这两种特征分别称为"宗教冲动力"与"经济冲动力",并逐步追踪它们的发展和演变轨迹。在资本主义上升阶段,也就是早期工业文明时期,禁欲苦行与贪婪攫取的双重原始冲动力就并行难分,相互制约,贝尔分析说:"即从一开始,禁欲苦行和贪婪攫取这一对冲动力就被锁合在一起。前者代表了资产阶级精打细算的谨慎持家精神;后者是体现在经济和技术领域的那种浮士德式骚动激情,它声称'边疆没有边际',以彻底改造自然为己任。这两种原始冲动力的交织混合形成了现代理性观念。而这两种间的紧张关系又产生出一种道德约束,它曾导致早期征服过程中对奢华风气严加镇压的传统。"①

18 世纪后半叶,禁欲主义伦理对资本主义行为的道德约束力实际上已经是日渐式微。从理论层面看,对禁欲苦行主义的主要批评来自古典功利主义者边沁。边沁从趋乐避苦的人性规定出发,认为人的存在及行为的目的就是追求快乐,避免痛苦。既然自然已将人类置于痛苦与快乐这两位至高无上的主人的统治之下,那么,只有他们才能指示我们应当做什么,并决定着我们要做什么。于是,功利原则就是这样一条原则,即无论什么行动,能增进幸福的就是允许的,妨碍幸福的就是不允许的。因此,禁欲苦行违背了人趋乐避苦的天性,结果是导致对人的专制,而功利原则由于最大限度地实现"最大多数人的最大幸福",从而可以达到社会利益的最大化。另一方面,从历史角度看,贪婪攫取的"经济冲动力"一直受到扼制,"起先它服从于风俗传统,随之在某种程度上受拘于天主教道德规范,后来又遭到清教徒节俭习惯的压迫。随着'宗教冲动力'的耗散(这是一段自行发生的复杂历史),对经济冲

---

① [美]丹尼尔·贝尔:《资本主义文化矛盾》,赵一凡等译,三联书店 1989 年版,第 29 页。

动力的约束也逐渐减弱。资本主义因其旺盛生命力获得了自己的特性——这就是它的无限发展性。"①直到 19 世纪中叶,经济冲动力仍是毫无拘束地任意行事,这种力量还不断增长,且不屈不挠。韦伯也不得不承认:"大获全胜的资本主义,依赖于机器的基础,已不再需要这种精神的支持了。启蒙主义——宗教禁欲主义那大笑着的继承者——脸上的玫瑰色红晕似乎也在无可挽回地褪去。天职责任的观念,在我们的生活中也像死去的宗教信仰一样,只是幽灵般地徘徊着。"②20 世纪的西方社会最终从工业社会走向后工业社会,迈入了一个大众消费的时代。

三、享乐主义和物质主义的滥觞

20 世纪西方社会经历了从工业社会向后工业社会的转变,实现了从传统的以生产为中心的社会向以消费为中心的社会的转变。马克思恩格斯在《共产党宣言》中写道:"资本主义在它的不到一百年的阶级统治中所创造的生产力,比过去一切世代创造的全部生产力还要多,还要大。"③资本主义仿佛是一个魔法师,用法术呼唤出魔鬼,创造了令人惊讶的财富神话。一般来说,在 20 年代,美国就已经进入了"大众消费社会"。经济学家卡图纳对此曾概括说:"今天在这个国家里,对大多数人而言衣食住行的基本生活标准有了保障。除了基本的生活需要之外,从前的奢侈品如拥有住房、耐用品、旅游、休闲和娱乐不再限定在少数人身上了。芸芸大众都参与到享受这些物品的行列,并表现出对这些物品的最大的需求。"④当时占统治地位的仍然是传统自由放任经济学,它有两个重要的理论支柱,一是亚当·斯密的"看不见的手"理论;二是萨伊定律,即"生产给产品创造需求",它们共同演化为宏观经

---

① [美]丹尼尔·贝尔:《资本主义文化矛盾》,赵一凡等译,三联书店 1989 年版,第 30 页。

② [德]马克斯·韦伯:《新教伦理与资本主义精神》,于晓译,陕西师范大学出版社 2006 年版,第 105 页。

③ 《马克思恩格斯选集》,第 1 卷,人民出版社 1995 年版,第 277 页。

④ Katona, George. *Mass Consumption Society*, New York: McGraw Hill Book Company, 1964.

济自行调节的均衡理论,支持自由竞争和自由放任的经济政策。传统经济学认为,政府没有必要干预经济生活,产品会被市场自行消化,不存在普遍的生产过剩危机。如乐观的萨伊相信,一种产物一经产出,就给价值与它相等的其他产品开辟了销路。由此,古典和新古典经济学派信心满满地以为,失业只是暂时的、局部的"摩擦性"失业和"自愿的"失业,经济政策会通过弹性工资的调整,保证正常的充分就业均衡。

然而事与愿违,1929 年—1933 年发生的世界性的经济危机,使整个西方世界陷入瘫痪状态,商品积压,物价惨跌,企业银行大量倒闭,失业大军激增。面对这样的经济现实,经典学派无法提出有效解决困境的措施。面对严峻的现实以及经济理论的混乱与危机,凯恩斯独辟蹊径地分析说,消费的不足阻碍生产,"妨碍经济繁荣",导致了经济危机和失业严重。凯恩斯旗帜鲜明地反对节俭,认为在当前不景气的形势下,那种通常以为财富的生长靠富人节俭的想法,是缘木求鱼,无济于事。节俭是经济萧条的罪魁祸首。他说,"今天有许多好心肠的人相信,要改进局势,他们本国和邻邦所能尽力的是,比平常更多地节约些。……但在目前环境下这样做却是一个重大错误……节约的目的是使工人解除工作,使工人不再从事于房屋、工厂、公路、机器之类的资本货物生产。如果可以用于这类生产目的的上述资金,已经有了很大的剩额没有使用,这时进行节约的结果只是扩大这种剩额,因而使失业人数格外增加。还有一层,某个人在这一方式或任何别一方式下失去了工作时,他花费的能力就有了萎缩,这就会进一步造成失业,因为别人原来为他生产的事物,他现在买不起了。这样就使情况一天恶化一天,造成恶性循环。"①他在为其本人带来巨大声誉的著作《就业利息和货币通论》(1936)中精辟地指出,加强政府干预,提高投资引诱,增加投资与就业,增加国民收入,鼓励消费取代节约,才能促进有效需求的提

---

① [英]凯恩斯:《就业利息和货币通论》,高鸿业译,商务印书馆 1996 年版,第318 页。

高,走出经济低迷的状态。

对此,熊彼特在其《经济分析史》一书中,评论凯恩斯的观点说,他似乎提出了这样一种论点,储蓄这一自从亚当·斯密以来大多数资产阶级经济学家经常赞赏的重大美德实际上是一种恶行,在凯恩斯的眼里,储蓄并不是资本形成的原因,倒是失业与资本毁灭的根子。而历史学家汤因比一语道破其中的缘由,即:产业革命以后,勤俭朴素使得生产者缺乏推销市场,因此,从生产者的角色看,节俭就不再是美德反而是恶德。事实上,早在重商主义者那里,勤俭节约就一直被看作是一种美德。凯恩斯强烈反对节俭是国富之源一说,他强调一切生产的最终目的都是满足消费者,消费乃是一切经济活动之唯一目的,生产的有效需求受消费的有效需求的制约,并且,消费倾向规律直接影响着资本主义经济发展。凯恩斯的结论是财富的增长不是由于富人的节约,相反还会受这种节约的阻碍。而每个人自由地消费更多,就会变得更富而不是更穷。同时,他主张改革财税制度,试图改变财富和收入分配不公的现状,以增加消费需求。凯恩斯主义成了当代西方经济学说的主流学派,大多数西方国家的人民也对此理论做出了积极反应,即大量消费商品,意味着促进就业,为国家增进财富。在第二次世界大战后经济逐渐腾飞的美国,这种精神得到了充分地表达。正如销售分析家维克特·勒博所宣扬的:"我们庞大而多产的经济……要求我们使消费成为我们的生活方式,要求我们把购买和使用货物变成宗教仪式,要求我们从中寻找我们的精神满足和自我满足。我们需要消费东西,用前所未有的速度去烧掉、穿坏、更新或扔掉。"①现代战略家拉茨勒也曾公开赞美奢侈,他说"奢侈品对于社会的迅速发展有着积极作用,它们明显刺激社会取向效益和成果。奢侈品能提高主观能动性,刺激产生新想法。"并且,"奢侈对于各种形式的国民经济还会起到作用。奢侈刺激

---

① ［美］艾伦·杜宁:《多少算够》,毕聿译,吉林人民出版社1997年版,第5页。

革新,创造工作机会,塑造品味和风格。"①由此,他毫不讳言地宣称:"奢侈带来富足"。

20世纪60年代以后,标准化、大众化的消费逐渐被个性化的消费所取代,福特主义生产方式的日显僵化,为了应对迅速变化的社会时尚和潮流,一种称为"弹性积累"的生产模式应运而生,这种模式也被称作"后福特主义"。它的灵活性不仅表现在主动适应市场需求,缩短生产周期、降低劳动成本、激发劳动中的个性和创造性等方面,还表现在自主激发消费欲望,制造消费需求,引领消费趣味和时尚。后福特主义时代的到来,标志着西方社会从传统的"生产社会"迈入以符号为中介的"消费社会"。对此,贝尔曾意味深长地说:"现代社会的真正革命在二十年代便降临了。当时的大规模生产和高消费开始改造中产阶级的生活。实际上,讲究实惠的享乐主义代替了作为社会现实和中产阶级生活方式的新教伦理观,心理学的幸福说代替了清教精神。"②贝尔的话可谓一语中的,随着资本主义商品生产的大规模扩张,物质商品消费的范围也随之扩大,消费的内涵发生了根本性的转变。法国思想家让·波德里亚以研究现代西方消费文化而闻名遐迩,在他看来,今天商品的消费逻辑无处不在,支配着整个文化、性欲、人际关系,甚至是个体的幻象和冲动。享乐主义、物质主义已经深入到人们的思想,成为社会的主导意识形态。具体表现在以下三个方面:

首先,现代社会中一切都被物化,一切都可以被消费,社会围绕着消费主轴而运转。波德里亚指出,在马克思那里,生产是中心,是经济乃至整个资本主义社会的主题,而人的一切好像都在生产体制中被整合为商品,也被物质化为生产力以便出售。今天明显是以"消费"替代了"生产",消费成为全球化语境中绝对的核心概念,于是,所有的欲望、计划、要求、所有的激情和所有的关系,都抽象化(或物质化)为符

---

① [德]沃夫冈·拉茨勒:《奢侈带来富足》,刘风译,中信出版社2003年版,第48—49页。

② [美]丹尼尔·贝尔:《资本主义文化矛盾》,赵一凡等译,三联书店1989年版,第122页。

号和商品,以便被购买和消费。消费时代,一切都打上了物质的烙印,一切都变成了消费品。从前人们必须靠存钱才可购买,现在的人们先购买,用信用卡当场兑现自己的欲求,然后再用工作去偿还。由此,一种先行消费的伦理观念逐渐取代了禁欲式的积累观。而一种完善的分期付款、信用消费制度,为先行消费伦理观提供了现实的保障。"消费并不是这种和主动生产相对的被动的吸引和占有,好像这样我们就可以依据一种天真的行为(及异化)图式来权衡其得失。我们在一开始便必须明白地提出,消费是一种建立关系的主动模式,而且这不只是人和物品之间的关系,也是人和集体和世界间的关系,它是一种系统性活动的模式,也是一种全面性的回应,在它之上,建立了我们文化体系的整体。"①作为一种建立关系的主动模式,消费变成了一种符号的交流体系,在符号的任意性原则下,能指和所指按照自行规律运作,物本身被赋予了符号的意义,吸引着人们不断地消费以满足"个性的欲望和品位",消费成为社会的运转中轴,而人们消费的过程实际上是被符号所控制的过程。其次,现代社会造就了"物的丰盛"神话,为人们描绘了丰裕、民主、平等的美好蓝图。在资产阶级理想主义者看来,随着美国经济学家加尔布雷斯宣称的"丰裕社会"的到来,富裕成为时代的主题,增长将带来繁荣、丰盛,丰盛又意味着民主、平等,从而为资产阶级政治提供了合法性依据。事实上,由于消费行为的自主性和动机的个性化,使得消费造成的人的异化以及消费中的不平等现实更为隐蔽。而丰盛只是表象,在一个"区分性的社会"中,社会的不平等与对立更多地表现在消费领域中,个体总是在与他人比较的时候陷入相对贫困中。第三,遵循消费主义,追逐眼前的快感和满足,构筑自我表现的生活方式,成为人们的兴趣焦点。人们热衷于购买并"拥有",他们在名车豪宅、酒吧迪厅、高尔夫球场中找寻着自己的灵魂。而一种放荡不羁和游戏人生的消费道德观,正悄悄地颠覆着传统的价值体系,人逐渐被物化成社会存在的符号,最终走向物欲横流精神堕落及主体性丧失

---

① Jean Baudrillard. *The System of Objects*, Trans. By James Benedict, 1996, p. 199.

殆尽。

由此,当一种"关于开支、享乐、非计算('请现在购买,以后再付款')的主题取代了那些关于储蓄、劳动、遗产的'清教徒'主题"①的时候,当"拼命赚钱,及时行乐"成为人们的座右铭的时候,当人们乐此不疲追求物质丰饶中纵欲无度的生活方式的时候,就恰如贝尔所说,曾被用来规定节俭的积累(虽不是资本的积累)的新教伦理,当它被资产阶级社会抛弃之后,剩下的便只是享乐主义了。

第三节　中西消费伦理思想比较

消费作为生活方式,对它的看法涉及一个民族价值观内在和深层的基础,它与人的信仰、追求、需要和欲望密切相关,反映着人对生活本真意义的理解。我们可以从三个方面来比较中西消费伦理思想,这就是思维方式、人生理想及发展历程。

一、思维方式的差异

由于自然的、人文的、社会的条件不一样,每个民族有着不同的生存方式和生活样式,人们对所生存的世界的认识和思考也不一样,形成各具特色的表达方式和理解方式,这就是思维方式的不同。而思维方式是影响一个民族发展的心理底层结构,在很大程度上,中西思维方式的差异,决定了中西消费伦理思想的不同精神面貌。

"道"是中国文化之根,在中国哲学中有着重要的地位。孔子曾曰:"朝闻道,夕死可矣。"(《论语·里仁》)老子亦云"万物莫不尊道而贵德"(《老子》51章)。从原始儒家、宋明理学直到新儒家都很重视对"道"的探讨,讲求"悟道",即对生命的生成机理和本性的体悟,重视对"心性"的悟觉作用和内心道德意识的发挥和开拓,而对道的体悟也表达了人们的一种超越性理想和形而上的追求。在中国古代哲人看来,

①　[法]让·波德里亚:《消费社会》,刘成富、全志钢译,南京大学出版社2006年版,第53页。

道,无所不在,无处不有,化育万物,万有各物各性,无形无象但又贯穿其中。同时,道又是一种生成本性,化育万物而"顺性自生",创生万物而本身也在变化和生长。因此,要把握"道"。不是把它作为一个对象去看到和触摸到,而是需要人们自己用心去体悟、去感受,按照庄子的说法是"可传而不可受","可得而不可见",由此形成了中国以道为核心的"生成论"理论,这是中国哲学思维方式的特点。

西方哲学则注重"知物",关注物的存在本性,力求认识和把握外在的世界,进而改造外在的世界,以成就个体的生命价值。冯友兰指出,中世纪西方的心灵被外在的上帝所占据,现代西方则力求认识和征服外界,他们都假定人性本身不完善,愚而弱,为了变得完善、坚强、聪明,就需要人为地加上一些东西,比如知识和力量,比如一个人格化的上帝的帮助。[1] 西方认为自然界是可以用逻辑理性来把握和控制的,他们发挥了理性的认知功能,发展了知识论的对象意识,由此形成了"存在论"的哲学。西方哲学始终是从"有"出发,把有作为哲学理论的开端,有就是存在,它是哲学要把握的对象。知物就是需要用眼睛去看,就要有所把握,不管是有形的存在,无形的存在,都要让它变成一个可视的对象,确定的对象,实在性的对象。由此,西方理论思维的方式是一种注重逻辑关系的概念思维方式。[2]

中国哲学以"无"(生命的"生成性")为开端,"道",正如老子所说"道生于有,有生于无",中国人习惯用意向思维把握事物的本性。如《周易·系辞上》说,"易有太极,是生两仪,两仪生四象,四象生八卦,八卦定吉凶,吉凶生大业。"卦都是以形象来表达,这种以象观物的方法体现了重效验的经验思维和内在超越的直觉体悟。对此,《周易·系辞下》说得很明白:"仰则观象于天,俯则观法于地,观鸟兽之文与地之宜,近取诸身,远取诸物,于是始作八卦,以通神明之德,以类万物之

---

① 陈来编:《冯友兰选集》,吉林人民出版社 2005 年版,第 320 页。
② "悟道"与"知物"参照了高清海先生的观点。高清海:《找回失去的"哲学自我"》,北京师范大学出版社 2004 年版,第 401 页。

情。"也就是用意象来表达理解。王弼曾分析说,"得象而忘言","得意而忘象"。意向思维要求人们身体力行地去领悟和体认"道",在儒家看来,"悟道"之旨不仅在于"心"的领悟作用和个人的修养,而且在于完善人的生命本性,开发生命的内在价值,为人生确立一个安身立命的终极关切。与此同时,"悟道"的过程也就是求真与得道、穷理与尽性、致知与崇德的统一。故按照中国的思维方式,哲学不仅是知识,更重要的是生命的体验。金岳霖曾说:"中国哲学家,在不同程度上,都是苏格拉底,因为他把伦理、哲学、反思和知识都融合在一起了。就哲学家来说,知识和品德是不可分的,哲学要求信奉它的人以生命去实践这个哲学,哲学家只是载道的人而已,按照所信奉的哲学信念去生活,乃是他的哲学的一部分。哲学家终身持久不懈地操练自己,生活在哲学体验之中,超越了自私和自我中心,以求与天合一。十分清楚,这种心灵的操练一刻也不能停止,因为一旦停止,自我就会抬头,内心的宇宙意识就将丧失。因此,从认识角度说,哲学家永远处于追求之中;从实践角度说,他永远在行动或将要行动。这些都是不可分割的。在哲学家身上就要体现着'哲学家'这个字本来含有的智慧和爱的综合。他像苏格拉底一样,不是按上下班时间来考虑哲学问题的;他也不是尘封的、陈腐的哲学家,把自己关在书斋里,坐在椅中,而置身于人生的边缘。对他来说,哲学不是仅供人们去认识的一套思想模式,而是哲学家自己据以行动的内在规范;甚至可以说,一个哲学家的生平,只要看他的哲学思想便可以了然了。"①由此,思维方式的差异导致中西消费伦理的基本解释框架的不同,在物质生活态度上,表现为对"道德价值"与"经济价值"的不同侧重。概言之,中国传统消费伦理凸显的是道德价值关切的精神气质,西方则倾向于经济价值的一面。

在古代中国人那里,经济的不断发展和财富的不断涌流并没有成为主流的价值取向,他们更加注重现实生活中的精神安宁,圣贤人格的不断趋近,而道德的尽善尽美即是对人生有限性的超越。因而,物质财

① 冯友兰:《中国哲学简史》,新世界出版社 2004 年版,第 9 页。

富在道家看来只能是蛊惑人心，在儒家看来，也绝不是人类幸福中最本质的东西。尽管儒家也主张富民养民，丰衣足食，但更重视道德的修养和教育。在儒家看来，发展经济的同时还要"富之"，"教之"，在生活资料得到一定程度的满足后即转向对人们伦理道德教育，如孟子所说："人之有道也，饱食、暖衣、逸居而无教，则近于禽兽。"（《孟子·滕文公上》）这促使社会中的优秀人才朝向了人文和道德修养方面，以读书为荣、任官为贵。这在一定程度上抑制了科技和商业的发展，也影响了经济的发展。一直以来，"黜奢崇俭"与"贵义贱利"、"重农抑商"一起构成了中国古代经济思想的三大主题。中国传统消费伦理凸显的是道德价值关切的精神气质，在儒家思想家那里，"俭"的消费方式和生活态度，绝不仅仅是一般经济伦理的，还有一种深刻的、全面的人生哲学的含义。"中国的贵无论通向了一种无知、无欲、无为、无我的自然主义和虚无主义，西方的存在论却包含着一种人为的能动创造的自由主义和人本主义（以及作为其异化形式的神本主义）。"[1]历史地看，古希腊人倾向于把个人欲望提升到幸福，中世纪的幸福不再是指尘世的享受和快乐转而追求灵魂的安慰和得救，文艺复兴恢复了古希腊的快乐主义，讲求实际的现代西方人，关注世俗的物质生活，遵从着实用主义和享乐主义。"中世纪基督教的欧洲力求认识上帝，为得到他的帮助而祈祷；希腊则力求，现代欧洲正在力求，认识自然，征服自然，控制自然；但是中国力求认识在我们自己内部的东西，在心内寻求永久的和平。"[2]西方人追求着外在力量的确证，追求着"文明征服世界"，因而，西方消费伦理凸显经济价值关切的精神气质，更多的是关注消费如何推动经济发展，如何增进现实世俗生活中个人的幸福和物质利益。

二、人生理想的差异

不同的理想和信念会把欲望之洪流引向不同的方向。在我们的讨

————————————

① 邓晓芒：《中西文化视域中真善美的哲思》，黑龙江出版社 2004 年版，第 73 页。

② 陈来编：《冯友兰选集》，吉林人民出版社 2005 年版，第 318 页。

论涉及对物欲的看法之前,首先必须比较中西人生理想之不同。西方关注的是认识和控制物质,中国关注的是认识和控制心灵;西方是外向的、"人为"的,中国是内向的、"自然"的;西方强调我们有什么,中国强调我们是什么。而对于各种类型的新儒家来说,其理想都是"去人欲以存天理"。

冯友兰在其《为什么中国没有科学》一文中指出,中国哲学家不需要科学的确定性,因为他们希望知道的只是他们自己;同样地,他们不需要科学的力量,因为他们希望征服的只是他们自己。他认为,欧洲技术发展是认识和控制物质,而中国技术发展是认识和控制心灵;欧洲人无论是向天上还是在人间寻求善和幸福,他们的一切哲学走的是"人为"的路线,而中国的全部精神力量致力于"自然"的路线,这就是直接地在人心之内寻求善和幸福。因此,在中国儒家看来,既然万善皆永恒地有备于我,又何必向外在世界寻求幸福呢? 充实而宁静的内心,崇高而优美的人格和德性才是值得欲求的。中国丰富多面的心性修养学说在《大学》中说得很清楚:"大学之道,在明明德,在亲民,在止于至善。……古之欲明明德于天下者,先治其国。欲治其国者,先齐其家。欲齐其家者,先修其身。欲修其身者,先正其心。欲正其心者,先诚其意。欲诚其意者,先致其知。致知在格物。"经诸家扩展充实,"格物、致知、诚意、正心、修身、齐家、治国、平天下"之八条目成为儒家伦理的基本原理之一,它典型地反映了儒家以"养性"而致"圣贤",凭"内圣"而致"外王"之道,这种内向超越的特征是显而易见的。马克斯·韦伯在《儒教与道教》(*Konfuzianismus und Taoismus*)一书中,作出了这样的比较和描述:"儒教徒不企求任何'救赎'。他期待着此世的长寿、健康与财富以及死后的声名不朽,并把这些视为对德行的报答。就像真正的古希腊人一样,他们没有事先确定下来的超验的伦理,没有超世的上帝的律令与现世之间的对峙;他们没有对彼岸目标的追求,也没有极恶的观念。"进而言之:"儒教的任务在于适应此世,而清教的任务则在于通过理性改造此世。儒教要求不断的、清醒的自我控制,以维护绝对完美无缺的圣人的尊严;清教伦理也要求这种自我控制,但目的是为了有条不紊地把人的意志统一于神的意志。"①

中世纪西方人信仰外在的上帝，认为人类所有的一切都是上帝创造和赐予的，人类无法拯救自己，摆脱罪恶使灵魂得救的唯一途径就是祈求上帝的帮助。现代西方人继承了认识外界和证实外界的精神，把上帝换成了自然，力求认识、征服和控制外在的世界。关于西方世界的近代兴起，韦伯的新教伦理精神揭秘是具有代表性的解释之一。在韦伯看来，资本主义精神与新教精神（即禁欲主义的节俭和为上帝积累财富的天职的责任感）是一致的。对于儒教与清教的伦理特性，他比较说："现代资本主义企业家必不可少的'伦理'特质是：极端专注于上帝愿望的目的；禁欲伦理制约下的没有顾忌的实践理性主义；务实的企业经营方法；憎恶非法的、政治的、殖民的、掠夺的、垄断的资本主义（后两者类型的资本主义，其基础是竭力博取君王与人的欢心）；与上述种种类型的资本主义相反，肯定日常经营的冷静、严格的合法性与有节制的理性动力；理性地评估技术上的最佳办法，以及实践上的可靠性和目的性，而不是像古老的工匠那样，沾沾自喜于相传下来的技巧与产品的优美。除了企业家这些必不可少的'伦理'特质以外，还必须考虑到虔诚的工人所特有的劳动意愿。总之，这种无情的、宗教上系统化的、任何理性化禁欲主义所特有的、'生活于'此世但并不'依赖于'此世的功利主义，有助于创造优越的理性才智，以及随之而来的职业人的'精神'，而这种才智与精神，儒教始终是没有的。也就是说，儒教适应现世的生活方式虽然是理性的，但是由外到内地被决定的，而清教的生活方式却是由内到外地被决定的。这种对比有助于我们认识到，光是与'营利欲'及对财富的重视相结合的冷静与节约，是绝对不可能产生出以现代经济的职业人为代表的'资本主义精神'的。"②通过比较，韦伯指出儒教的理性主义旨在理性地适应现世；而清教的理性主义旨在

---

　　① ［德］马克斯·韦伯：《儒教与道教》，洪天富译，江苏人民出版社 2005 年版，第182、191 页。

　　② 同上书，第195 页。

理性地支配这个世界。在他看来,儒教伦理很难形成现代意义上的"工作伦理"或"职业伦理",也很难产生资本主义"理性"精神,由此中国发展不出资本主义。

毋庸置疑,人生理想的差异导致了中西对物欲看法的不同。李大钊分析说:"西方的经济思想,其要点在于应欲与从欲,在于适用与足用;东方的经济思想,其要点在于无欲与寡欲,在于节用与俭用。"①在中国儒家那里,"灭人欲"以"存天理",去利取义是唯一正确的也是严肃的道德抉择;而西方在文艺复兴之后更多的是张扬人的自然本性,对待欲望的态度则比较宽松。

原始儒家虽然认为人性本善,但还只是萌芽。用孟子的话说,仅仅是"四端于我者",还需要人努力扩充、修养和完善。到宋明理学那里,天理被放到至高无上的位置:"圣贤千言万语,只教人明天理、灭人欲"。(《朱子语类》卷十二)在朱熹看来,理欲是"不容并立"的,因为"人之一心,天理存,则人欲亡;人欲胜,则天理灭,未有天理人欲夹杂者。学者须要于此认省察之。"(同上,卷十三)天理存于心,被人欲所蔽,只有去除人欲才能显示真正的心灵,如拭去灰尘的钻石自会熠熠生辉。因而,强调低消费在情理之中,一切衣食住行,只求满足生存的基本需要即可,以求节制人欲,进取仁义。而高消费只会助长个人的贪欲、私欲和奢欲,使人沉湎于声色犬马中,既无法成就"俭以养德",进而持家治国平天下,实现内圣外王的理想,又无法形成尚俭去奢的良好道德风尚,实现社会的稳定和长治久安。因而,节俭历来被古代中国人视为大善,其道德价值被广泛称颂。于是,中国的传统文化"既反对否定感情和欲望的满足的禁欲主义,又反对无理性、无节制的纵欲主义。中国重视的是情理结合,以理节情的平衡,是社会性、伦理性的心理感受和满足,而不是禁欲性的官能压抑,也不是理智性的认识愉快,更不是神秘学的情感迷狂或心灵净化。"②与中国儒者向内心开拓主张"自

---

① 李大钊:《李大钊文集》(下),人民出版社 1984 年版,第 244 页。
② 李泽厚:《美的历程》,文物出版社 1981 年版,第 51 页。

然"的路线不同,西方走的是一条"人为"路线。中世纪时期,彼世主义和禁欲主义压制着人们的欲望和物质需求。自文艺复兴以后,西方人逐渐摆脱宗教的束缚,更多地张扬人的自然本性。在对待人的欲望方面,与中国儒者的严峻态度不同,西方人持宽松的态度,关注符合人性的生活方式,强调个人利益以及人生享乐的一面,这也为现代西方享乐主义伦理的盛行提供了精神的支持。

三、发展历程的差异

深切了解一种思想,必须要了解其发展历程,考察其渊源与流变。中西社会世俗化进程的不同也导致了近代以后中西消费伦理思想的差异。

近代以前,强调节俭反对奢侈,是中西共同的消费伦理思想倾向。当然,消费作为社会生活的一个重要领域,是与当时的生产力发展水平是相适应的。在生产力落后、科技不发达、物质财富不丰盈的古代社会,节俭作为一种有效的消费方式和经济管理方式,对于化解生产与需要之间的矛盾有着不容忽视的经济学意义。

近代以后,西方社会率先踏上了世俗化的道路。伴随文艺复兴运动的号角响起,西方人在宗教和道德方面逐渐摒弃教会的桎梏,日渐重视思想、感情和行动的自由,尊重理性,追求"凡人的幸福"。18世纪工业革命创造了巨大的物质财富,由此引发了第一次消费革命,使一种以消费品的高档来显示自身的有闲和显赫地位的炫耀性消费风气在整个社会蔓延开来。随后西方科学技术的迅猛发展,民主政体的逐渐成长和完善,市场经济体制的日益精巧,这一切推动着西方社会的迅速世俗化,也迎来了20世纪的大众消费,它的出现被称为第二次消费革命。大众消费阶段的到来,人们不再以节俭为美德,信奉享乐主义和物质主义,奢侈消费成为社会的风尚。正如贝尔所说,"消费观念的变化也体现在美国人成就标准的变化上。美国人的基本价值观就是注重个人成就,具体的衡量标准就是工作与创造,并且美国人习惯于从一个人的工作质量来判断工作者的个性品质。20世纪50年代,尽管这种成就模式依然存在,但它却有了新的含义,即强调地位和时尚。文化不再与如何工作、如何取得成就有关,而是与如何花钱,如何享乐有关。尽管新教道德观的某些习俗仍旧沿袭下来,但事实上50年代的美国文化已经转向了享乐主义,它注重游玩、娱乐、炫耀和快乐——并带有典型的美国式强制色彩。"①人们的生活、认同感及自我观念逐渐不再以克勤克俭的工作为核心,消费扮演了愈来愈重要的角色。

中国古代消费伦理的基本思维路向是黜奢崇俭。从辛亥革命直至1949年,内忧外患之际,国人纷纷效仿西方资本主义文明改造中国,但这些努力均以失败而告终。如果说这一时期中国社会的世俗化还仅仅是初露端倪,那么,20世纪70年代末起步的改革开放,由计划经济转向市场经济,对外实行全方位的开放政策,才是世俗化的真正开始。中国的世俗化不同于西方,后者从追求"彼岸的天国"到追求"凡人的幸福",而"传统中国以道德为本,故中国的世俗化就表现为由对道德价值的极端重视到对经济发展和物质价值的极端重视。"②但从总体方面看,传统节俭的道德文化传承了几千年,虽然有思想家意识到崇俭思想的弊端,但节俭仍然是近代以后中国社会的主流思想。而随着中国社会世俗化进程的由浅入深,享乐主义伦理也开始在中国逐渐风行。

---

① [美]丹尼尔·贝尔:《资本主义文化矛盾》,赵一凡等译,三联书店1989年版,第72页。

② 卢风:《享乐与生存》,广东教育出版社2000年版,第12页。

第三章
消费伦理如何可能

在《意识的首领》(*Captains of Consciousness*)一书中,美国社会学家埃文(Ewen)曾自问自答:在今天的西方世界中谁是意识形态的首领?不是政治家,不是无冕之王——新闻记者们,在今天的西方世界中没有第二个意识形态,只有一个意识形态,就是消费![①] 当今社会,消费当仁不让地成为时代的风尚,它仿佛是一个五颜六色的万花筒,展示着变化无穷的现代魅力。因此,只有走进消费这个充满神奇和诱惑的特殊世界,用社会批判的视野来加以审视,揭开其神秘的面纱,才能探寻消费这一人类日常化普遍化经济现象的道德伦理意义。本章将探讨消费伦理如何可能的现实基础和社会文化条件问题。我们将围绕"消费"这个核心概念,从多重视域中考察消费这一人类日常化普遍化经济现象的伦理意蕴和价值内涵,目的是想证明,消费不仅需要经济合理性证明,也需要伦理学的价值辩护;同时,通过对"满足需要抑或满足欲望"与"消费的异化抑或人的异化"这两个问题的分析和解答,为消费伦理寻找一种现实的价值基础或根据,也就是为消费伦理提供何以必要的理由;而历史、经验和理性为消费伦理提供了充分的合理性支持。

---

① Ewen Stuart, *Captains of Consciousness: Advertising and the Social Roots of the Consumer Culture*. 1st McGraw-Hill paperbacked. New York: McGraw-Hill, 1976.

第一节 多重视域中的"消费"

人从出现在地球舞台上的那一天起,消费就与人类生活密不可分,是人类社会生活中最长久最普遍的基本现象之一。一般意义上的消费(Consumption)有用光、浪费、摧毁、耗尽的意思。《大不列颠百科全书》对消费的定义是指"物品和劳务的最终耗费"。《牛津英语辞典》解释"消费"是:"通过燃烧、蒸发、分解或疾病等花掉或毁掉;消耗和死亡;用完,特别是吃完、喝完;占去;花费、浪费(时间);变得憔悴、烧尽。"汉语中的"消费"一词可析为两字:一为"消",即"享受、受用";一为"费",即"花费、耗费"等。在中国古代,最早提到"消费"一词的是东汉的王符(?—162年),他批评奢侈品生产者是"既不助长农工女,无益于世,而坐食嘉谷,消费白日……"(《潜夫论·浮侈》),该篇著于安帝年间(114—125年),可以说"消费"一词至少在一千八百年前就已经提出来。一般来说,中国古人论消费,通常是用"靡"、"养"、"养生"、"食"、"穿衣吃饭"等词代替。① 古时消费的含义带有贬义色彩,指"耗费、浪费、挥霍",带有一种经济损失或一种道德价值的沦丧的意味。今天,消费的含义已演变为中性,《现代汉语词典》解释"消费"是"为了生产和生活需要而消耗物质财富",是一个典型的技术性的、中性的术语。"消费"已成为人们日常生活中耳熟能详的一个最常见的概念。

尽管消费具有日常性和熟识性的特点,但"消费"却是一个具有多重意蕴的概念,它不仅仅是一个用以描述人类经济活动的描述性概念。而且还是一个充满丰富社会文化内涵的价值概念。解释消费,我们可以从不同学科的角度来进行。目前,至少有四种不同的有代表性的理解:(1)消费的经济学含义,即把消费看作与生产相对而言的概念,表

---

① 参见欧阳卫民:《中国消费经济思想史》,中共中央党校出版社1994年版,第2页。

述为与生产、交换、分配相关的一种经济形式,它们共同构成了社会生产关系;(2)消费的文化和社会含义,消费是消费者进行社会分层、自我认同、文化分类和社会关系再生产的过程;(3)消费的生态学意义,从维护生态保护环境的角度界定消费,提出可持续消费的问题;(4)伦理学主要观察消费对人的存在与发展的影响,而一种合理正当的消费应当是符合人的本性并有利于人的发展。当然,还可以从心理学的角度来看,消费必然是一种心理行为,消费的背后,驱使人们购买的目标是什么,这些目标是功能导向、情感导向,还是社会地位导向?而消费经验、享乐、行为对人们生活态度形成、购买决策以及选择的影响等,都与心理学理论密切相关;历史学与地理学则关注消费文化的产生和发展,包括营销地理系统与零售配置,市场营销广告对营运和零售空间的影响等。经济学、社会学,生态学、心理学、历史学与地理学等对"消费"有着不同的理解和关注点,而把消费放到伦理学视域中又有更深层次的说明。当然,正是在对"消费"的多重理解中,消费逐渐显露出其本真的价值内涵和伦理意蕴。

一、经济学视域中的消费

经济学必然重视消费,因为消费首先是社会再生产过程中的重要一环,它与生产、分配、交换是相互联系,彼此制约,共同构成一个总体。古典政治经济学把消费和生产看成是一个循环的过程,这种观点是魁奈(Quesnay)在 1759 年最早提出的,由马克思在一般经济分析中确立发展了。马克思进一步区别了"生产和生产性消费"以及"消费和消费性生产",并把它们同交换和分配的概念联系起来。他把生产、分配、交换、消费看成是构成一个总体的各个环节,是一个统一体内部的差别。并且指出:"吃喝是消费形式之一,人吃喝就是生产自己的身体,这是明显的事。而对于以这种或那种形式从其一方面来生产人的其他任何消费形式也都可以这样说。"[1]可以说,最初受到关注的是消费的经济学含义。《消费经济学大辞典》对消费的定义是:"生产的对称,社

---

① 《马克思恩格斯全集》第 46 卷(上),人民出版社 1979 年版,第 28 页。

会再生产的基本环节之一,它指人们通过对各种劳动产品(包括劳务和精神产品)的使用与消耗,满足其各方面的需要,以实现人本身的生产和再生产的过程和行为。"① 很显然,消费是人们为了满足基本需要而对物质财富和生活资料的消耗和使用,并且这种消耗和使用是人类自我生存和延续的必要条件。

　　一般意义上的消费通常是指生活消费,而不是生产消费。在物质资料生产过程中,生产资料(包括原材料和辅助材料)的使用和消耗也是消费,但生产消费本质上是物质资料的生产,是包括在生产中的。生活消费本质上是人类自身的生产,或者说是劳动力的再生产。人们通过对生活资料的消费,生产出劳动者的体力和智力。② 生活消费是"生产过程以外执行生活功能",是"原来意义上的消费"(马克思语),这也是消费经济学研究的对象。当然,生产消费与生活消费是紧密相连的。生产消费为生产的顺利进行创造条件,以便生产出更多的物质生活资料来满足人们日益增长的物质和文化生活的需要,扩大人们的生活消费范围,从而保证了人类自身的生产和劳动力的再生产,这反过来又促进了物质资料的再生产,两者是互相转化的。就消费行为主体和生活主体来说,又可分为私人消费行为和社会公共消费行为。"私人消费是指个人、私人财政(家庭)对日常消费品的消耗,对耐用消费品的使用和磨损,对服务的占有和享用。"而与之相对的公共消费行为则是"公共财政的自身消费,它与公共财政所支配的服务价值量(如教育、内外安全、文化)相吻合。"③ 我们所说的消费通常指的是私人消费行为。

　　概略地说,经济学总是习惯于在生产与消费或市场供应与市场需要的关系语境中来讨论消费问题。新古典经济学认为,对个人消费的供应是经济系统的主要目的,因而无论是消费支出总额还是消费支出

　　① 林白鹏:《消费经济学大辞典》,经济科学出版社 2000 年版,第 3 页。
　　② 参见尹世杰、蔡德容编:《消费经济学原理》,经济科学出版社 2000 年版,第 17 页。
　　③ 王森洋主编:《经济伦理学大辞典》,上海人民出版社 2001 年版,第 247 页。

构成,都是经济学家们主要关注的问题,以此来评价可供选择的经济系统、制度和政策。近几十年以来,总量消费尤其引人注目,宏观经济学家对消费总量和储蓄,对消费行为指标及全球消费差异感兴趣;微观经济学家则关注消费和相对价格对需求的影响,他们的效用最大化理论确实有助于我们去理解某些问题,比如消费者的信息处理过程、产品选择、购买决策模型等。由于总量消费在国民收入中有着举足轻重的地位,因此消费行为的波动对生产、就业乃至经济周期都有重要的影响。很显然,从纯经济学的角度研究消费,关注的是如何刺激消费拉动经济,以及消费行为与市场营销战略关系等实用性目的方面。在西方发达国家,自凯恩斯的《就业利息和货币通论》发表以来,消费函数的概念几乎家喻户晓,收入、消费和储蓄(或投资)之间的相互关系成为关注的焦点,扩大消费反对勤俭节约由于得到理论上的论证而变得堂而皇之,人们为消费而消费,对经济效益和满足物欲的追求成为西方社会的价值取向。

从方法论角度来看,经济学对消费的研究,往往是建立在一些预设前提的基础上,只要这些预设条件得以成立,所得出的结论就是有效的。但是,西方消费经济学却难以回避两个问题:"其一,经济学所设定的预设或假设常常是十分抽象的,不能充分成立。其二,经济学所预设的对干扰变量的假设性控制(即'封闭试验条件'或'理想条件'),在现实中常常不能实现。"①因此,从第一个问题来看,尽管经济学家努力完善它们的预设假定,但是如果前提条件不具备或有差错,那么结论就没有多大的解释力。从第二个问题来看,经济学家在阐述经济学定律时,总是要附加假设性限定条件,坚持"理想条件"和"理想模型"的方法论。而结论往往取决于干扰变量是否得到控制和限定,事实上,现实的社会是一个开放的系统,各种干扰因素始终存在并起着作用,理想的条件很难确保。因此,停留在对消费的经济学解释是不够的。消费问题也绝不仅仅是经济学问题,还是一个从经济学领域中引申出来的

---

① 王宁:《消费社会学》,社科文献出版社 2001 年版,第 20 页。

超经济学问题，正如马克思所说："消费这个不仅被看成终点而且被看成最后目的的结束行为，除了它又会反过来作用于起点并重新引起整个过程之外，本来不属于经济学的范围。"①消费是一种集经济、社会、文化和心理为一体的综合性现象。

二、社会学视域中的消费

"消费"具有社会文化的内涵。它不仅满足人们的生存需要，还是对某种社会身份的确认，某种生活意义的满足，它是联结经济与文化的社会活动。消费不仅具有经济学上的意义，而且还具有重要的文化和社会意义。在提及"消费"时，马克思没有停留于一般经济学的概念理解层面，而是努力揭示出消费的社会性质："产品的消费再生产出一定存在方式的个人自身，再生产出不仅具有直接生命力的个人，而且是处于一定的社会关系的个人。可见，在消费过程中发生的个人的最终占有，……再生产出处在他们的社会存在中的个人，因而再生产出他们的社会存在。"②人的消费活动总是在一定的社会关系中进行，人在什么意义上消费，怎样消费，消费多少，他就在什么意义上把自己再生产出来，既再生产出个体的社会存在，又再生产出社会关系。因而消费过程"不仅是商品的交换价值和使用价值实现的过程，而且也是商品的社会生命和文化生命的形成、运动、转换和消解的过程。换句话说，消费不但是物质生活过程，而且也是文化、交往和社会生活的过程。消费在物理意义上消解客体的同时，也在社会和文化意义上塑造主体，并因此找到了使个体整合到社会系统中去的媒介"，不仅如此，"人的消费模式也是在社会化过程中形成的，是文化适应的结果，是文明积淀的产物，因此消费反映了人的文明化和社会化成果，体现了文化和社会环境对人的教化和塑造作用，具有社会和文化属性"。③ 正是从这个意义上说，对"消费"概念的理解不单是经济的，至少还是文化和

---

① 《马克思恩格斯选集》第 2 卷，人民出版社 1995 年版，第 7 页。
② 《马克思恩格斯全集》第 46 卷（下），人民出版社 1980 年版，第 230 页。
③ 王宁：《消费社会学》，社科文献出版社 2001 年版，第 1—2 页。

社会的。

西方社会在 20 世纪实现了从工业社会向后工业社会的过渡，也实现了从传统的"生产社会"向"消费社会"的转变，消费在社会和文化生活中的重要作用也因此日益凸显。反映在学术上，由于传统范式对当代社会的解释力有限，一些社会学家开始尝试以"消费"和"消费文化"为研究范式，来探讨当代消费的社会和文化性质，并促进了消费社会学的发展。从社会学的角度，王宁对消费的解释是："在现代经济、社会条件下，人们为满足其需求和需要，对终极产品（物品、设施或劳务）的选择、购买、维护、修理或使用过程，该过程被赋予一定意义、并导致一定的满足、快乐、挫折或失望等体验。"①这是一种从社会学意义上来理解的"消费"，明确消费具有的社会学学科属性。在《消费者主权时代》一书中，油谷遵将消费定义为自我目的化的生活行为，而所谓的生产，便是生活行为的手段化。并认为在生活场中，消费直接是生产。② 油谷遵的论述是深刻的。事实上，消费还是一种自我实现和自我成就的目的化的生活行为，生产和消费互为目的和手段。与传统对消费的理解大相径庭，波德里亚从符号政治经济学和符号学的角度对消费进行了全新而深刻地剖析，他认为消费却有着特定的含义："消费并不是这种和主动生产相对的被动的吸引和占有，好像这样我们就可以依据一种天真的行为（及异化）图式来权衡其得失。我们在一开始便必须明白地提出，消费是一种建立关系的主动模式，而且这不只是人和物品之间的关系，也是人和集体与人和世界间的关系，它是一种系统性活动的模式，也是一种全面性的回应，在它之上，建立了我们文化体系的整体。"③也就是说，现代社会中，"消费"已经不再是传统意义上的对于产品的吸纳和占有，不再像过去一样把消费看成是一个被动的接受过程，而是一种主动模式，其对象不仅是被消费的物品，还涉及历史、传播

---

① 王宁:《消费社会学》,社科文献出版社 2001 年版,第 6 页。

② ［日］油谷遵:《消费者主权时代》,东正德译,远流出版事业股份有限公司 1989 年版,第 23 页。

③ Jean Baudrillard, *The System of Objects*, Tr. Jemes Benedict, 1996, p. 199.

和文化层面上的意义。

总的来说,社会学家关注的重点是各种社会力量对消费的影响,即社会背景,比如社会阶层、种族地位、性别、信仰、品位、生活风格、社会观念等因素,如何影响个人或群体消费者的问题。当然,社会学家也关心市场营销和流行文化(包括时尚、象征、流行音乐等)之间的关系。因此,消费行为、消费文化、消费制度、消费问题与社会控制等研究对象成为消费社会学关注的焦点。"如果说,消费经济学侧重的是消费行为的经济意义和后果(如消费边际效用、消费函数等等),消费心理学着重的是消费或购物心理,那么,消费社会学强调的是消费的社会性质、社会动机、社会过程和社会后果。"①因此,从社会与文化的角度来研究和看待消费现象有着特别重要的意义。然而,仅仅从经济、文化和社会心理过程来理解消费,仍是不完整的。当人们注意到消费的物质资源前提及其有限性时,从生态环境与人类的未来的全新视域来看待消费就变得理所当然了。

三、生态学视域中的消费

"生态学"这一概念最早由德国生物学家恩斯特·海克尔(Ernst Haeckle)于1866年提出来,他把生态学理解为关于活着的有机体与其外部世界,它们的栖息地、习性、能量和寄生者的关系的学科。直到20世纪30年代以后,借助于自然科学引发的世界观的变革,生态学才得以发展起来。1935年,英国生态学家阿瑟·坦斯利(Arther Tansley)提出了"生态系统"的概念,强调了生物群落同其他物理、化学环境组成的有机整体是自然界的基本结构单位,自然界就是由大大小小的生态整体组成,这一整体在演变中保持着自身的平衡、稳定、和谐、统一。此后,生态系统理论成为生态学的标准理论范式。关于18世纪萌芽的生态学,美国学者唐纳德·沃斯特(Donald Worster)认为它有着两种不同的理论传统:"第一种传统是以塞尔波恩的牧师、自然博物学者吉尔伯

---

① 王宁:《消费社会学》,社科文献出版社2001年版,第15页。

特·怀特为代表的对待自然的'阿卡迪亚式的态度'。① 这种田园主义的观点倡导人们过一种简单和谐的生活,目的在于使他们恢复到一种于其他有机体和平共存的状态。第二种是'帝国'传统,人们一般都认为它在卡罗斯特·林奈——当时最重要的生态学上的人物——以及林奈学派的著作中最有代表性。它们的愿望是要通过理性的实践和艰苦的劳动建立人对自然的统治。"② 在以后的历史发展过程中,田园牧歌般"阿卡迪亚式"的精神得到人们广泛的向往和认同。然而,这只是一种对生态问题的浪漫主义描述。事实上,20世纪60年代以来,生态危机、能源危机、环境污染等现实问题日益严峻不容忽视,我们赖以为生的星球正遭受着史无前例的环境问题的挑战。因此,生态问题受到人们前所未有的关注:"虽然一个走在大街上的普通人一般并不能毫无准备地说出生态学的含义,而且他仍将按自己的准则安排生活,但他还是愿意由该领域的权威来划分历史的特定时代。"③ 毫无疑问,随着生态危机的加剧,"生态"或"环境"的话语表达也愈益活跃,在这种情势下,从环境保护和资源利用的角度来对消费进行分析讨论就显示出十分重要的意义。

人类生存资源的合理使用问题,是生态学家致力于解决的一个重要议题。因此,生态学对消费的讨论总是与生态和环境密切相关的。也就是说,生态学家往往习惯从人类生活资源的有限性以及维持人类生活的可持续性来讨论消费问题。而现代经济的高速发展,物质生活的快速提高,为高消费和极度奢华的生活方式提供了温床,使得物欲泛滥精神世界萎缩成为一种常态。消费时代的一切都打上了物质的烙印,一切都变成了消费品,人们把无度的消费、物质享乐和消遣当作人生最大的意义和幸福。而无节制的挥霍型消费行为,必然造成自然资

---

① 阿卡迪亚(Arcadia),古希腊的一个高原区,后人誉为有田园牧歌式的淳朴风尚的地方。

② [美]唐纳德·沃斯特:《自然的经济体系》,侯文惠译,商务印书馆1999年版,第19—20页。

③ 同上书,第416页。

源的巨大浪费,导致对人类赖以生存的自然环境的严重破坏。它表现为全球变暖、臭氧层消耗、生态多样性消失、土壤退化、水资源短缺、森林植被破坏、海洋资源破坏和污染等等,进而造成全球范围内生态系统结构和功能的损害,各类自然资源面临迅速枯竭,日益威胁到人类自身的生存和发展。恩格斯曾深刻地洞察到这一点,他精辟地指出:"美索不达米亚、希腊、小亚细亚以及其他各地的居民,为了得到耕地,毁灭了森林,但是他们做梦也想不到,这些地方今天竟因此而成为不毛之地,因为他们使这些地方失去了森林,也就失去了水分的积聚中心和贮存库。阿尔卑斯山的意大利人,当他们在山南坡把在山北坡得到精心保护的枞树林砍光用尽时,没有预料到,这样一来,他们就把本地区的高山畜牧业的根基挖掉了;他们更没有预料到,他们这样做,竟使山泉在一年中的大部分时间内枯竭了,同时在雨季又使更加凶猛的洪水倾泻到平原上。"①事实上,人总是离不开自然界来生存的,这是客观的规律,人和自然的历史也是一种连续的,整体相关的。只顾眼前的利益,对人的行为缺乏时间维度的审视必然会招致大自然的报复。恩格斯曾语重心长地警告那些以为征服自然而洋洋自得的征服者:"对于每一次这样的胜利,自然界都报复了我们。每一次胜利,在第一步都确实取得了我们预期的结果,但是在第二步和第三步却有了完全不同的、出乎预料的影响,常常把第一个结果又取消了。……因此我们必须时刻记住:我们统治自然界,决不像征服者统治异族那样,决不像站在自然界以外的人一样,相反的,我们连同肉、血和头脑都是属于自然界,存在于自然界;我们对自然界的整个统治,是在于我们比其他一切生物强,能够认识和正确运用自然规律。"②

在生态学家看来,消费不应是简单的"用光、浪费、摧毁、耗尽",不应是《牛津英语辞典》中所说的,通过燃烧、蒸发、分解或疾病等花掉或毁掉;消耗和死亡;用完,特别是吃完、喝完;占去;花费、浪费时间;变得

① 《马克思恩格斯选集》第4卷,人民出版社1995年版,第383页。
② 《马克思恩格斯选集》第3卷,人民出版社1995年版,第517—518页。

憔悴、烧尽等等,还应看到人类的无限欲求与自然资源的有限性这一尖锐矛盾,看到人类面对的日益严重的生存危机。1977年,伦敦国家社会研究委员会和联合国国际科学学会发表了一个有关消费的联合说明,给予了消费一个与以往不同的定义:"消费是人类对自然物质和能量的改变,消费是实现使物质和能量尽可能达到可利用的限度,并使对生态系统产生的负面效应最小,从而不威胁人类的健康、福利和其他人类相关的方面。"[①]在这样的历史条件下,可持续消费观逐渐成为现代人类的道德共识。1987年,世界环境与发展委员会签发了《我们共同的未来》的报告,报告要求"在生态可能的范围内的消费标准和所有的人可以合理地向往的标准";"社会两方面满足人民需要,一是提高生产潜力,二是确保每个人都有平等的机会";"不可再生资源耗竭的速率应尽可能少地妨碍将来的选择"。[②] 1992年,联合国主持的世界环境与发展大会在巴西里约热内卢召开,会议庄严通过并签署了《里约环境与发展宣言》和《21世纪议程》等重要报告,报告第四章《改变消费方式》指出,全球环境遭到持续破坏的主要原因是消费和生产的不可持续性,特别是工业化国家不可持续的生产和消费方式,它使贫穷加剧,所有国家均应全力促进可持续的消费方式,促进减少环境压力和符合人类基本需要的生产和消费方式,加强了解消费的作用和如何形成可持续的消费方式。对于要以公平的原则,通过全球伙伴关系促进全球可持续发展,以解决全球生态危机的观点得到代表们普遍认可。1994年联合国环境规划署在《可持续消费的政策因素》报告中解释说,可持续消费是一个提供服务及相关产品以满足人类的基本需求,提高生活质量,同时,使自然资源和有毒材料的使用量减少,使服务或产品的生命周期所产生的废物和污染物减少,从而不危及后代的需求的消费模式。

---

① 周梅华:"可持续消费及其相关问题",《现代经济探讨》,2001年第2期,第20页。

② 世界环境与发展委员会:《我们共同的未来》,吉林人民出版社1997年版,第53—55页。

生态学视域中,"消费问题是环境问题的核心,人类对生物圈的影响正在产生着对于环境的压力,并威胁着地球支持生命的能力。"①对消费与环境关系的认识和重视,反映了人们意识到人类物质消费的自然资源前提和这种前提的限制性预制,意识到目前威胁人类生存的严重的资源、能源、环境危机。而可持续消费观的提出并在全球范围内达成共识和付诸行动,是全球面对共同生态环境问题、资源匮乏等问题的一种有效解决方式的重要尝试。因此,消费的生态学视角的考察也是对消费的分析中不可或缺的向度之一。

四、伦理学视域中的消费

在伦理学视域中,对"消费"的"透视"是从人的存在和发展的高度来看的,也就是说,以消费活动以及在这种活动下所成就的人作为考察的对象。马克思早就强调生产和消费是人的感性表现,就是说,是人的实现或人的现实。人是人的活动造就成的,人是自己活动的产品。人们可以根据意识、宗教或随便别的什么来区别人和动物。"一旦人们开始生产他们所必需的生活资料的时候(这一步是由他们的肉体组织所决定的),他们就开始把自己和动物区别开来。"也就是说,人以实践来发展自己的本性,是一种实践性的存在。生产活动和消费活动都是人的存在方式和存在根据。因而,马克思指出,个人怎样表现自己的生活,他们自己也就怎样。因此,他们是什么样的,这同他们的生产是一致的,既和他们生产什么一致,又和他们怎样生产一致。从观察问题的视角来说,我们似乎可以模仿并尝试做这样的表述:个人是什么样的,这与他们的消费是一致的,既和他们消费什么一致,也和他们怎样消费一致。即便在人类高度文明化的今天,消费的物品是今非昔比,琳琅满目乃至空前丰盛,消费领域所成就的人仍然是马克思所称呼的"本来的人,真正的人",是"人本身"。现实人的现实存在、现实生活的意义问题是伦理学所关注的,因此,我们研究作为人的存在方式的消费,应

① [圭那亚]施里达斯·拉尔夫:《我们的家园——地球》,夏堃堡等译,中国环境科学出版社1993年版,第152页。

该从消费的内在动因、消费活动的本质、消费活动的过程来考察,把对消费的研究上升到哲学的高度。

首先,消费的内在动因是人的需要的满足。一切经济活动是从需要开始的。促使人消费的内在动因,毫无疑问是人的需要。人的需要同动物的需要有着本质的区别。动物个体需要由它的"前定本质"即"物种规定"来决定,个体获得生命的同时就获得了种的规定性,它的全部需要和行为性质都只不过是"前定本质"的展开和实现。所以,小狗生来就是狗,出生便获得作为狗的规定性,它的生命天然地与种统一在一起,它的需要就反映了这个种的特殊本性。正如马克思所说,假如我们想知道什么东西对狗有用,我们就必须探究狗的本性。人的情况与此完全不同,人出生获得肉体生命,只能被看作获得了人的"一半"本质,他还得从社会文化系统中取得另外的"一半"本质,才能算得上一个现实的人。可以说,人的本质不是给予和前定的,也不是一成不变的,而是后天人自己活动的创造物。人有物性又有超物性,"人的生命已经不是单维性的,而是双重化、多维性的生命。人既有与动物相同的生命,这是物种规定的本能生命;又有人自己创生的自为生命,这属于人的自主生命。前者如果叫做'种生命'(有形生命:肉体生命、本能生命),后者就可以称作人的'类生命'(无形生命:文化生命、社会生命、智慧生命)。"①人的双重生命预设了人的需要的两重性,既含有自然肉体的需要,又具有社会文化的需要。人的自然肉体的需要,如马克思所说,人的"衣、食、住、行"是人们的生活需要。马斯洛也曾提出"需要层次说"来描述人需要的丰富多样性,并指出人首先是满足最为基本的需要(如生存、安全等),然后才去满足较基本的和高层次的需要。自然肉体需要的满足,是生命存在的前提和现实的表现。同时,人作为一种社会的存在物,需要不可避免地打上了社会文化的烙印,人需要的生成总是与现实的社会物质文明和精神文明成果相联系的。总的来说,

---

① 高清海:《找回失去的"哲学自我"》,北京师范大学出版社 2004 年版,第 206 页。

"所谓人的需要,乃是人对外部世界的一种特殊的摄取状态,它一方面表明人对外部世界的一种客观的、必然的依赖关系;另一方面又表明人具有能动地改造、获取和享用外部世界的'本质力量'。"①人需要的内容和性质体现了人的本性。

人的需要构成人们消费的直接动力,需要的全面性和丰富性造就了消费的丰富内容;反过来说,通过消费,人的需要才能得到满足,消费为人们生存与发展提供必要的保障。需要与消费又是相互促进的,人的需要引起丰富的消费内容来满足,满足的需要之后必然又会产生新的需要,而新的需要又在满足的过程中不断生成和发展,新的需要导致新的满足需要的活动,需要和消费在相互作用中不断提高和进步。在这个过程中,人的需要表现为历史的、具体的、不断复杂化的需要。对此,马克思曾以艺术的生产和消费为例来说明:"钢琴演奏者生产了音乐,满足了我们的音乐感,不是也在某种意义上生产了音乐感吗?……钢琴演奏者刺激生产,部分地是由于他使我们的个性更加精力充沛,更加生气勃勃,或者在通常的意义上说,他唤起了新的需要,而为满足这种需要,就要用更大的努力来从事直接的物质生产。"②艺术满足了艺术消费者的审美需要,而需要的满足又提升了消费者的审美情趣和鉴赏水平,使得消费者产生更高要求的艺术欣赏需要,从而推动艺术生产向更高境界的发展。如果说需要的发展和满足是消费的内在动因和目的,那么消费则是保持和继续发展需要的必要的前提条件。

其次,消费活动的本质是人性本质的确证。关于人性本质问题,必须诉诸对人存在的实践性理解。马克思从现实社会存在的人出发去理解人性,由此创立了实践的观点和理论。从这一基础理解人的本质,马克思认为,"人的类特性恰恰就是自由自觉的活动",还指出,人的本质"是一切社会关系的总和",而人的需要也是人的本质力量的确证。这三个关于人本质属性的论断是从不同的角度而言的:"'自由自觉的活

---

① 唐凯麟:"对消费的伦理追问",《伦理学研究》,2002 年第 1 期,第 34 页。
② 《马克思恩格斯全集》第 46 卷(上),人民出版社 1979 年版,第 264 页。

动'是社会实践活动,是从人的自我确证和外在表现的角度来讲的；'社会关系的总和'是就人的社会性、人性的内在根据和探讨人性的根本原则讲的；而'人的需要',则是从人追求自己对象的本质力量,是从人类的机能的角度讲的。其次,这三个论断有着内在的一致性：'自由自觉的活动'是为满足人的需要而进行的社会实践活动,首先是物质生产劳动；'人的需要'是人的实践活动的内在动力,因而也是实践活动的内在要素；'社会关系'是由人的需要和满足需要的实践活动把人联系在一起而形成的,是实践活动的条件,也是实践活动的产物。"①

　　人丰富多样的物质文化需要,恰恰是人本质力量的确证。因为,"对象如何对他说来成为对象,这取决于对象的性质以及与之相适应的本质力量的性质；因为正是这种关系的规定性造成了一种特殊的、现实的肯定方式。……从主体方面来看,只有音乐才能激起人的音乐感；对于没有音乐感的耳朵来说,最美的音乐也毫无意义,不是对象,因为我的对象只能是我的一种本质力量的确证。"②也就是说,人的需要反映了人与对象之间的价值关系。一般说来,所谓价值,是客体中存在的满足主体需要的具有效用的属性,是主体需要被客体满足的效用。对象之所以成为对象,不仅仅取决于该对象的性质,还取决于与该对象相适应的人的需要。而人对外部对象的需要,正是人本质力量在外部对象中的确证。因而,从根本上说,音乐感、美的鉴赏等需要和人的本质或本性是一致的,在不断满足这些需要的消费实践活动中,人的本性的丰富性也因此展开来。

　　对动物来说,它的消费活动是一种本能的、自然的、生命的活动,以维持个体的生存和种族的繁衍。按照马克思的观点,"一个种的全部特性、种的类特性就在于生命活动的性质"。虽然人也有维持肉体生存的感性自然的一面,"但人不是简单的自然存在物,而是具有理智的人的自然存在物。人不像动物那样无意识地适应自然界,而是在适应

---

① 唐凯麟："对消费的伦理追问",《伦理学研究》,2002 年第 1 期,第 35 页。
② 《马克思恩格斯全集》第 42 卷,人民出版社 1979 年版,第 125 页。

自然界的同时使自然界适应自己,满足自己的需要。""正是这种双重的适应性,即环境对人和人对环境的不断作用与反作用,决定了人的活动的本质。"①作为实践主体的人,满足人的需要即维持肉体生存需要的消费活动已成为人的意志支配的对象,人完全超出了种的限定。从这个意义上来说,人的消费活动确证了"人的类特性恰恰就是自由自觉的活动"。

动物的消费与它的生命活动是直接同一的,也只是按照其所属的那个"物种"的尺度本能地去适应自然。而人消费的特殊性,在于人能依据两种尺度,即"人的尺度"和"物的尺度"来规范和安排,在消费实践活动中实现合目的性和合规律性的矛盾统一。对此,马克思曾深刻地分析说,"诚然,动物也生产……动物只生产自身,而人再生产整个自然界;动物的产品直接同它的肉体相联系,而人则自由地对待自己的产品。动物只是按照它所属的那个种的尺度和需要来建造,而人却懂得按照任何一个种的尺度来进行生产,并且懂得怎样处处都把内在的尺度运用到对象上去。"②事实上,人在自己的生命活动中,不仅仅是按照"两种尺度"的统一来进行生产和消费,而且不断地在这种生产和消费中改变自身的存在。"假定我们作为人进行生产。在这种情况下,我们每个人在自己的生产过程中就双重地肯定了自己和另一个人","我直接证实和实现了我的真正的本质,我的社会本质"。③ 人的生产是人自我支配的目的性活动,是人的一种自觉、能动的活动,人的本质正是在人的生存活动中自我生成的。而"生产直接是消费,消费直接是生产。每一方直接是它的对方。可是同时在两者之间存在着一种中介运动。生产中介着消费,它创造出消费的材料,没有生产,消费就没有对象。但是消费也中介着生产,因为正是消费替产品创造了主体,产

① [法]科尔纽:《马克思的思想起源》,王谨译,中国人民大学出版社1987年版,第75页。
② 《马克思恩格斯全集》第42卷,人民出版社1979年版,第97页。
③ 马克思:《1848年经济学哲学手稿》,人民出版社2000年版,第183—184页。

品对这个主体才是产品。产品在消费中才得到最后完成。"①因而,产品的消费也是人的本质活动,体现着人的社会性,在此意义上消费依然是人性本质的确证。

再次,消费活动的过程包含着主客体的对立统一。消费活动是人的一种实践活动。从马克思主义哲学看来,人的实践性也就是人性、主体性,即构成人作为主体的基本规定性。实践活动使人成为认识世界和改造世界的主体,使世界成为人认识和改造的对象。可以说,消除主观性与客观性各自的片面性,使主体与客体达到统一离不开实践活动,而发展主观性与客观性的对立,造成主体与客体新的矛盾则更离不开实践活动。于是,我们不难理解,实践活动,首先是劳动生产活动。在生产活动中,人按照自己的目的并遵循自然物质运动的规律,通过自身具有的自然力去作用外界客观对象,使自然物质发生形式的变化,生产出物质产品,这里既表现了主体的巨大创造能力,又实现了主体能力本质力量的客体化。然后,主体把他们生产出的产品或者作为直接的生活资料加以消费,或者作为生产活动的工具再加以消费,这样客体就转化为主体的一部分,成为主体自身的生命力量和物质力量。人们还要在新的消费水平上扩大再生产,实现新的主体客体化。② 在这个过程中,生产和消费实践活动循环往复,互为因果目的,它是主体与客体、主观与客观相互规定和相互转化的活动,正是在这种活动中,人实现了改造世界与改造自身的对立统一。马克思在《〈政治经济学批判〉导言》中深刻地指出,"生产直接也是消费。双重的消费,主体和客体的。第一,个人在生产过程中发展自己的能力,也在生产行为中支出和消耗这种能力,这同自然的生殖是生命力的一种消费完全一样。第二,生产资料的消费,生产资料被使用,被消耗,一部分(如在燃烧中)重新分解为一般元素。原料的消费也是这样,原料不再保持自己的自然形状和自然特性,而是丧失了这种形状和特性。因此,生产行为本身就它的一切

097

第三章　消费伦理如何可能

---

① 《马克思恩格斯选集》第 2 卷,人民出版社 1995 年版,第 9 页。

② 参见胡金凤:"消费问题研究述评",《哲学动态》,2002 年第 11 期,第 32 页。

要素来说也是消费行为。"同时，"消费直接也是生产，……在吃喝这一种消费形式中，人生产自己的身体，这是明显的事。"①事实上，在生产和消费实践活动中，这种主体客体化与客体主体化的过程是不断扩展和深化的。可见，作为人类最重要实践活动之一的消费，它的过程体现着主体与客体的对立统一关系。

第二节　消费伦理何以必要

从逻辑上看，在追问"消费伦理何以可能"之前，我们首先遭遇的是"消费伦理何以必要"的问题。事实上，伦理道德与人存在着某种异乎寻常的密切关系，因此，在首先面临"消费伦理何以必要"的问题时，我们还是从它所具备的现实基础以及伦理与人的本性的内在关联中，尝试着给出某种解答。

一、满足需要？抑或满足欲望？

消费在生活中看来是很常见的事，我们每天都要消耗一定的物质生活资料，用以维持人类的自我生存和延续。马克思说人们为了生活，首先就需要衣、食、住以及其他东西，他精辟地指出满足需要的物质资料生产是人类的第一个历史活动。衣、食、住、行被看作是正常生活需要满足的内容，那么在一个物质"丰盛"的社会中会有什么变化吗？"今天，在我们的周围，存在着一种由不断增长的物、服务和物质财富所构成的惊人的消费和丰盛现象。它构成了人类自然环境中的一种根本变化。恰当地说，富裕的人们不再像过去那样受到人的包围，而是受到物的包围。"②在"丰盛"的时代，满足需要抑或满足欲望有何本质的区别？必需品和奢侈品有何不同？现代社会人们是如何消费的？

一般来说，对需要和欲望的理解总是预制着人们的消费观念和消

① 《马克思恩格斯选集》第 2 卷，人民出版社 1995 年版，第 8 页。
② [法]让·波德里亚：《消费社会》，刘成富等译，南京大学出版社 2000 年版，第 1 页。

费行为。亚里士多德把那些由生理而衍生出来的需要看作是自然的需要，比如，足够的食物、衣物、遮风避雨的住所、生病时的照护、友谊等等，它们是有限的，可以满足的，因此家政管理上要注意到满足这些自然的需要；至于其他的一些要求，比如为了个人聚敛金钱等等，就是漫无限度的，是非自然的要求了。托马斯·阿奎那也认为，对钱财的欲望没有止境。因此天主教会要长期限制高利贷和自由定价。但诸如食物、衣服和住房等需要的限度一直是因使用者的能力大小而定。美国人本主义心理学家马斯洛曾在其需要层次理论里，阐述了需要的金字塔式的层次结构，依序上升，最底部是对衣食住行等基础需要的满足，也就是说，保存个体生存需要是所有需要中最基本和最强烈的一种。①马斯洛充分而系统地解释了人的需要是丰富多样的，是不断超越和发展的。而在德国著名哲学家叔本华看来，需要（需求）意味着缺乏，而需要不断，欲望无穷，人生永远是不能满足的痛苦。他说，欲望是经久不息的，需要可至于无穷，而所获得的满足都是短暂的，分量也扣得很紧，何况这种最后的满足本身甚至也是假的，事实上这个满足了的欲望立即又让位于一个新的欲望。也就是说欲望成了一个系列，贪得无厌，是一个永远饥馋，永不饱和的"胃"。② 这也正如霍布斯在《利维坦》一书中所描绘的，人的欲望冲动正好同柏拉图理性精神的等差公式相反，他们受欲望驱使，追求满足时可达到凶猛的程度。在现代的社会里，人往往被欲望所支配，疯狂地消费，贪婪地掠夺，变成了张开嘴试图吞噬一切的巨兽。凯恩斯曾精辟地分析说，"人类的需要可能是没有边际

① 马斯洛（Abraham Maslow，1908—1970）的需要层次理论（hierarchy theory of needs）亦称"基本需要层次理论"，把人的需要分为五类，由较低层次到较高层次按序上升：(1)生理的需要，对食物、水、空气和住房等需要是生理需要，人们在转向较高层次的需要之前，总是尽力满足这类基本生存需要；(2)安全的需要，包括对人身安全、生活稳定以及免遭痛苦、威胁或疾病等的需要；(3)社会需要，包括对友谊、爱情、亲情以及归属关系的需要；(4)尊重的需要，对成就或自我价值的个人感觉，也包括他人对自己的认可与尊重的需要；(5)自我实现的需要，指人的理想、抱负、潜力发挥的需要，是人性的充分实现。

② 万俊人：《现代西方伦理学史》上卷，北京大学出版社1990年版，第69—70页。

的,但大体能分作两种——一种是人们在任何情况下都会感到必不可缺的绝对需要,另一种是相对意义上的,能使我们超过他人,感到优越自尊的那一类需求。第二种需要,即满足人的优越感的需要,很可能永无止境,……但绝对的需要不是这样。"[1]

于是,对"需要"(needs)和"欲望"(desires)的概念进行辨析,成为我们理解"满足需要"与"满足欲望"这两种消费方式的前提。第一种"需要",如凯恩斯所说的"感到必不可缺的绝对需要",是人们对生活必要条件的正常要求,它的表现形式虽然是个人主观的,但其内容却具有客观实在的性质,其价值目标总是相对固定的、限制性的。需要的生成往往与现实生活条件的供应状况相关联,它的满足和满足方式也是相对确定的,受生活条件限制,因而具有较高的价值合理性和社会正当性。第二种"永无止境"的需要指的就是"欲望",所谓欲壑难填。"欲望"属于个人心理学范畴,它的价值目标是主观的,不可确定的,无限的,一种欲望满足之后会立即让位于另一种欲望,其生成和满足的方式也不受社会现实条件所限制。因此,在需要和欲望的基础上,产生了两种不同的消费行为类型:(1)基于需要的消费,是人们正常的基于生活需要的消费行为,以人类生活本身之目的为目的,是市场经济生活中一个可以确定把握的较为稳定的"变量",客观地表达着市场需求,是社会再生产的持续驱动力和现代经济中效率增长的有力杠杆,具有合目的性价值或合乎目的理性的内在特性;(2)基于欲望的消费是超出正常生活需要的消费,不属于人类正常生活理性的范畴,它用以满足不可满足的欲望,"为欲望而欲望",不仅其目的本性是虚空的、形式化的、无限制的,而且也因其目的的非理性使其往往采取不择手段的方式,它无法确保其手段的合理性和正当性。[2]

以下我们进一步讨论作为欲望尤物的奢侈品和基于需要的必需品

---

① 转引自[美]丹尼尔·贝尔:《资本主义文化矛盾》,三联书店1989年版,第22页。

② "需要的消费"与"欲望的消费"参照了万俊人先生的观点。万俊人:《道德之维——现代经济伦理导论》,广东人民出版社2000年版,第272—285页。

的区别。现实生活中，与欲望相连的奢侈品，一直是人们又爱又恨的东西。曼德维尔曾语出惊人，认为奢侈品是"对人作为一种生物生存不急需"的东西。休谟称奢侈为"满足感官享受的极大精美"。桑巴特则认为，近代资本主义起源于奢侈。他定义奢侈是"任何超出必要开支的花费"，它包括量和质两方面，在数量方面的奢侈与挥霍同义，质量方面的奢侈就是使用优质物品，并且指出所有的个人奢侈都是从纯粹的感官快乐中生发的。任何使眼、耳、鼻、舌、身愉悦的东西都趋向于在日常用品中找到更加完美的表现形式，在这些物品上的消费就构成了奢侈。奢侈为个人生活注满了"无益的虚荣"。与之对应，奥地利著名经济学家路德维希·冯·米瑟斯（Ludvig V. Mises）充分肯定了奢侈和贪欲的积极意义，他说："今天的奢侈品就是明天的必需品，这就是经济历史的发展规律。人类生活的一切改善和进步都首先以少数富人奢侈的形式进入人们的生活领域，过了一段时间以后，奢侈品就变成了所有人的生活必需品。奢侈鼓励了消费水平的提高，刺激了工业的发展，促进工业新产品的发明创造并投入大批量生产。它是我们经济生活的动力源之一。工业的革新与进步、所有居民生活水平的逐步提高，都应当归功于奢侈。"①他认为奢侈和贪欲在经济发展中扮演了重要的角色。

按照一贯的以衣食住行分类的必需品来看，生活似乎还包括了娱乐休闲，我们从中至少可以分辨出五类奢侈品：(1)饮食。必需品在乎安全卫生食能果腹；奢侈品的特点在于不断满足精巧的品位，绝不能是粗茶淡饭，且数量不是重点（因为吃的量有自然限制，山吃海喝对身体有害无益），品质的精美才是奢侈度增加的关键。比如月饼，不仅要新鲜，还必须用蜂蜜替代白糖，橄榄油替代猪油，外皮酥软可口，使用纯莲蓉、纯椰蓉或各种水果馅再加双蛋黄，配送高档红酒、精品茶叶等等，内置豪华餐具而外包装必定足够奢华气派等等。(2)住所。居家最初用

---

① ［奥］路德维希·冯·米瑟斯：《自由与繁荣的国度》，韩光明译，中国社会科学出版社1994年版，第73页。

途是免于外界环境的影响,是人类基本需要之一。从安全温暖的"民居"到舒适奢华的"豪宅",人类这一基本需要被发挥到极致,出现了类型多样的奢华别墅,配有私人泳池,遥控车库,房间设施包括精美地毯、高档家具、迷你酒吧、卫星电视、音响系统、豪华卫浴、豪华厨房和桑拿按摩设备等等。(3)衣着。服装源于对自己身体的保护和关心,然而服装也蕴藏着许多的象征意义。市面上既有满足大众需要的各色成衣,也有引领世界流行时尚的顶级时装。后者往往意味着精致的造型与做工,讲究的个性设计。如某一国际品牌 ROCIE,广告宣称他们糅合了轻松写意、漫不经心的态度,配有缤纷的印花图案、华丽的刺绣,散发淡雅的贵族气质,与其品牌细致考究的波希米亚美学艺术非常匹配。与服装类似,精美的饰物和华贵的香水之类,它们奢侈的历史同样悠久。(4)出行。现代出行的方式越来越便捷安全,日新月异互为补充。值得一提的是,历年大型车展上展出的那些奢华的世界名车,不仅吸引着普通车迷和汽车爱好者的眼球,同时吸引着众多富豪名人前来,以至于不断上演"某神秘富豪车展现场购买某百万豪车"的新闻。比如来自超豪华汽车品牌宾利的四座敞篷跑车欧陆 GTC(售价为人民币三百多万),首度在中国发布时宣布,将"休闲与浪漫"完美融合,设计高雅瑰丽,同时又自然流露时代气息,既独具皇家高贵气质与风范,又不失现代风尚。事实上,世界名车的意义并不仅仅是其高不可攀的价格,还由于它是高科技的化身,又是高贵典雅的文化,受人赞誉,令人神往,使出行成为了一种享乐。(5)娱乐休闲。包括各种豪华休闲商务会所,或国际旅游度假村推出的各种消遣项目和体育用品,如攀岩、冲浪、温泉水疗等等。

以上可见,奢侈品的本质决定了它必定为大众消费所不及,它与必需品的差别可以从至少三个方面来理解:

第一,基于需要的必需品,就其最低限度来说,意味着人们的基本生物需求能够得到满足,除此之外,还包括那些使人们能够更好存在的物品,必需品的内容是客观现实的。基于欲望的奢侈品,是在必需品类别中个人欲望的不断发展,是品质精美化的产物,也是享乐的手段。奢侈品追求的是愈加"精美",而品质可以精益求精,无限上升,无法穷尽,因此,对奢侈品的欲望也是多变的、无止境的和不可确定的。

第二,必需品是人们客观的普遍的需要,体现了我们作为人类的整体特性,是无法规避的必要生活条件。毫无疑问,必需品的匮乏,必然剥夺了人们正常的需要,阻碍了人们成为"充分发展的人"。而奢侈品既是可替代的又是相对的:(1)奢侈品不同于必需品,后者是那种"非此不可"或"非此不能"的物品,否则人们就无法生活或拥有好的生活。也就是说,奢侈品的可替代性意味着我们的生活中可以没有它,比如没有豪华的宾利敞篷跑车,普通的车也可以出行;没有帕特克菲利普手表,用电子石英表走时似乎一样准确;没有爱马仕手提包和香奈尔香水,生活似乎一如既往。(2)奢侈品是相对的。一个人的奢侈可能是另一个人的必需。比如在美国人们拥有汽车是很平常的事情,而在非洲则可能是百姓可望不可即的奢侈品。同时,构成奢侈的要素是暂时性的。也就是说,衣食住行一直被认为是基本需要,但是它的内容却从来不是固定的、一成不变的,随着社会生活条件的普遍提高,曾经的奢侈品也可能成为必需品。例如,20 世纪 80 年代,手表、自行车、缝纫机成为人们追求的时尚,并且非常注重这"老三件"的品牌,手表要上海牌,自行车要飞鸽牌,缝纫机要敦煌牌的。后来,手机、摩托车、洗衣机取代了"老三件"成为"新三件",现在,拥有洗衣机、电视机、电冰箱、空调、电脑、微波炉的家庭数量之多,使得这些物品不再属奢侈之列,成为日常生活的必需品。

第三,必需品表达的是最基本的生活要求,是人们普遍需要的,也是大众消费的。奢侈品往往具有象征意义,是自我定位、阶层攀比和地位竞赛的有利手段,对奢侈品的消费,意味着权力、财富和品位。如凡伯伦所认为的,奢侈品的消费是财富的象征,受到人们的敬仰,而没能以合适的数量和质量去进行消费就成为一种自卑和缺陷的标志。也就是说,富人们在消费方面的挥霍行为是为了向他人显示自己的能力和地位。历史上,曾出现过一系列的禁奢法令,通过政治的手段控制人们对奢侈品的欲望。禁奢法令的颁布,一是出于经济原因;二是出于保护公民美德免遭破坏的动机;最后,恐怕也是最重要的是出于维护良好政治秩序的需要,即保持传统的社会等级制度的需要。例如,英国伊丽莎白一世的华丽衣橱,恰恰满足了一种政治上的需要,所有精美的奢侈品众星捧月般地供奉给女王,以便进一步凸显其显赫的、权威的地位。与此类似,日本德川幕府时期(1603—1867),社会被严格地分为四个等级:士、农、匠、商,等级世代相传不可逾越。由于禁奢法的限制,日益兴旺发达的商人阶层被明令禁止佩戴珠宝首饰,只能按规定着装,这一切体现了政治上的不平等,保护了武士阶层和位居他们之上的贵族阶层的特权。

围绕消费是"满足需要"还是"满足欲望"以及必需品和奢侈品所展开的讨论,显示出在现实层面中人们对待生活的两种根本不同的态度。而以下生活经验的描述也将反映出人如何逐渐被欲望所奴役而成为"非人",反映出物质主义和享乐主义何以被现代人所追捧。

历史地看,西方社会的世俗化是一个由浅入深的过程,实际上也是一个由满足需要转变为满足欲望的过程。韦伯在他的新教伦理研究中指出,一种世俗化的宗教禁欲主义,也就是节俭的消费道德观念是资本主义起源和发展的精神和文化动因。对新教徒来说,创造财富是尽上帝赋予的"天职",合理满足生活需要的消费是理所当然的,只有那种无节制地享受人生及不顾一切地满足欲望的消费则是令人厌恶的。他们给予中产阶级类型的节制有度、自我奋斗以极高的道德评价,而贵族的穷奢极欲与新贵的大肆挥霍则受到唾弃。在这里,新教禁欲主义的合理发财和节俭用财的道德观念,有效地约束了对财富的贪婪和纵欲奢侈的行为,而一种满足正常生活需要的理性消费观念使人们遵循着一种有德的生活。

桑巴特认为,无论从哪方面说,奢侈品贸易带来的财富积累促进了资本主义经济的发展。也就是说,满足欲望成为资本主义发展的精神动力之源。桑巴特描绘了宫廷的奢侈、教皇的奢侈、贵族的奢侈、骑士和暴发户的奢侈、女人的奢侈、家庭的奢侈、城市的奢侈,以及娱乐集会、政府庆典等所展示的奢侈。正是对奢侈的巨大需求,引发了对享乐的渴求,并使之像瘟疫一样席卷欧洲。在丹尼尔·贝尔看来,资本主义精神中相互制约的两个基因只剩下一个,即"经济冲动力",而另一个至关重要的抑制平衡因素,即"宗教冲动力"已被科技和经济的迅猛发展耗尽了能量,与此同时,20世纪初的新文化运动和分期付款、信用消费等享乐主义观念又彻底粉碎了传统的道德伦理基础,于是,当新教伦理对欲望的抑制力量消失殆尽时,传统的清教徒式"先劳后享"转向了超支购买、及时行乐,剩下的便只是享乐主义。消费占据舞台中心的时代来临了。

在由"生产主人公"的传奇让位于"消费主人公"的资本主义发展过程中,欲望逐渐战胜了需要,人被欲望所奴役,个体只有在追求欲望的满足中才能获得安宁感和真实存在感。在波德里亚看来,现代社会中的消费不再是传统意义上的那种对于物品的消耗和占有,而是一种完全唯心的、系统性的作为,它不仅反映了人与物品的关系和个人间的关系,还反映了人和集体以及和所处世界之间的关系。根据《物体系》中波德里亚的描述,消费现在既不是物质性的实践,也不是现象上的繁荣,既不是取决于我们的食物和衣服,也不是由我们所使用的汽车,我们所见所闻的现象和信息来作界定,而是在于把所有以上这些因素集合起来的指意符号系统,它是一个特定话语中的所有物品和信息的总体。如果说消费这个词有意义,那么它便是"一种符号的系统化操控活动。"也就是说,人们消费的不再是商品和服务的使用价值,而是它们的符号象征意义。同时,人们所有的欲望、计划、要求、所有的激情和所有的关系,都抽象化或物质化为符号和商品,以便被购买和消费。消费社会为人们描绘了资本主义平等的神话,它宣称在需求和满足原则面前人人平等,在物与财富的使用价值面前人人平等。波德里亚认为,福利国家和消费社会的游戏,在于通过增加财富的总量,从量上达到自动平等,从而消除不平等的矛盾,确保了当代资本主义体系的延续。由此造成的幻相是,满足欲望、奢侈消费、恣意享乐不再是少数人的特权,而成为社会大众所追求的生活方式和价值观念,而各种欲望被不断地创造出来,在无形中把越来越多的普通人卷入其中,使人们总是处在一种"欲购情结"(buying mood)之中,从而无止境地追求欲望的满足,这本身又构成了现代消费社会中社会关系再生产的条件。这其中,满足欲望消费的推陈出新和花样辈出,与现代大众传媒的"欲望策略"息息相关。广告话语的反复叙事,使消费者通过购物而实现了广告造成的神话世界神圣化。美国广告大师厄内斯特·迪希特(Ernest Dichter)就曾直言不讳地说:"我们现在所面对的问题就是要让一般的美国人即使在调情、在花钱、在买第二辆、第三辆汽车的时候也感到是心安理得的。繁荣的根本问题之一就是要允许享乐,使享乐有理,要让人们相信,让他们的生活美满是道德的,而不是不道德的。一切广告、一切旨在促销的计划,它的一项根本的任务就是要允许消费者自由地享受生活,让他知道他有权将凡是能使他的生活丰富、愉快的产品都放到他的周围。"①

满足需要?还是满足欲望?这是一个严肃的哈姆雷特式的问题。在以上的分析中,我们看到:韦伯关注的是资本主义的精神性因素,新教伦理曾反对和禁止一切以欲望为目的的消费行为;而桑巴特则注重其中的经济性因素,他看到奢侈和欲望的消费是资本主义发展的动力之源;贝尔深刻地洞察到这个过程中"宗教冲动力"与"经济冲动力"的较量,而最终"贪婪攫取"大笑地告别了"禁欲苦行";波德里亚则告诉我们,今天消费社会的口号俨然已是"你是世界上最重要……所有的一切都以你的欲望为中心!"易言之,随着资本主义的发展,世俗化进程的纵深,满足欲望的消费逐渐代替了满足需要的消费,物质产品对人类的生存获得了一种前所未有的控制力量。

二、消费异化?抑或人的异化?

"异化",德语是 Entfremden,英语为 Alienation,它源于拉丁文 Alienatio,有"疏远","脱离","陌生化"的意味。"异化"的英语、法语和西班牙语的词干,从词源学角度考察,与精神错乱、精神病有关。在

---

① 转引自盛宁:《人文困惑与反思——西方后现代主义思潮批判》,三联书店1997年版,第272页。

弗洛姆看来,异化是一种心理体验和感受,即对某一社会现象作出的病态性的心理反应。他在《健全的社会》中形象地描述了异化,即个体的行为反而成为自己的一种异己的力量,并且与之相对,使得个体不能控制自己的行为。"异化"作为一个重要的哲学范畴,其本意是主体所创造的客体反过来成为支配和控制主体自身的异己力量。"异化"概念这一根本规定性被各种理论所证实:在黑格尔那里,绝对精神异化为自然界;在费尔巴哈那里,人的本质异化为神;马克思关注生产领域中劳动及其产物异化为反对人的力量;法兰克福学派则看到整个社会文化领域中的异化现象。

严格地说,哲学意义上的异化概念则从黑格尔那里开始,在他的论著中,"异化"与"对象化"、"外化"意思相近。马克思评价黑格尔的异化思想时曾作了这样一个精辟的概括:"黑格尔把人的自我产生看作一个过程,把对象化看作失去对象,看作外化和这种外化的扬弃。"①在黑格尔那里,"异化"是绝对精神自我否定和发展的环节和内在动力。他的异化概念可以理解为:作为产物的一方获得了相对的独立性并与产生者之间相对立。其深层特征是:"单一的东西的分裂为二的过程或树立对立面的双重化过程",这一过程也正是对异化过程:"抽象的东西,无论属于感性存在的或属于单纯的思想事物的,先将自己予以异化,然后从这个异化中返回自身,这样,原来没有经验过的东西才呈现出它的现实性和真理性,才是意识的财产。"②马克思继承和批判了黑格尔关于主客体辩证统一的观点,从实践出发建立了一套具有现实性的异化理论。在马克思看来,人的本质的异化根源于劳动的异化。他在《1844年经济学哲学手稿》中阐述了异化劳动理论,包括四个方面:首先,劳动产品的异化,劳动产品作为一种异己的存在物,作为不依赖于生产者的力量,同劳动相对立;其次,劳动本身的异化,劳动同工人分

---

① 《马克思恩格斯全集》第42卷,人民出版社1979年版,第163页。
② [德]黑格尔:《精神现象学》上卷,贺麟、王玖兴译,商务印书馆1979年版,第23页。

离开来,工人的劳动不是追求劳动的快乐,而是为了满足劳动自身之外的养家糊口的目的;再次,人的本质的异化,个人同自己的类本质相异化;复次,人与人的异化,个人与他人相异化。因此,在资本主义社会里,资本主义贪婪攫取的本性引起劳动领域中的普遍异化,也引起社会生活和精神领域中的异化,男男女女失去了自我,反之不得不在消费中来寻找自我,商品拜物教正是种种异化的体现。法兰克福学派代表人物之一马尔库塞认为,马克思的异化理论阐述的并不仅仅是经济问题,而是人的异化、生命的贬损,人的实在的歪曲和丧失,现代社会中的劳动形式构成了人的总体"异化"。

在法兰克福学派看来,异化不仅表现为劳动异化,而且表现为经济、政治、科技、文化、心理、生理以至语言等领域的"全面异化",异化甚至是大多数人的命运,异化几乎与人类文明史共生共存。弗洛姆激进地指出:"我们在现代社会中发现的异化几乎是无处不在的。它存在于人与他们的工作、与他所消费的物品、与他的国家、与他的同胞,以及与他自身的关系中。人创造出了一个前所未有的人造世界。他建立了复杂的社会机器来管理他所建造的技术和机器。然而他所创造的一切却居于他之上。他感觉不到自己是一个创造者和中心,反而成为他自己双手创出的机器人的奴仆。他所释放出的力量越为强大,他越感到作为一个人的无能。他用包含有自身力量的他的创造物面对自我,被自己所异化。"①弗洛姆认为,一个异化的人,如同精神病患者一样没有自主行动的能力,他被自己的创造物所占有,被异己的力量所控制,失去了自我意识。

在异化表现为"生活的每一个领域的异化"(弗洛姆语)的时代,消费领域自然是毫不例外。随着现代社会中资本主义商品生产的大规模扩张,消费的大规模激增,享乐主义物质主义日益深入人心,使得一种"消费更多的物资是好事"的美学意识和"最大限度地满足人的物质欲

① [美]弗洛姆:《健全的社会》,蒋重跃等译,国际文化出版公司2003年版,第108页。

望"的伦理观念成为资本主义社会的主要价值观念。的确,"'上帝死了'之后,西方人的精神一直处于漂泊之中,许多人对这种精神漂泊麻木不仁,但也有许多人觉得'无家可归'了。失去了'上帝'这个价值中心,人便成了最高目的,而人又只能体现为活生生的或具体个人,于是个人是至高无上的;'彼岸的天国'幻灭之后,人生的意义就在于此世的享乐,于是人们在物质财富的'丰饶'中纵欲无度;科学技术似乎可以保证人们享受欲望的无限满足,于是对全知全能的上帝的崇拜转变为对科学技术的崇拜,科学技术之外的精神价值被忽视了,甚至在人们的视野中消失了;'人的发现'就是人的主体性的觉醒,而主体性的张扬主要体现为人对自然的疯狂征服,体现为获取越来越多的可供人享乐的能源和资源的努力。这就是西方宗教文化衰落之后的世俗文化的图景,也就是现代文化图景或工业文明图景。"①在这样一幅工业文明的图景中,作为人的存在方式的消费背离了人的生存和发展的根本目的,走向异化消费,消费也就成为"消费异化"。具体来说,体现在以下几个方面:

第一,消费异化成为一种无限性或无结局性的消费。消费的本来目的是满足人的基本生活需要,即满足人们生存与发展的要求。现代社会中的消费已经不是经济学意义上的消费。经济学中,如马克思所说,没有需要,就没有生产。而消费则把需要再生产出来。也就是说,生产的最终目的就是满足消费需要,同时根据消费需要来安排生产。当代资本主义社会以最大限度攫取财富,最大限度满足人的欲望为旨归。按照弗洛姆的看法,资本主义的生产动机并不是在于社会的利益,也不在于提高劳动者社会水平,而仅仅在于投资得到利润。产品是否对顾客有用,这不是资本家关心的东西。于是,生产和营销的目的与消费需要分道扬镳,按自身的意图和规律运行。为了追求最大限度的利润而不断地发展生产,巨大的生产力寻求狂热的消费量,刺激消费就势

---

① 卢风:《人类的家园——现代文化矛盾的哲学反思》,湖南大学出版社 1996 年版,第 1 页。

在必行,以便于把过剩的产品"用光、浪费、摧毁、耗尽"掉。"我们现在的消费欲望已经脱离了人的真正需要"(弗洛姆语),新的消费欲望被源源不断地创造出来,欲望取代了需要,而欲望从本质上来说是无法满足的,欲壑难填,至此,消费摆脱了需要的束缚,超越需要追求物欲的满足,为消费而消费,永无止境,消费呈现出无限性和无结局性的特征。对此,弗洛姆无不讥讽地说:"今天的人被那种能买更多、更好、特别是更新的物品的可能性所迷惑。他对消费如饥似渴。因为消费本身成了目的,它和买来并消费掉的物品的使用和享乐没有关系,所以买和消费的活动就成为一种强迫性的和非理性的目的。渴望买到最新出的什么玩意儿,买到在市场上新出现的什么东西的样品,这成为每个人的梦想,相比之下在使用时得到的满足和享受却成了第二位的事情。现代的人如果敢于清楚地说明他对天堂的看法的话,他会描述一个像世界上最大的百货商场那样的梦幻,里边摆满了新产品和新鲜玩意儿,而他则有充足的钱来购买这些东西。只要还有更多和更好的物品可买,而他的邻居也许仅仅比他少一点特权,那他就会垂涎三尺地在这个商场和新产品的天堂中逛来逛去。"①对于消费的无限性和无结局性,波德里亚解释说,如果消费只是一种吸收、吞噬,只是与需要相关,那么它就能达到饱和状态,以满足收场。但是,我们为欲望而消费,我们需要越来越多的消费,一种需求和满足理论已经无法解释。波德里亚从商品所构成的符号系统角度出发,说明商品本身被赋予了符号的意义,吸引着人们不断地消费以满足"个性的欲望和品位"。社会学家玛丽·道格拉斯在《物品的世界》中也一再强调,我们要丢开消费的实际用途,"我们要忘记消费者的无理性,忘记物品好吃、穿起来漂亮、住起来舒服、充分忘记物品的实用性",明确意识到"消费的实质功能在于它有意义。"②于是,消费没有止境。

---

① 陈学明编:《痛苦中的安乐——马尔库塞、弗洛姆论消费主义》,云南人民出版社 1998 年版,第 175 页。

② 转引自罗钢、王中忱:《消费文化读本》,中国社会科学出版社 2003 年版,第 57 页。

第二，消费异化成为一种符号的系统化操控活动。对这一现象的描述，波德里亚在其代表作《消费社会》中为我们作了很好的说明。波德里亚承袭了马克思生产决定消费，消费制约生产的思路，认为资本主义生产方式的再生产依赖于消费的扩张，依赖于消费行为的再生产，而后者创造了资本主义的新时期。波德里亚注意到，消费是符号操控的一种系统行为，为了成为消费的对象，物品必须成为符号。成为符号的物和商品，被消费的是其所表示的社会地位和社会等级之类的因素，而不再是物品的基本特性即实用价值。同样，物品的价格也不再取决于它的成本或劳动价值，而是它所代表的符号价值。因而，如果说物变成了"符号—物"，形成物的体系化、符号化，那么物的消费也就成为符号的消费，符号有着举足轻重的作用，表现为一种符号操控的消费逻辑。也就是说，人们消费物品时就是在消费符号，并在这个过程中界定自己。在对某些物品进行消费时，就是在表明我们与那些消费着同样物品的人是类似的，而与那些消费着其他物品的人之间是不同的。正是这种符号控制着我们消费什么和不消费什么。

第三，消费异化成为一种背离生活目的的消费。作为人的存在方式的消费是否异化，在于说明它的生活和生活目的。消费应该是有益于生活本身的消费，任何偏离或者是与生活目的背道而驰的消费都是消费异化。现代社会里，远离了需要的消费反过来威胁到人类的生存和发展。发达资本主义社会以消费为主，鼓励人们把消费本身当作目的，从消费中寻求精神满足和自我满足，提倡人们用前所未有的速度去烧掉、穿坏、更新或扔掉。在挥霍性高消费的驱使下，自然资源遭到前所未有的大规模的开发和掠夺，造成了影响整个人类生存和发展的生态危机。塞涅卡曾义愤填膺地说，我们还需要用我们的粮食供养地域广袤的大城市多长时间？整个国家收获的粮食能供我们多长时间？那些在众多海域捕鱼的船舶还能为我们的餐桌服务多长时间？一头小牛需要几公顷草地就能满足；一片森林可以养育很多头大象；一个人需要所有土地和海洋来滋养他吗？不是魔法，也没有敌人，正是我们自己，使得养育我们的地球伤痕累累。此外，现代人的追求过度指向物质世界,享乐主义消费主义成为主流的价值观念,精神家园逐渐走向荒芜,一个物欲横流的世界似乎指日可待。由此,人类好生活的目的似乎也在渐行渐远。

"人的异化是我们时代的关键问题"(卢卡奇语)。现代社会,异化无所不在,无孔不入,异化渗透到人与自己的劳动、消费品、同胞、自身的关系中,呈现了普遍化和深刻化的特点。而对异化现象的哲学反思,总是离不开"人"。因为人的"自为本性"就意味着,人的存在是自我意识到的存在,人的活动是自我支配的目的性活动。事实上,围绕着人的本性和人的生存活动来看消费领域中的异化状态,不难发现,消费异化实质上就是人的异化。在"消费更多的物资是好事"和"最大限度地满足人的物质欲望"的蛊惑之下,人成为"商品的饥饿者",什么都想要,多少都不够。消费成为目的而不再是手段,人成为贪婪的被动的消费者,消费品不是用来服务,恰恰相反,人异化为消费品的奴仆。于是,"对于许多物品来说,我们根本没有使用的欲望。我们获得物品就是为了占有它们。我们很满意于无用的占有。为了害怕摔坏,我们根本不去动贵重的餐具和水晶玻璃的花瓶。有着许多不同的房间,有着不必要的汽车和仆人,所有这些都说明:不是使用而是占有才带来愉快。"[1]结果是,现代人被外物所奴役,尽管物质丰富,生活优裕,却沦为被动的缺乏活力的没有思想和感情的机器,成为毫无个性的机器人,待价而沽的商品人,贪婪占有的消费人,失去了人之为人的个性、自主性和创造性。对此,弗洛姆感叹到,19世纪的问题是上帝死了,20世纪的问题是人死了。

三、人的内在本性需要消费伦理

对消费的伦理探究,在我们对满足需要还是满足欲望,以及对消费的异化还是人的异化的分析和解释之后,其重要性和紧迫性就几乎无需任何理论的解释了。而在讨论了消费伦理产生的现实基础之后,我

---

① 陈学明编:《痛苦中的安乐——马尔库塞、弗洛姆论消费主义》,云南人民出版社,1998年版,第177页。

们还需要从伦理与人的本性的内在关联中,为消费伦理提供何以必要的理由。

今天,大规模的消费不仅改变了人们的日常生活和衣食住行,也改变了人们看待这个世界和自身的基本态度。从本质上来说,作为人的存在方式的消费,本身应是生活的手段,而不是生活的目的。而现实中的消费基本是本末倒置,手段变成了目的,"消费"取代了"生活"。事实上,消费作为人们的生活方式,不可避免地涉及生活目的和生活意义这样严肃的哲学问题。而所谓"哲学","不过就是人为了获得自我本质、升华自我人性,以理论形式所表达的那种人对自我本性的意识,以及人作为人所应有的看待世界事物、对待自身生活的那种人的态度、人的观点和人的境界。为人们提供人性所要求的思维方式、价值理念和精神意境,以便使人的行为能够达到自觉,这就是哲学的基本作用。"①也就是说,当人意识到自己是人,要去追求人的生活,开始思考人之本性、存在意义以及人与其他存在的关系时,就进入到哲学的沉思。按照这样的理解,当我们开始思考人类消费生活及其应遵循的价值规范时,当我们思考人类该以怎样的消费方式才能幸福地生活时,我们不可避免地进入到消费伦理的探究。而当我们提出"消费伦理何以必要"的问题时,就已经预设了消费伦理之于人类消费生活的绝对必要性,它是人类消费生活本身的不可或缺的价值维度。在这里,首先探讨伦理道德之于人类生活的意义问题就显得格外重要了。在亚里士多德看来,人的道德生活即是一种"善生活"、"好生活"。"人类的善,就应该是心灵合于德行的活动","德性使我们指向正确的目标",并"担保了正确的选择",合乎德行地行动和生活,即合乎人类自身幸福生活的目的,是最愉悦和快乐的。他所表达的意思似乎是道德本身就是人的生活所固有的价值尺度。而道德是否是内在于人类生活中的价值维度的问题,一直没有得到很好的解决,主要存在两种完全不同的观点:(1)人

---

① 高清海:《找回失去的"哲学自我"》,北京师范大学出版社 2004 年版,第 206 页。

与道德之间的关系是目的与手段的关系,把道德作为一种道德工具主义的价值理解;(2)道德源于人性和人的生活本身,道德同人的生活一样具有目的性价值意义。就第一种观点而言,道德之于人只有手段的价值意义,道德如同人类创造出来的工具,用以维护人类生存利益而已。由此推论出,道德可有可无,人类甚至可以无道德地生存和生活。事实上,人当然不是为了道德而存在的,但不能反过来推断,道德是为了人而产生的,倘若如此,道德与人类生活就成了两个缺乏内在关联的东西。然而"任何人类生活之必要条件的因素,都必定是对人类生活或生存本身具有某种内在价值的,甚至构成人类生存或生活本身的一部分","当道德成为人类生活的必要条件时,道德或道德的方式也就内在地成为人类生活和生存的一部分,而不是外在于人类生活的某种设置、背景和工具。因此,道德地生存或道德地生活本身就是文明人类的生存方式和生活方式。"①也就是说,伦理和道德不是某种纯粹外在于人的价值理念,而是以人的存在意义及其存在方式为核心,本身构成了人之为人的内在规定。

而人的本性又究竟如何?人应当怎样看待自己的行为方式?在一切存在物中,人是最特殊的存在,人是其所不是,又不是其所是。什么是人性?简单地理解即人之为人的规定性。这种规定性使人作为一种特殊生命存在而区别于其他的生命存在。也就是说,人既有自然性又有超自然性,既有物性又有非物性,既是生命存在又具有超生命本质。人不同于动物之处,在于人的创造性和超越的本性。动物似乎不会去问"我是谁?","世界是什么?"之类的问题,只有人才会去思考诸如"应该做什么"、"应该成就什么"以及"应该如何生活"等问题。人可以根据意识、宗教或随便别的什么来区别人和动物。一旦人们开始生产他们所必需的生活资料的时候(这一步是由他们的肉体组织所决定的),他们就开始把自己和动物区别开来。这正体现了人的"自为"的本性,也就意味着,人是具有自为意识的存在,人的活动是自我支配的目的性

---

① 万俊人:"人为什么要有道德?",《现代哲学》,2003 年第 1 期,第 69 页。

活动,人是自己活动的产品。如果追问,人为什么需要伦理学?根本的原因就在于人的自由和自觉的本性。人的自为本性决定了人自己安排和选择生活,决定自己的行为方式。伦理学作为一门关于道德的学问,告诉人们什么是真正重要的,什么生活是值得的,生活的正确方式应当是什么样的。按照亚里士多德、孔子、康德、黑格尔的想法,道德和伦理就是恰当地去做,即以合乎人性的方式,以增进人的自由为目的的恰到好处地去行动。从这一意义去理解,恰恰说明了人的内在本性需要伦理学。

现代工业社会,人们处于"消费"控制着整个生活的境地。为了维持高生产和高利润,高消费成了爱国的行动,花样百出的广告不断刺激人们的欲望,左右人们的消费心理,去购买本无意购买的消费品和奢侈品,人们被自己所创造的物品和环境所奴役。在马尔库塞看来,这是一个压抑人性摧毁人的本质的"病态的社会",社会为人提供大量的消费品,使其需要和欲望得到扩大和满足,而人获得的却是虚假的快感,最终成为麻木而自感幸福的"单面人"。弗洛姆认为,人之为人,本能需要的满足绝不会使人感到幸福,也不会使人变得健全。事实上,人的消费是为了生活,而生活绝不仅仅是消费。从道德作为人的存在方式或内在规定性,有为一切现实存在及其关系提供价值合理性根据,做出价值辩护或批判的使命和义务的层面来看待消费伦理,就不难理解,消费伦理正是通过共同的价值理想、道德原则、行为规范、评价准则等等,为人们道德地消费道德地生活提供了根据和担保。正如亚里士多德所说,我们需要道德是为了使自己变好,由此我们按照"一个共同的并且先被承认的原则"即道德规范来行事。在此意义上说,现代人类对消费伦理的需要,实在是我们作为"人"的一种内在本性的需要。

第三节　消费伦理何以可能

在消费主义文化势不可当风靡全球之时,在消费表现个人生活态度和生活方式的今天,在阐明消费伦理源自人的内在本性需要之后,无论消费伦理是否可以合理期待,它都已经成为每一个具有道德意识的人必然会产生和面对的问题。在此情形下,消费伦理是否是一个现实可能的伦理文化课题,是摆在我们面前的一个尚待展开的理论任务。事实上,合理性问题一直是哲学家们重视的问题之一。马克斯·韦伯曾从"神授的、传统的、法理的"三大依据来判定事物是否具有合法性,也就是说,合法性的事物意味着要诉诸宗教的传统,既秉承了神的旨意又符合传统之制,还具有法律的权威。当然,对于今天我们说明消费伦理的合法性理由来说,上述辩护途径是不可能达到目的的。而大卫·休谟的启示或许可以给予我们另外的一种思路,他在《道德原理研究》一书中论述正义的边界问题时说:"让我们假定,若干个不同的社会彼此方便、相互有利而维持一种交往,正义的边界就会更加扩大,并与人们视野的广度和他们的相互联系的力度成正比。在人类感情的这种自然进展中,在我们对正义的尊重随着我们日益熟悉这种德性的广泛有用性而逐渐增强的过程中,历史、经验和理性充分地教导着我们。"①也就是说,正义边界的扩大,伦理和道德视域的扩大,都离不开历史、经验和理性的充分引导。由此,我们似乎不难理解,从历史、经验和理性中,我们或许能够寻求到建立一种消费伦理的合理性理由。以下我们所要讨论的,也就是消费伦理何以可能的社会文化条件问题。

一、伦理传统的资源意义

从历史传统中寻找道德文化资源,获得某种终极信仰层面上的精神支持,不失为论证消费伦理合理性的一种方法。马克斯·韦伯曾指出,一个事物若失去了传统价值意义系统的支持很容易陷入合法性危机。我们只要稍稍回溯人类思想或哲学的历史传统,就不难发现,古代社会中,我们需要的消费伦理并不构成一个问题。

中国传统消费伦理的基本思维路向是黜奢崇俭,儒家、墨家、道家都有崇俭抑奢的主张。在古代思想家看来,一切衣食住行,只求满足生

---

① [英]大卫·休谟:《道德原理研究》,王淑芹译,中国社会科学出版社1999年版,第21页。

存的基本需要即可。因为"俭"可以节制贪欲,磨砺精神,坚强道德意志,奠定道德自律的基础。而奢侈消费只会助长个人的贪欲、私欲和奢欲,使人沉湎于声色犬马中,既无法成就俭以养德,进而持家治国平天下实现内圣外王的理想,又无法形成尚俭去奢的良好道德风尚,实现社会的稳定和长治久安。自此,节俭历来被古代中国人视为大善,其道德价值被广泛称颂,奢侈则是所有恶德恶行的根源。

在西方,古希腊人历来把"节制"视为个人灵魂的德性。在柏拉图看来,理性控制情欲是通向灵魂之善的必由之路。亚里士多德也认为,愉悦和快乐并不单纯是情感和肉体欲望的满足,而是合乎理性的生活和行动,从他对具体美德"慷慨"和"大方"的讨论中不难明白,合乎中道的消费行为是有实践智慧的人的德行,适度的消费行为选择方针才是成就人类幸福生活之人生目的的恰当方式。伊壁鸠鲁也认为控制好欲望,节制而自足,精神安宁才能实现真正的快乐。

总的来说,在人类的早期观念中,奢侈反映的是一种纵欲、享乐、极端、非理性的态度,是生活之恶,而节俭则是被推崇的一种美德,节俭是吝啬与奢侈之间的"中道",代表一种理性、限度、节制、明智的生活态度,追寻的目的是人类幸福生活的实现。我们看到,健康合理的消费道德也是人类存在的一种真实的价值维度,本身就具有目的性价值意义。

然而,这一存在的价值维度却渐渐被现代人类所遗忘。宗教神学的解释框架里,物欲的泛滥总是邪恶的。在教会的精神权威和政治权威的压制下,人们以来世幸福为精神寄托,以禁欲主义为道德戒条,把欲望之洪流引向了精神世界。中世纪的人们否定现世生活的幸福和现实人生的价值,克制肉体欲望以便拯救灵魂从而获得通往"天国"的门票,而这恰恰是近代以来的西方启蒙思想家所力图超越的。追求人从神的束缚中独立出来,提倡意志自由和个性的自由发展,重视现实生活的意义,肯定享乐的尘世要求。但事实证明,人的自我启蒙和自我解放也带来了它负面的表现,这就是现代人在摆脱神的约束的自我解放中,对个人自由和个性发展的过分强调,最终走向了追求人类个体主义的自由。这样,当人们不再相信所谓的上帝和来世,对现世的物欲的满足和享乐就成为人生的唯一目标。于是，个人的利益、现世的利益至高无上，世俗的物质享乐与崇高的精神生活分道扬镳，物质享乐被越来越多的人所追求。也就是说，个人主义成为时代潮流，个人成为人生意义和价值的立法者和唯一标准，一切吸引和满足人需要和欲望的事物都具有同等价值，不同的价值选择似乎已无所谓崇高与庸俗之分。

至此，古希腊以来所信奉的宇宙观哲学便被这种主—客二分模式的科学理性主义认识论哲学所取代。在这一主客二分和对象性思维模式中，人作为主体成为世界的中心，自然成为客体失去了存在的基础和价值，只有依赖于主体才有存在的意义。人与自然的关系不再是一种存在本体论关系，而是一种主体与客体的认识论关系。实质上，人与自然间是生命共存一体的互为存在关系。而当人和自然之间的关系变成了主客体关系，人被视为自然界的主宰者以后，人和自然的关系就蜕变为一种"主—奴关系"（黑格尔语），成为"人为自然立法"，"自然向人生成"（康德语）的关系。于是，自然界成为人满足欲望的对象和工具，为人类源源不断地供应满足欲望的物品，保障作为自然界主宰的人类能够在"丰饶中的纵欲无度"。

关键的是，当上述"单子式的"（查尔斯·泰勒语）个人主义自由理念和对待自然的工具主义价值理念结合在一起，实际的后果是人的需要变得无穷无尽，在贪欲的驱使下，对自然发动一场残酷的全面而持久的掠夺性战争，造成全球化的生态危机。与此同时，现实生活中的人也将陷入物欲的世界沦落为欲望的奴隶，在无尽的消费与享受中成为被动、贪婪的消费者，导致人类精神的堕落和空虚。因此，由个人主义自由理念和人类对待自然的工具主义心态所导致的消费伦理危机表明，现代人类必须寻求一种新的道德伦理理念，以解决现代人类遇到的日益严重的道德难题。而回溯传统，寻找有益的道德文化的滋养，似乎是一种有益的途径。因为任何一种伦理传统都是"从过去传递到今天的观念、制度、行为规范。它经历较长时间的完善、积淀而获得了牢固性；它支配了多数的社会成员而获得了广泛性；它超越了个人性格具有社会性；它在制度化和不断宣传的过程中又具有了神圣性；但同时它仍保留着文化的基本特征——可塑性。"①也就是说,作为一种关于人的生活方式和生活态度合理性的共享性的传统伦理,是始终伴随着人类世代社会生活的,它被无意识地内化为自觉意识,渗透并存在于人们的日常生活中,成为人们的一种生活习惯和行为规范,也成为人们存在意义与行为选择的价值依据。并且,这种文化传统并不是一成不变的,它在流动中不断地获得新的生命力。对此,黑格尔曾精辟地指出:"传统并不仅仅是一个管家婆,只是把她所接受过来的忠实地保存着,然后丝毫不变地保持着并传给后代。它也不像自然的过程那样,在它的形态和形式的无限变化与活动里,仍然永远保持其原始的规律,没有进步,这种传统并不是一尊不动的石像,而是生命洋溢的,有如一道洪流,离开它的源头越远,它就膨胀得越大。"②可以说,消费伦理的兴起离不开伦理传统的涵咏和支撑。

二、经验事实的动力支持

亚里士多德早在 2300 年前就写道,人类的贪婪是不能满足的。当然,一种欲望刚被满足的时候,新的欲望自然而然就替代了它的位置。这句话成了经济学理论的第一格言,并为人类的很多经验所证实。罗马哲学家卢克莱修曾痛心地指出,我们已经失去了对橡树果的兴趣,也抛弃了那些铺着草垫着树叶的床,穿兽皮不再是时尚,今天已经是紫衣和金衣,这些是用怨恨加重了使人类生活痛苦的华而不实的东西。而生活在现代的人们,消费的选择早就不再局限于紫衣和金衣之类,更多华而不实的物品堆积在我们的周围,购物中心已经变成了我们公众生活的中心,消费也已经成为我们自我定位和第一娱乐的主要手段,现代消费呈现出以下种种特征(以下参照了卢瑞的成果,并对她的描述作了合并和改动):③

---

① 郑也夫:《走出囚徒困境》,光明日报出版社 1995 年版,第 34 页。

② [德]黑格尔:《哲学史讲演录》第 1 卷,贺麟、王太庆译,商务印书馆 1981 年版,第 8 页。

③ 参见[英]西莉亚·卢瑞:《消费文化》,张萍译,南京大学出版社 2003 年版,第 25—30 页。

（1）拥有数量和品种繁多的消费商品，并不断地在增长。

（2）市场使人类的交换和交流朝着广泛的方向发展。国家提供的公共服务在当代已转向市场化。比如住房和教育。

（3）购物延伸为一种休闲方式，仅次于电视。不同购物形式日益显现，消费方式多种多样。

（4）购物和消费场所增加，如大型购物商场的扩大，各种主题酒吧和公园等，五花八门。

（5）越来越注重商品的款式、设计和外观。包装和宣传的作用越来越重要。

（6）体育和休闲消费日益明显。

（7）借贷消费（分期付款，信用卡），人们先购买，再用工作来偿还。"便捷"的信用卡成为"易管理的朋友"，一张 VIP 信用金卡甚至标志着上层社会的尊贵身份。

（8）广告肆意渗透。

（9）出现了一系列的所谓消费犯罪，如信用卡诈骗等。

（10）越来越多消费疾病，与现代消费需求有关联的"上瘾癖"出现，如，吃喝癖、购物癖等等。

（11）对"拥有"物品产生极大兴趣，无论是艺术品、邮票、古董、CD或照片等等。

然而，疯狂的购物和疯狂的消费并没有给人们带来充实和富足感，相反带来的却是人类精神的堕落和空虚，环境恶化，生态危机日趋严重。而来自现实生活中的种种经验事实，使得一种伦理上的觉醒刻不容缓，它成为人类完成自我拯救的重要途径。事实上，我们稍微留意下早期历史上的人类思想和哲学，就不难发现，消费伦理实际上是一种现代性的需要，直到 20 世纪初大众消费出现以后，才逐渐受到理论界和社会公众的关注。现在我们正在陷入更多的工作、更多的消费，更多的对地球损害的困境，因而探究消费异化及其带来的灾难性后果的成因，以及解决危机的途径也就自然而然地成为迫在眉睫的问题。

基于上述的现实需要，消费伦理日益受到社会民众的重视。如亚里士多德所说,在道德方面,决策依赖观念。人们越来越意识到,享乐主义的生活方式闪电般遍布全球,绝大多数的人成了汽车驾驶员、电视受众和受广告支配的消费者,而可悲的是人们却没有从高消费中获得幸福,我们仍然是社会、心理和精神上的饥饿者。联合国环境与发展大会制订的《21 世纪议程》报告指出,全球环境遭到持续破坏的主要原因是消费和生产的不可持续性,特别是在工业化国家,这是一个加剧贫穷和贫富不均并需要严重关注的问题。并且呼吁,所有国家均应全力促进可持续的消费方式,促进减少环境压力和符合人类基本需要的生产和消费方式,加强了解消费的作用和如何形成可持续的消费方式。里约热内卢《环境与发展宣言》则指出,“人类处在关注持续发展的中心。他们有权同大自然协调一致从事健康的、创造财富的生活。”“为了实现持续发展和提高所有人的生活质量,各国应减少和消除不能持续的生产和消费模式和倡导适当的人口政策。”与此同时,绿色消费的理念也日渐深入人心,国际环保专家概括为“5R”,即节约资源、减少污染(Reduce);绿色生活、环保选购(Reevaluate);重复使用、多次利用(Re-use);分类回收、循环再生(Recycle);保护自然、万物共存(Rescue)。与此同时,一些社会哲学家们在探讨消费问题时,提出消费不仅取决于经济承受力,而且也应取决于伦理承受力;整个社会都应该放弃片面的消费观念和增长模式,把注意力集中到生活质量的问题上来。并进一步指出,培育和倡导一种以义务感、敬重意识和自我约束理念为内涵的放弃之伦理,即对超出必要消费之界限的挥霍性的物质欲望与物质享受作出自愿的限制与放弃。事实上,早在 20 世纪 70 年代初的一部分人那里就已表现为一种实践了:从那时起在英国、瑞典、荷兰、瑞士就出现所谓“生活方式小组”,成员严格区分必要消费与享受型消费,自觉限制自己对肉类、能源、汽油、建筑物和包装物的消耗。① 于是,当人们普遍地达成共识,一种与可持续消费的理念相适应的,以摒弃享乐和挥

① 甘绍平:“论消费伦理——从自我生活的时代谈起”,《天津社会科学》,2000 年第 2 期,第 10 页。

霍性消费为核心内容的消费伦理,是源自一种内在的精神需要和一种必要的社会伦理要求时,这种来自经验方面的支持必然会为消费伦理提供源源不断的发展动力。

三、理性精神的价值承诺

"理性"(reason)一词,含义较宽泛且难以确定。简单地说,"理性"代表的是人类探求真理把握世界的能力,通过理性,人类能够认识对象世界,洞悉其蕴藏在内的稳定性、本质性、规律性的内容,同时也对自身目的行为的合理性和可行性有着自觉的意识。而"理性精神",通常被看作是现代人类科学思维和合理行为的基本理念与特质。在西方文化传统中,对理性的探索源于古希腊哲人对于"人是什么?"的追问。在"认识你自己"的过程中,"人是万物的尺度"、"人是理性的动物"、"做你自己的主人"等都是人类反思自我的表现。哲人们通过不同的方式揭示了理性属于人类特有的本质或本性,也就是说,人之为人的行为在根本上是属于理性的性质。在苏格拉底看来,"没有经过理性检验的生活不值得过",由此道德的人生即是理性的人生,理性的人生也必定是有德性的人生。柏拉图把灵魂三分为理性、激情和欲望,他认为幸福的生活是理性牢牢地控制着激情和欲望。亚里士多德苦口婆心地告诫人们,合乎于理性的生活就是最好的和最愉快的,因为理性比任何其他的东西更为人性。因而这种生活也是最幸福的。在他的幸福伦理学里,人的行为根据理性原理而具有理性的生活,合乎理性的生活和行动才是人类道德的善,而"合乎理性"即合乎人类自身幸福生活的目的。古希腊哲学家普遍强调理性精神,要求人以内在的理性反对各种欲望,并用理性去征服它们,而有德的生活恰恰就是理性能够很好地控制情欲。

中世纪理性主义精神却走向了自己的对立面:人的理性创造了上帝,上帝却成了人的主宰,神学的权威取代了理性的权威,人失却了主体的地位。文艺复兴运动开启了理性主义的兴起,实质上是将异化的理性,或者说异化的人性恢复其本来面目。人文主义者和启蒙思想家们热情倡导古希腊罗马时代的理性主义精神,以理性精神反对教会信仰,力图重新找回人的独立、自由和价值。由此,一切事物的价值合理性不再由外在于人的"上帝"所给予和赋予,而是由人类理性自身来承担,上帝不再为人立法,人为自己立法。康德曾深刻地评价启蒙运动说:"启蒙运动就是人类脱离自己所加之于自己的不成熟状态。不成熟状态就是不经别人的引导,就对运用自己的理智无能为力。当其原因不在于缺乏理智,而在于不经别人的引导就缺乏勇气与决心去加以运用时,那么这种不成熟状态就是自己所加之于自己了。……要有勇气运用你自己的理智! 这就是启蒙运动的口号。"①在康德看来,人可以作为天赋的有理性能力的动物,自己把自己造成为一个有理性的动物。在黑格尔那里"绝对精神"先于一切存在,它本身就是人的理性的产物,代表着普遍性、必然性和客观性。总的来看,古希腊哲人和近代哲学家都承认人是理性的存在物,人的独立理性精神正是人之为人的本质所在。然而,与古希腊哲人求助于理性来节制物欲追求美德的初衷相反,西方近代强调的理性主义精神却走向了一种工具理性或计算理性,这种理性主义一方面使得人们对科学技术工具价值顶礼膜拜,认为人类一切生存困境都可以通过万能的科技来解决;另一方面,造就了人类中心主义的神话:人成为至高无上的主体,"世界成为图像"。根据海德格尔的看法,世界图像并非意指一幅关于世界的图像,而是指世界被把握为图像了。在"世界图像的时代",人和自然关系就完全成了一幅主—奴关系的图景。而工具理性的泛滥和僭越,为追求享乐主义和感官刺激打开了方便之门。

传统西方理性主义历经曲折的发展,对理性的理解也各不相同,然而不能否认的是,理性具有这样一种品质:即理性是人发现与实现存在的意义与价值,并能自我确证存在的真实与价值的品格和能力。也就是说,人只有借助于理性的反思和安排,才能设定人自身应有的生活目的、存在意义和存在方式。易言之,理性不是简单地被用来平衡感性情欲,而是要指导人过一种具有人的意义和理性意义的生活。尤其是现

---

① [德]康德:《历史理性批判文集》,何兆武译,商务印书馆1997年版,第22页。

代社会,一切被平面化、世俗化了,普遍丧失了乌托邦冲动和浪漫幻想的现代人,越来越把幸福生活理解为更多地获得商品和立即得到自我满足,在消费中寻求人生的意义。丹尼尔·贝尔认为每个社会都设法建立一个意义系统,人们通过它们来显示自己与世界的联系,这些意义体现在宗教、文化和工作中。如果在这些领域里丧失意义,势必造成一种茫然困惑的局面。这种局面令人无法忍受,因而也就迫使人们尽快地去追求新的意义,以免剩下的一切都变成一种虚无主义或空虚感。现代人对物质的需要趋于无限,完全忽略了内在精神超越的价值,把消费当作了精神满足和自我满足的重要途径。高消费改变了现代人的生活目的、抱负和理想,一切都被异化了。因此,消费异化带来的意义危机和生态危机是现代人理性地反思应当如何生存的前提和基础。而人

124 作为理性的动物,也只有借助于理性才能反思人类行为的后果,寻求一种适合人类存在与行为的道德价值内容及其规范体系,指导人类应然地生存。由此不难看出,人类需要一种理性的精神,将欲望冲动置于理性的统帅下,把人从对物质财富的无限欲求中解脱出来,实现人的全面而自由的发展。而这种理性精神对人类生存方式的澄明与消费伦理的价值导向是契合一致的,从这个意义上说,来自人类理性精神的承诺也将成为消费伦理发展的动力之源。

第四章
消费的价值目的与伦理原则

在第三章中,我们阐释了消费的基本内涵、消费伦理的价值基础或根据及其合理性支持,在完成上述基础工作后,本章将要集中论述消费的价值目的和伦理原则。首先,通过对消费目的的追问,揭示消费作为生活方式,是要实现人类幸福生活之人生目的。其次,如季羡林先生所说,"人生一世,必须处理好三个关系:第一,人与自然的关系,也就是天人关系;第二,人与人的关系,也就是社会关系;第三,个人身、口、意中正确与错误的关系,也就是修身问题。这三个关系紧密联系,互为因果,缺一不可。"①伦理学的基本主题关涉到人与自然、人与人、人与自身的三种基本伦理关系,对这三种关系的协调和平衡,不仅是人类自身生存和发展的需要,也是以人的幸福为主题的伦理学的题中之义。由是以此三维度来设立消费伦理的原则系统,即消费伦理的共生原则、公平原则和责任原则,它们是由人类在消费生活中调节三种基本伦理关系,寻求合理消费伦理规范,走出现实的消费道德困境的要求所决定的,也是消费伦理自身价值精神及对人类现实消费生活的道德关切的具体表达。

第一节 幸福:消费的终极目的

人如何行动表达了人如何存在。对消费的价值目的追问,实质上

---

① 季羡林:《我的人生感悟》,中国青年出版社 2006 年版,第 53 页。

是追问消费行为所表达的人的存在意义。作为物质生活表现形式的消费,对它的探讨必然涉及人的生活目的和人生价值意义问题。也就是说,一个不可避免的根本问题是,消费作为人的生存和生活方式,它的合理性和正当性是由什么来规定和评价的?它的价值目的和终极意义何在?亚里士多德在其著作《尼各马可伦理学》中指出,与所有其他事物相比,幸福更多地表现为一种终极目的,"我们永远只是因它自身而从不因它物而选择它。而荣誉、快乐、努斯和每种德性,我们固然因它们自身故而选择它们(因为即使它们不带有进一步的好处我们也会选择它们),但是我们也为幸福之故而选择它们。然而,却没有一个人是为着这些事物或其他别的什么而追求幸福。从自足的方面考察也会得出同样的结论。"①消费伦理认为,消费的最终目的是幸福,也就是说,消费作为生活方式,是要实现人类幸福生活之人生目的。

一、消费是为了人的生活

消费是人类自我生存和发展的必要条件和物质前提,它是人们对一定的物质财富和生活资料的消耗。物质生活方式是人类存在的基础,从这个意义上来说,消费具有道德正当性,它与人的生活根本上是一致的。

马克思认为,物质生活资料的生产活动是人们的第一个历史活动,"人们为了能够'创造历史',必须能够生活。但是为了生活,首先就需要吃喝住穿以及其他一些东西。因此第一个历史活动就是生产满足这些需要的资料,即生产物质生活本身。而且这是这样的历史活动,一切历史的一种基本条件,人们单是为了能够生活就必须每日每时去完成它,现在和几千年前都是这样。"②由此可见,人们的消费观念和消费行为都取决于生活需要。需要是相对于人的生活而言的,它是指一种匮乏状态,而消除匮乏进入满足状态是人的行为之动力之源。人们的生

---

① [古希腊]亚里士多德:《尼各马可伦理学》,廖申白译,商务印书馆2003年版,第18页。

② 《马克思恩格斯选集》第1卷,人民出版社1995年版,第79页。

活需要分为物质生活的需要和精神生活的需要,人对物质生活的需要是人的自然属性所决定的,是人自我生存的前提和条件。这种需要是最基本、最强烈和最明显的,如对氧气、食物、衣服、住所、睡眠和安全的需要,只要这一对生存的需要还未得到满足,其他的需要就会被推到后面去。人对精神生活的需要是人的社会属性所决定的,人是社会中的人,离开了社会关系个人将处于社会匮乏状态,它表现为社会生活中个人对群体的一种必然依赖关系。比如,对友谊、亲情、爱情的需要。

我们在第三章已经谈到,需要与欲望,必需品与奢侈品之区分。必需品满足的是人们正常的生活需要,因而具有经济合理性和道德正当性;而购买奢侈品是超出正常生活需要的消费,为欲望而欲望,被视为非理性的和不正当的消费行为。问题是,所欲之物源自需要还是欲望?何为必需品、何为奢侈品?

对这个问题的回答,还是要回到生活本身。事实上,对于自己需要什么,人们的想法不仅指向了生活,而且指向美好生活。需要实际上是我们生存和发展所必需,它构成了生活的必要条件,是不可或缺的,别无选择,否则我们无法免除遭到伤害的痛苦,而欲望特别是奢侈就缺乏这种力量。但是,必需品也不总是处于一种固定的或绝对的状态,而是动态变化的,曾经的奢侈品可能由于物品的普及成为生活的必需品,一个人的奢侈品是另一个人的必需品。因此,任何生活的需要是否具有道德正当性,还要从具体的物质生活条件、社会观念、个体意义、消费函数等各方面因素来作综合评判。比如,罗苏文在其《女性与近代中国》一书中指出,在近代上海,女性的消费已经成为衡量丈夫赚钱能力、家境档次的尺度和体面人家不可忽略的门面。从时装上来看,30 年代的上海女性消费就已朝着专业化、职业化、高档化的方向发展。追逐时髦、炫耀排场似乎是诱惑女性消费的魔棒。事实上,近代上海青年女子的个人消费,一般都在家庭消费水准之上。[①] 我们却不能由于她们的

---

① 成伯清:"消费主义离我们有多远",《江苏行政学院学报》,2001 年第 2 期,第 74 页。

消费水平在其家庭消费水准之上，而指责她们是奢侈的、不正当的消费。研究发现，青春期消费者的自尊来源于一系列的自我评价，这些都与他人评价的反映相关。因此，青年追求同龄人中流行的服饰，消费同龄人欣赏的品牌，尤其是女孩群体，更在意服饰（如品牌名称、穿着打扮），以此满足提升她们自尊形象的需要。这样，如果是根据自己的经济状况（或许超出家庭消费的平均水平）、个人性格、习惯爱好而追求适度的个性生活，这种消费是无可厚非的。

至此，消费行为的合理性和正当性，总是离不开人们对生活的理解。"好的生活"是为生活本身而存在的生活，也就是说，以生活本身为目的，而不是为其他什么目的而存在的生活。只要消费的目的是有益于人"好的生活"，只要是不背离满足生活需要的原则，则属于正常的消费。总之，消费不是目的，消费只是生活的手段，消费的目的在于生活本身，消费是为了人的生活。

二、人的生活目的是幸福

追求一种好生活是每个人的生活目的，这是不言而喻的。事实上，询问生活的意义是伦理学的根本目标，它所关心的是什么样的行为方式、生活形式和社会制度最能够创造幸福生活。生活意义/好生活/幸福是三位一体的伦理学基本问题。[①] 那么，幸福是什么？用亚里士多德的话说，幸福是"至善"，幸福是完善和自足的，是所有活动的目的。人正是在对幸福的追求中不断趋于完善，自身潜能得以充分展开，人的本质力量得以发展。

幸福首先表现为一种主观体验和感受，当某人感到幸福时，意味着个人对某种特定生活经验的满足或愉悦感受。也就是说，只有当个人对某种生活状况作出肯定的判断时才会产生幸福的主观感受。而对生活状况的评价，不仅来自对生活的真实感受，在更深层次上还受到价值观念的影响。当某种价值观念或价值原则被主体所认同、接受，内化形成主体的幸福观时，主体总是根据自己内心认同的幸福观，即主体认同

---

① 赵汀阳:《论可能生活》,中国人民大学出版社 2004 年版,第 9 页。

的价值标准和价值追求去感受幸福。也就是说,当某种特定的生活状况合乎主体的幸福观,主体往往会对其作出肯定的评价从而形成相应的满意感和幸福感。由于价值观念及生活目的具体内容的不同,幸福观也呈现不同的形态。一般来说,存在着两种具有代表性的幸福观:一种是与快乐论相联系的幸福观,一种是建立在理性追求之上的幸福观。快乐论把快乐作为原初善,幸福就是建立在物质利益所带来的享乐之上。如亚里士多德也认为物质利益的满足是幸福和善的必要条件。伊壁鸠鲁提出人生的目的就是追求快乐,他认为幸福生活是我们天生的最高的善,我们的一切取舍都从快乐出发,最终目的也是得到快乐,而以感触为标准来判断一切的善。不过,伊壁鸠鲁的幸福快乐不是纵欲放荡,而是感官快乐和精神快乐的统一。总的来说,快乐论注重感性欲望的满足,相应的幸福感由欲望的满足而生。而这种幸福在儒家那里被看作是"利"和"欲",受到贬斥。儒家所谓的"乐"是"孔颜乐处",是不讲物质利益和感性欲望的,孔子曾说:"饭素食饮水,曲肱而枕之,乐亦在其中矣。不义而富贵,于我如浮云。"(《论语·述而》)他称赞弟子颜回:"贤哉!回也!一箪食,一瓢饮,在陋巷,人不堪其忧,回也不改其乐。"(《论语·雍也》)在孔子看来,幸福不在于饮食、衣服、住所等,而是指向精神的充实和道德的完善。只有那种超越感性欲望,"谋道而不谋食",不断追求理想的境界中,精神的满足和愉悦才是真正的幸福。同样,在康德那里,幸福尽管能使人愉悦,但它本身不是绝对的、全面的善,道德才是至高无上的,它是幸福实现的前提条件。当然,人可以在世俗生活中通过理性的手段去获取自己的幸福,只要人自身的道德性能够"配享"这种幸福。康德强调道德教导我们如何"配享幸福",而不是如何使我们获得幸福。当然,无论是快乐论的幸福观还是建立在理性追求之上的幸福观,幸福都离不开主体的感受。但是,幸福除了与个体感受相联系以外,还涉及外在于个体的实际生活状况。良好的生活状况是个体存在所必需的,也是达到幸福的必要条件。由于"价值观念和人生目标上的差异,使不同的主体在相同或相近的生活境遇中形成幸福或不幸福等相异的感受;缺乏个体的自我评判和自我认定,便唯有对象性的存在,而无主体的幸福;另一方面,离开了外在的生活境遇,则幸福便失去了现实的内容。"①因此,我们对幸福的完整理解,应该是个体意义上的幸福和外在生活境遇意义上的幸福的统一。

幸福以存在本身的完善为内容,它首先意味着人的全面发展。在马克思看来,"每个人的自由发展是一切人的自由发展的条件",共产主义是使人以一种全面的方式,作为一个完整的人占有自己的全面的本质。一个全面发展的人,必定是人自身潜能的充分展开,人的需要的全面性和丰富性的体现,人的本质力量的确证和发展,是一种"完整的人","丰富的人"。其次,幸福是一种终极目的善。亚里士多德的伦理学中,有些事物被人们追求,通常是作为手段而不是作为目的来追求,那些作为"手段善"的事物只是偶然成为善的。而"目的善"是由于自身的缘故,或既因其他事物之故也因自身缘故而被人们所追求事物。如果人们追求一种事物只是因为它自身的缘故,而不再为别的任何目的,就意味着存在某种最高的善。在亚里士多德看来,这种最高的善或目的就是人的好生活或幸福。如果说,终极目的意味着人的整个一生而不是人生某段时期或阶段的目的,那么,幸福就是人的终极目的或最高的善。第三,幸福作为一种最高的善是一种终极价值。也就是说,幸福的价值超越一切价值之上,它是一切价值的价值。就此而论,人的生活以幸福为目的。幸福并不是个人主观上是否愿意去选择它为生活目的,而是幸福的魅力无时无刻不显示在生活当中,如果不去或不能追求幸福,生活也就失去了动力,变得毫无意义。

三、消费最终目的是幸福

1833年,恩格斯《在马克思墓前的讲话》中指出,正像达尔文发现有机界的发展规律一样,马克思发现了人类历史的发展规律,即历来为繁茂芜杂的意识形态所掩盖的一个简单事实:人们首先必须吃、喝、住、穿,然后才能从事政治、经济、科学、艺术、宗教等等。显然,消费是为了人的生活,人的生活需要的满足为人的创造性活动提供了起点和可能,

① 杨国荣:《伦理与存在》,世纪出版集团2002年版,第262页。

也为人的自身潜能的展开以及人的本质力量的发展提供了可能。人的生活目的是幸福,除此之外别无目的,消费的最终目的就是幸福生活。

人的行为的最终目的是为了构成某种有意义的生活,而有意义的生活,也就是好生活,幸福生活是伦理学所关心的。消费行为与生活方式的内在关联及其对实现幸福生活的价值意味也正是消费伦理思考的中心议题。以幸福生活为最终价值目的,消费伦理作为消费行为必要的价值范导,避免人们把对感性欲望的片面追求当作是幸福,避免幸福流于欲望的放纵,导致幸福的异化和人的存在本身的异化。消费伦理对消费行为的制约,不仅仅是外在的社会伦理规范的约束,在更深刻的意义上,是要把道德理念、价值目的和价值原则内化为个体内在的道德精神,培育个体自主美德。正如亚里士多德所认为,道德德性同感情与实践相关,而感情与实践中存在着过度、不及与适度。例如,我们感受的恐惧、勇敢、欲望、怒气和怜悯,而快乐与痛苦都可能太多或太少,这两种情形都不好。而在适当的时间、适当的场合、对于适当的人、出于适当的原因、以适当的方式感受这些感情,就既是适度的又是最好的。这也就是德性的品质。他认为,人的美德或德性告诉了人们怎样用合理而恰当的方式去处理自己的激情、欲望、意志和行为,这是德性的品质也是人们达到幸福的条件。在亚里士多德看来,伦理学不外乎是一种引导人们追求幸福的学问。从这一意义上说,消费伦理不仅是要告诉人们如何去合理消费,更重要的是告诉人们如何通过作为生活方式的消费,去实现人类幸福地生活之人生目的。事实上,作为以人的生活为目的的消费必须服务于人类自身幸福生活的终极目的,这不仅仅是一种消费伦理,还是一种人生哲学。

第二节　消费伦理的共生原则

如果说,对幸福的追问,体现了消费行为所表达的人的存在意义,揭示了消费伦理的终极价值追求,那么,关于消费伦理的共生原则,则是对现代社会条件下人与自然之价值关系的基本伦理要求。

一、我们应当如何爱护人类共同的家园?

在一个崇尚消费的社会,物质生活的丰富和感性欲望的满足成了人们自我价值确证的唯一形式,人生意义仅仅意味着占有和享用物质财富,而无限增长的消费需求,毫无疑问将导致人类的生存危机。"我们应当如何爱护人类共同的家园?"的问题,揭示的是人与自然这一重要关系所内含的伦理价值,即人与自然的和谐共生对于人类的生存和发展的根本意义,从而使人类意识到生活资源的有限性,承担起公平合理地使用地球资源的义务,进而建立一种健康和谐的消费伦理秩序。

对人与自然关系的探讨,有必要先阐释何谓"消费主义"。一般来说,作为一种文化意识形态的消费主义,指消费的目的不再是为了传统意义上实际生存需要的满足,而是为了被现代文化刺激起来的欲望的满足。也就是说,人们消费的不是商品和服务的使用价值,而是它们在一种文化中的符号象征价值。在现实生活中,消费主义表现为高消费的生活方式、大众媒介积极推动和主导以及大众对消费符号象征意义的追求。[①] 消费主义被人们所推崇,其核心内容至少包括三个方面:(1)"不消费就衰退",消费需求的增长意味着经济的增长,发达国家的高消费意味着发展中国家的经济发展,富人的大肆挥霍和奢侈消费意味着为穷人增加就业机会。换言之,刺激消费促进经济增长,富国和富人的高消费是穷国和穷人的"福音"。(2)"消费更多的物资是好事",消费越多,生活质量越高,就越使人幸福。也就是说,购买更多的物品,消耗更多的资源,"消费,别留着!""东西越新越好!"消费成为人生的根本目的,最大限度地满足人的物质欲望就是幸福生活。以美国为例,艾森豪威尔总统的经济顾问委员会主席宣布新经济福音,他宣告,美国经济的首要目标是生产更多的消费品。以后的几代人忠实地追求着这个目标,平均算来,今天的美国人民比他们的父母在1950年,多拥有2倍的汽车、多行驶2倍半的路程、多使用21倍的塑料和多乘坐25倍距

---

① 陈昕:《救赎与消费:当代中国日常生活中的消费主义》,江苏人民出版社2003年版,第7页。

离的飞机。高速增长的消费阶层本身就是消费主义的扩张。正如英国经济学家保罗·伊金所说,一种文化倾向性认为"拥有和使用数量和种类不断增长的物品和服务"是主要的文化志向和可看到的最确切的通向个人幸福、社会地位和国家成功的道路。杜宁指出,"消费的民主化"成了美国经济政策不言而喻的目标,消费甚至被渲染成为一种爱国责任。在1946年,《幸运》杂志欢呼一个"梦幻时代——伟大美国的繁荣正在兴起"的时代的到来。到了1950年,年轻的美国家庭每天有4000户迁入新居,并且用婴儿车、衣服烘干机、洗碗机、冰箱、洗衣机,特别是电视机塞满了房间,"形成了消费主义的上升浪潮"。消费主义在20世纪60年代末就已经扩展到西欧和日本。在80年代这个非常奢侈的10年,自由放任的经济政策和最新的国际化股票以及债券市场创造了轻松的银根松弛环境,这种环境促成了人们"只要能,就抓住"的及时行乐思想的盛行。① (3)"先行消费"成为流行的消费伦理观念,今天,人们先购买,再用工作来偿还,消费先行于累积之前,强迫的投资、加速的消费、周期性通货膨胀(节约变得荒谬)变得司空见惯。在这种"花明天的钱,圆今天的梦"的消费观念的主宰下,人们疯狂追求产品的更新换代,用过即扔,以"拥有即存在"来标识和显示自己的精英地位。

全球供给线在它们所过之处都对地球生态系统留下了持久的痕迹。杜宁深刻地指出,"消费者阶层的供给线环绕了全球。从大的城市超级市场,供给线呈扇形扩展到菲律宾的大农场、美国的谷物田、非洲的牧区和印度的香料市场。北欧人吃着从希腊运来的莴苣;日本人成吨地食用着澳大利亚的鸵鸟肉和空运来的美国樱桃;美国人食用的葡萄的1/4来自于7000公里以外。在智利,人们饮用的橘子汁的一半来自巴西;欧洲人从遥远的澳大利亚和新西兰获取水果,甚至装饰消费者阶层桌子的花卉也来自遥远的地方。欧洲人冬天的供应物品是从肯尼亚的农场空运来的,而美国冬天的供应物品则是从哥伦比亚空运来

第四章 消费的价值目的与伦理原则

---

① [美]艾伦·杜宁:《多少算够》,毕聿译,吉林人民出版社1997年版,第12页。

的。"①如果向所有人推广发达国家的这种高消费方式,只会加速地球生物圈的毁灭。如果环境破坏的根源在于人们拥有太少或者太多的时候,留给我们的疑问就是:多少算够呢? 地球能支持什么水平的消费呢? 拥有多少的时候才能停止增长而达到人类的满足呢? 全世界的人们都渴望过一种舒适的生活,是否都能拥有取暖、冰箱、衣服烘干机、汽车、空调、恒温游泳池、飞机和别墅呢? 现实是,更多并不意味着更好,我们阻止生态恶化的努力将被我们的欲望所压倒。面对全球性的生态环境和资源危机,要求每一个人、每一代人对自然资源负责的呼声日益高涨。经济学家芭芭拉·沃德和微生物学家勒内·杜博斯在《只有一个地球》中向全世界呼吁:"在这个太空中,只有一个地球在独自养育了全部生命体系。地球的整个体系由一个巨大的能量来赋予活动。这种能量是通过最精密的调节而供给人类。尽管地球是不易控制、捉摸不定的,也是难以预测的。但是它最大限度地滋养着、激发着和丰富着万物。这个地球难道不是我们人世间的宝贵家园吗? 难道它不值得我们热爱吗? 难道人类的全部才智、勇气和宽容不应当都倾注给它,来使它免于退化和破坏吗? 我们难道不明白,只有这样,人类自身才能继续生存下去吗?"②

事实上,消费主义所倡导的"市场的无限性"永远无法摆脱"资源的有限性"的严峻挑战。大量生产和大量消费从来都只是一种无限的幻想,社会学家见田宗介精辟地指出,这种所谓的"自我依据"的自立体系,实际上是一个"大量开采——大量生产——大量消费——大量废弃"的体系,在它的两端受到了资源与环境的制约。也就是说,这一体系在它的生产的最初起点和消费的最终末端,都必须依存地球这颗行星及大气层中自然资源与环境的条件,只能在这种条件所容许的范围内存在并成立。而大量的开采、大量的消耗、大量的废弃和大量的污

---

① [美]艾伦·杜宁:《多少算够》,毕聿译,吉林人民出版社 1997 年版,第 8 页。
② [美]芭芭拉·沃德、勒内·杜博斯:《只有一个地球:对一个小小行星的关怀和维护》,吉林人民出版社 1997 年版,第 260 页。

染,对资源的掠夺和对环境的破坏迟早会到达地球所能承受的极限。我国学者余谋昌也指出,我们面临着十大严峻的环境问题:(1)大气污染;(2)水体污染;(3)森林滥伐植被减少,出现了森林危机;(4)土壤侵蚀、荒漠化和沙漠化的扩展正在威胁全球粮食安全;(5)垃圾泛滥;(6)生物灭绝加剧以及生物多样性减少;(7)粮食、能源和其他资源短缺;(8)酸雨污染在世界范围内扩展;(9)地球增温;(10)臭氧层破坏。[①] 因此,反对和摒弃消费主义伦理,建立以人与自然共生共荣关系为目标的现实合理的消费价值原则势在必行。

二、人与自然:"绿色消费"的价值视点

消费伦理着眼于现代社会条件下人与自然"共生"的生存场景,如果要克服由人类无节制的消费行为所导致的生态危机和意义危机,人类应该重新审视自己的存在立场,在人自关系上清醒意识到人与自然界的互为存在性,把"人与自然和谐共生"作为自己的消费理念和原则之一。也就是说,提倡"绿色消费",关爱自然界,限制庞大的消费需求,改变奢侈和浪费的消费习惯,保证有限资源使用效率的最大化,将人的消费自觉地纳入整个生态系统中,实现保护自然生态环境的目的,也就是实现人之为人的价值。

1992 年,地球高峰会议正式提出可持续发展的主题,绿色消费被视为是达成全球可持续发展目标之重要工作。绿色是生命的原色,代表了生命、健康、活力、对美好未来的追求,是充满希望的颜色。国际上对"绿色"的理解通常包括生命、节能、环保三个方面。依据"红色"是禁止,"黄色"是警告,"绿色"是通行的惯例,"绿色"成为一个合乎科学性、规范性,能保持永久通行无阻的概念,象征着一种自然万物共生共荣的和谐状态。关于绿色消费,最早可以追溯到 80 年代后半期,英国首先掀起"绿色消费者运动",随后席卷了欧美各国。这个运动主要是号召消费者选购有益于环境的产品,从而促使生产者也转向制造有益于环境的产品。这是一种靠消费者来带动生产者,靠消费领域影响

---

① 余谋昌:《生态哲学》,陕西人民出版社 2000 年版,第 5—7 页。

生产领域的环境保护运动。这一运动主要在发达国家掀起,许多公民表示愿意在同等条件下或略贵条件下选择购买有益于环境保护的商品。英国 1987 年出版的《绿色消费指南》中,将绿色消费定义为避免使用下列商品的消费:(1)危害到消费者和他人健康的商品;(2)在生产、使用和丢弃时,造成大量资源消耗的商品;(3)因过度包装,超过商品本身价值或过短的生命周期而造成不必要消费的商品;(4)使用出自稀有动物或自然资源的商品;(5)含有对动物残酷或不必要的剥夺而生产的商品;(6)对其他国家尤其是发展中国家有不利影响的商品。归纳起来,绿色消费主要包括三方面的内容:消费无污染的物品;消费过程中不污染环境;自觉抵制和不消费那些破坏环境或大量浪费资源的商品等。

关于"绿色消费"的含义,我国学者刘湘溶先生在《人与自然的道德话语》一书中作了精辟地分析,他认为,从环境标准上我们可以把产品划分为三大类型:对环境有害且无法减轻其害的产品,对环境有害但能在一定程度上减轻其害的产品,对环境无害的产品。所谓"绿色产品"是对无害或较少有害环境的产品的统称,它有三层含义:一是指这些产品的生产工艺、生产过程不会破坏、污染环境(或对环境的破坏、污染较轻);二是指这些产品在使用中或使用后不会破坏、污染环境(或是对环境的破坏、污染较轻);三是指这些产品是没有被污染(或污染较轻)的产品。① 由是,绿色消费不仅是对绿色产品的消费,而且是指对一切无害或少害于环境的消费。尹世杰先生在《消费文化学》中指出,在一定的生态环境中,人们对物质消费品(包括吃、穿、住、用、行等)的消费,要求无污染、无公害、质量好的、有利于人健康的绿色消费品。目前,国际公认的"绿色消费"具体有三层含义:一是倡导消费者在消费时选择未被污染或有助于公众健康的绿色产品;二是在消费过程中注重对垃圾的处置,避免环境污染;三是引导消费者转变消费观念,崇尚自然、追求健康,在追求生活舒适的同时,节约资源和能源,实现可持续消费。

---

① 刘湘溶:《人与自然的道德话语》,湖南师范大学出版社 2004 年版,第 147 页。

2001 年中国消费者协会郑重确定,在全国范围内开展"绿色消费"年的主题活动。"绿色消费"年主题的确定基于四个方面的原因:一是我国"十五"计划提出重视生态建设和环境保护,实现可持续发展的战略目标,"绿色消费"正符合这一主旨;二是适应消费需求变化的需要,我国人民的生活已达到小康水平,"绿色消费"既是对这一变化的适应,也是对消费者的一种正确引导;三是消费维权国际化的需要,它将标志着中国消费者权益保护事业加入了国际消费维权新潮流;四是解决维权热点的需要,不法经营者在食品中加入有害添加剂、装饰材料有害气体超标等等,已成为消费维权的新热点,而"绿色消费"要求经营者向消费者提供的商品或服务时,要符合保障消费者人身健康的要求。

简言之,"绿色消费"是以人与自然的共生共荣为基础,以实现经济发展和保护环境为宗旨,以人的全面发展为目标的一种全新的消费方式。绿色消费意味着观念的深刻转变,意味着全新的发展理念和消费理念,其理论价值和实践意义至少包括以下三个方面:

首先,"绿色消费"体现的是人与自然界的互为存在性,即自然界为人存在和人为自然界存在的辩证统一。一方面,自然界是人类赖以生存的物质基础,人类与自然界不是消费者与消费对象的消费关系,没有自然界的存在也就没有人类的存在;另一方面,人类维护与自然的和谐共生关系是要实现人类自己的存在目的,而实现人类存在的目的必然要求人类主动肯定和顺应自然,实现自然界存在的目的。如恩格斯所说,"对于每一次这样的胜利,自然界都报复了我们。每一次胜利,在第一步都确实取得了我们预期的结果,但是在第二步和第三步却有了完全不同的、出乎预料的影响,常常把第一个结果又取消了。……因此我们必须时刻记住:我们统治自然界,决不像征服者统治异族那样,决不像站在自然界以外的人一样,相反的,我们连同我们的肉、血和头脑都是属于自然界,存在于自然界;我们对自然界的整个统治,是在于我们比其他一切生物强,能够认识和正确运用自然规律。"①这即要求

---

① 《马克思恩格斯选集》第 3 卷,人民出版社 1995 年版,第 518 页。

人类对热带雨林的烧毁和砍伐、全球变暖、臭氧层消耗、物种灭绝、资源枯竭、环境污染、耕地沙漠化等一系列生态危机承担巨大的责任,事实上,消费是全球环境平衡中的一个重要的量度。拉尔夫在其《我们的家园——地球》一书中深刻地指出,消费问题是环境问题的核心,人类对生物圈的影响给予了自然环境过多的压力,并威胁着地球支持生命的能力。他进一步地呼吁:"为了对环境危机做出响应,没有新的比我们被排他性带来的影响更为不幸了。排他性却正是同我们需要用于创建一个全球联盟以求得持续生存那种价值观念背道而驰的。如果没有这些价值观念,没有一种超越于民族忠诚的人类一体性的认识,没有一种把地球上的其他人认作自己的邻里乡亲的感情,没有一种把世界看作一个人类大家庭的思想,我们就无法把我们的意志,共同采取行动来拯救我们自己。如果不用生存的道德伦理来指导我们,一旦我们遇到灾难,我们可能往往就会只考虑拯救自己而不拯救他人的命运。这样,我们就会忽视这样一个事实:即,他们的命运也是我们自己的命运。共同的命运已经把我们联系在一起。我们将忘掉这样一条重要的真理:我们不能只救自己。"①从本质上说,这种影响是通过人们对自然资源的盘剥榨取和大量消耗,以及热衷于人造环境的建设和物品的生产所造成的。绿色消费恰恰是这样一种适度节制的,避免或减少对环境的破坏,崇尚自然和保护生态等为特征的新型消费行为和过程。

其次,"绿色消费"是一种可持续的消费。可持续消费模式,联合国环境规划署在《可持续消费的政策因素》报告中解释说,可持续消费是一个提供服务及相关产品以满足人类的基本需求,提高生活质量,同时,使自然资源和有毒材料的使用量减少,使服务或产品的生命周期所产生的废物和污染物减少,从而不危及后代的需求的消费模式。这要求人类的生产和消费活动纳入到生态系统中考量,摆脱破坏大自然的生活方式以及那些出于经济效益的生产方式。可持续消费要求人的消

---

① 〔圭那亚〕施里达斯·拉尔夫:《我们的家园——地球》,夏堃堡译,中国环境科学出版社 1993 年版,第 192 页。

费向生态化的方向发展,尽可能多地开发利用非耗竭性资源(如风能),对于可耗竭性资源(如矿产资源、森林资源等)要注意限制需要、节约使用和合理利用,其开发消耗不超过生态供给域,即维持生态平衡所需的量的规定性,防止人类对资源的过度浪费和消耗而走向"竭泽而渔"的自我毁灭之路。与此同时,还需积极寻找和开发替代品,保护生态系统的完整性和生物的多样性。对于经济增长所带来的负面影响,比如对生态的危害,预先防范是必须考虑到的;比如解决科学技术造成的副作用,需要积极寻求适合人类需要的、能改善人类生活条件的科学技术等等。作为一种可持续的消费,绿色消费的重点是"绿色生活,环保选购",即符合"3E"和"3R"原则:经济实惠(ECONOMIC),生态效益(ECOLOGICAL),平等人道(EQUITABLE);减少非必要的消费(REDUCE),重复使用(REUSE)和再生利用(RECYCLE)。也有环保人士概括为"5R",还包括品质消费(REEVALUATE)和保护自然(RES-CUE)。

第三,绿色消费倡导和推动绿色 GDP 的增长,体现经济增长与自然保护的和谐统一。目前,世界通行的国民经济核算体系是 GDP,它反映了一个时期内,一个国家或地区的经济中,所生产出的全部最终产品和提供劳务的市场价值的总值。GDP 的增长,反映出该国经济发展蓬勃有力,国民收入持续增加。作为核心指标,GDP 已经成为衡量一个国家发展程度的统一标准。然而,GDP 有其局限性,它只反映了经济产出总量或经济总收入,却没有反映出经济发展对环境的污染和生态的破坏,容易造成一种发展、繁荣的经济假象。事实上,环境和生态是一个国家综合经济的一部分,虽然经济总量增加了,但自然资源的消耗在增加,相应的生态成本也就增加了。GDP 统计存在着一些明显的缺陷,比如,发生诸如矿难、医疗安全事故、建筑安全事故、交通安全事故等等,应付和处理这些突发事件,必然产生了各种支付以及抢救人员收入的增加,GDP 数据也随之增加。于是,一位当代欧洲学者曾戏称,如果一条公路上两辆汽车对驶,擦肩而过相安无事,几乎对 GDP 没有任何影响。但如果相撞,伴随而来的是警察处理交通事故、修理汽车或新购置汽车、新闻媒体报道、医院救护等,这些都可刺激 GDP 的增长。从社会学角度看,GDP 也不能准确反映增长成本及财富分配,不能反映社会贫富差距和国民生活的真实质量。

在传统 GDP 受到质疑时,随着环境保护运动的发展和可持续发展理念的兴起,"绿色 GDP"应运而生。1993 年联合国经济和社会事务部在修订的《国民经济核算体系》中提出总值与净值的区分,总值即 GDP 扣减资源耗减成本和环境降级成本,净值即 GDP 扣减资源耗减成本、环境降级成本和固定资产折旧。2002 年 4 月,世界发展中国家可持续发展峰会在阿尔巴尼亚召开,与会代表一致同意用"绿色 GDP"来解释可持续发展,并把它设为 5 个量化指标,分别是单位 GDP 的排污量、能耗量、水耗量、GDP 投入教育的比例、人均创造 GDP 的数值。中国科学院可持续发展课题研究组提出的绿色 GDP 为:GDP 扣减自然部分的虚数和人文部分的虚数。自然部分的虚数从下列因素中扣除:(1)环境污染所造成的环境质量下降;(2)自然资源的退化与配比的不均衡;(3)长期生态质量退化所造成的损失;(4)自然灾害所引起的经济损失;(5)资源稀缺性所引发的成本;(6)物质、能量的不合理利用所导致的损失。人文部分的虚数从下列因素中扣除:(1)由于疾病和公共卫生条件所导致的支出;(2)由于失业所造成的损失;(3)由于犯罪所造成的损失;(4)由于教育水平低下和文盲状况导致的损失;(5)由于人口数量失控所导致的损失;(6)由于管理不善(包括决策失误)所造成的损失。[①]

绿色 GDP,简单地讲,指扣除经济活动中投入的环境成本(自然资源消耗和自然环境改变的损失)后的国内生产总值,也称为可持续发展国内生产总值。绿色 GDP 占 GDP 的比重越高,表明国民经济增长

---

① 奚洁人主编:《科学发展观百科辞典》,上海辞书出版社 2007 年版,第 376 页。事实上,挪威自 1978 年就开始了资源环境的核算,重点是矿物资源、生物资源、流动性资源(水力),环境资源,还有土地、空气污染以及两类水污染物(氮和磷)等。墨西哥作为发展中国家,也率先推行绿色 GDP,印尼、泰国、巴布亚新几内亚等国纷纷效仿并付诸实施。当然,实施绿色 GDP 的国家还有很多,主要是欧美发达国家,如法国、美国等。

对自然的正面效应越高,负面效应越低,经济增长与自然环境的和谐度越高。与单纯的经济增长观念 GDP 不同,绿色 GDP 不仅反映经济增长水平,而且体现经济增长与自然保护和谐统一的程度。也就是说,它综合性地反映了环境污染、生态失衡、生活环境的变化、生物多样性的破坏、经济增长的可持续性等等,反映了国民经济活动的成果与代价,因此,考察绿色 GDP,成为实现对整个社会的综合统筹与平衡发展,落实可持续经济发展战略的良方。绿色消费促进了绿色发展,推动绿色 GDP 核算,体现人与自然和谐发展。一方面,我们每个人作为绿色消费者,选择可持续的消费模式,选择绿色的生活,促使更多的人形成良好消费习惯,促使绿色立法规范消费行为,对非绿色消费予以有效的约束,营造一个安全、健康、舒适、环保的消费环境,并积极发展绿色的技术和绿色的经济,推动绿色 GDP 核算方法的落实和完善;另一方面,采用绿色 GDP,有利于人们真实衡量和评价经济增长活动的现实效果,克服片面追求经济增长速度的倾向和促进经济增长方式的转变,增强公众的环境资源保护意识,推进消费观念的更新,使消费者建立合理的绿色消费结构和多样的绿色消费方式。

总之,绿色消费提倡的是一种遵循生态规律,崇尚自然,注重节约资源,保护生态环境,并以科学、文明、健康、舒适为内容的可持续消费。它考虑到自然生态的稀缺程度和承载力,试图调节消费对自然的破坏力与自然生态本身的恢复能力两者之间的矛盾,提倡人们在消费时,越来越多地增加环境因素的考虑,实现人与自然的相互协调与共生共荣。

第三节　消费伦理的公平原则

消费伦理的公平原则表达的是对人类消费生活的现代伦理要求,其代内消费公平原则和代际消费公平原则为消费伦理确立了一种可能的、公平的消费秩序和普遍性规范基础。

一、我们应当如何消费才能共享好生活?

"我们应当如何消费才能共享好生活?"的问题,揭示的是人与人相互关系的伦理本质,其目的是唤醒人们的消费道德意识,共同寻求一种公平合理的消费方式,实现人与人的平等相待与和平共处,实现人类享受生活或幸福地生活之人生目的。

"公平"是一个古老而重要的伦理观念,被现代人类广泛认同和普遍关切,也是消费伦理的基本理念和原则。中国传统文化中,公平首先表现为一种个人美德。孔子云:"子率以正,孰敢不正?"(《论语·颜渊》)孟子也云:"君义,莫不义;君正,莫不正。"(《孟子·离娄上》)这里指个人的道德修养和精神境界,具有美德的个人有着刚直不阿的正直品格,不为一己之欢和眼前利益所动。其次,公平由个人美德演化为一种社会普遍伦理。古人有云:"天无私,四时行;地无私,万物生;人无私,大亨贞。"(《忠经·天地神明章》)"理者,天下之至公;利者,众人所同欲。苟公其心,不失其正理,则与众同利无侵于人,人亦欲与之。"(《二程集·周易程氏传·益卦》)公平即不偏不倚,公正无私,不损公肥私,不为富不仁。公平被视为"公理",为人们所广泛认可和普遍遵循,为中华民族所倡导并一以贯之地流传下来。在治理国家方面,"公平"、"正道"、"正义"毫无疑义具有正定人心、淳朴民风的功效。《尚书·周官》有云:"以公灭私,民其允怀",陆贽也曾指出:"夫国家作事,以公共为心者,人必乐而从之;以私奉为心者,人必口弗而叛之。"作为君主,以天下为公,为人民利益着想,"先天下之忧而忧,后天下之乐而乐",以"公天下"为最高价值目标,自然可实现国泰民安、天下太平的盛世景象。

西方古典伦理中,"公平"被赋予了个人正直美德和社会正义规范的双重含义。柏拉图把公正、智慧、勇敢和节制之美德看作是"四主德",个人正义的实现,离不开灵魂所拥有的诸德性的和谐一致,当智慧、勇敢和节制达到协调和统一,人就拥有了"正义"的德性。而理想的城邦则是不同阶层各守其分、各尽其责、各得其所、和睦相处,国家全体的和谐和个人的和谐统一,这样正义的理想社会才能得以实现。在亚里士多德看来,公平有两种情形。一种是总体的公正,它要求个人必须遵守法律以维护公民的共同利益。他认为,守法的公正不是德性的一部分,而是德性的总体。它的相反者,即不公正,也不是恶的一部分,而是恶的总体。而另一种是具体的公正,它主要是指每个人应得利益分配上的具体规定。

现代社会,古老公平观所内含的社会伦理规范的价值指向日益凸显出来,如当代美国著名伦理学家罗尔斯在其《正义论》开端所说"正义是社会制度的首要价值,正像真理是思想体系的首要价值一样。"①在罗尔斯看来,自由平等权利和公平竞争机会都具有不可侵犯性,每一个人都拥有一种以正义为基础的权利,它具有即使以社会整体福利的名义也不能侵犯的不可侵犯性。事实上,社会基本结构在分配基本权利和义务、决定社会合理的利益或负担之划分方面的正义成为公平的主要问题。今天,公平被看作了社会伦理的主旨,看作是一种社会制度伦理的普遍规范。当然,无论公平的社会伦理的一面如何突出,它所内含的个人美德意义仍然是不可忽略的。由此可见,公平或公正的概念由两个部分组成:一是关于个人的,即个人正直美德;一是关于社会的,即社会的基本制度安排、交往秩序与运行法则的公平合理,以及社会成员所必须遵循的公正的行为规范。

以上讨论的是一般意义上的公平,它的核心内容是如何协调利益关系问题,也就是指权利与义务的公平分配。在经济伦理的范畴内,公平或公正指的是社会经济利益的均衡与协调,即如何公平分配的问题。也就是说,通过合理的制度安排,使所有的社会基本善,即自由和机会、收入和财富及自尊的基础,都应被平等地分配。为了避免狭隘的消费主义和平均主义理解,正如万俊人先生在《道德之维》一书中所说,经济伦理论域中的公正概念可以理解为,通过合法的社会制度安排和利益调节机制或方式,对社会经济生活中的权益与责任的公平分配和合理调节,以及与此相应的人们的正义感和正直品格。具体到现代消费生活,消费公平的内涵是消费行为的正当合理,其正当合理性标准在于

---

① [美]约翰·罗尔斯:《正义论》,何怀宏等译,中国社会科学出版社1998年版,第1页。

消费者的消费权利与消费义务的对等。消费的权利包括诸如个人拥有"消费者主权",个人有权利要求社会提供必要的生活条件以满足生存和发展的需要;有自由选择和决定其消费方式和消费标准的权利;有理性决策消费以及享受和创造生活的权利等等。与此同时,个人在分享其消费权利的同时,也必须承担相应的消费责任和义务。这种责任和义务包括诸如承担社会生产和劳动的义务,维持人类生活的持续与进步,保护生态环境,合理利用自然资源实现可持续消费的责任等。由此可见,消费公平问题不仅仅是简单的经济利益的合理分配,它的实现既需要整个社会正义制度的保障又离不开消费者的个人品格。也就是说,消费公平的实现包括两个方面:其一是消费行为必须符合人类代内公平的伦理原则和代际公平的伦理原则;其二是个人消费行为的正当合理需要消费者节俭的美德。关于节俭,即"理性的财富使用",我们在前面曾经提及过,奢侈反映的是一种纵欲、享乐、极端、非理性的态度,是生活之恶,而节俭则是人们所推崇的一种生活美德。节俭涉及人们对物欲的看法,即吝啬与奢侈之间选取"中道"的观念,节俭代表的是一种理性、限度、节制、明智的生活态度,追寻的目的是人类幸福生活的实现。节俭的生活美德为消费公平的实现提供了消费行为主体方面的支持和担保。以下我们将重点讨论消费伦理的代内公平原则和代际公平原则。

二、代内消费公平原则

对商品无止境的追求,导致消费主义伦理的滥觞,它强调花销和占有的消费观念和行为造成对生态的极大破坏,也使得人们逐渐陷入到一个难以为继的生存困境中。由此,人类代内公平和代际公平问题也就日益凸显出来,不容回避。"我们应当如何消费才能共享好生活?",其中的"我们"指的是整体存在的人类,既指自然生命意义的人类整体也指伦理意义上的人类群体。"我们应当如何消费才能共享好生活?",首先引发了代内消费公平的思考,即同代人或当代人之间的公平问题。代内不公的消极后果表现为生态危机和贫富差距,而这一切如果不得到人们普遍的意识和有效的制止,人类社会的经济发展逐渐逼近它的"增长的极限",生态环境的污染和破坏将进一步恶化,最终导致整个人类和自然的生存危机,这绝非危言耸听和杞人忧天。

　　现代资本主义社会通过大量的生产制造了一个所谓的"丰盛社会",又通过大量的消费来保证大量生产,维系经济增长的神话。杜宁在《多少算够》中痛心地指出,自20世纪中叶以来,对铜、能源、肉制品、钢材和木材的人均消费量已经大约增加1倍;轿车和水泥的人均消费量也已增加了3倍;人均使用的塑料增加了4倍;人均铝消费量增加了6倍;人均飞机里程增加了33倍。而这些东西的迅猛消费——每一项都与不同比例的环境损害联系在一起。对于人类生活资源的有限性问题,发展中国家在环境问题上常常受到西方发达国家不公正的对待,发达国家通过采取转嫁生态危机的方法,把"大量生产"和"大量消费"留给自己,把"大量开采"和"大量废弃"抛到别人家园。通常有两种情形:其一是从发展中国家攫取它所需要的资源和能源;其二是把生产和消费废弃的有毒工业和生活垃圾输送到这些国家和地区。在全球每年生产的40亿吨有毒垃圾中,有90%都是由工业发达国家生产的,而每年大约有3亿吨有毒废物都是通过跨越国境的方式从发达国家流入发展中国家。发达国家对发展中国家的这种生态侵略已是久已不争的事实,比如在英国的发展史上,它从海外殖民地中得到的"生态缓解",比起国内所进行的资本原始积累,前者对其发展所起的作用要重要得多。与此同时,不公平的现象比比皆是:占世界人口25%的富人们,消耗着商业能源的80%;占世界人口20%的资本主义社会,消费了世界上80%的钢铁、86%的铝、81%的纸、76%的木材。《公元2000年的地球》报告中指出:世界上人均年消费量为56千兆焦耳(从石油开始,包括煤炭、水力、原子能、地热发电在内的各种商业能源的整体消费量一般以千兆焦耳为单位来测定)。但隐藏在这一世界平均消费量后面的却是国与国之间的巨大差别。例如,美国人均消费量为280千兆焦耳,荷兰为213千兆焦耳,前苏联为194千兆焦耳,英国为150千兆焦耳,法国为109千兆焦耳,巴西为22千兆焦耳,中国为22千兆焦耳,印度为8千兆焦耳,尼日利亚为5千兆焦耳,埃塞俄比亚、马里为1千兆焦耳。据经济合作与发展组织的推算,按现在的年消费率计算,富裕国家人均消费的天然资源是最贫穷国家人均消费量的 20 倍。①

与此同时,贫富差距问题在全球范围内日益凸显,一些发展所取得的成就是以损害多数人的利益为代价,使得贫富差距越来越大,生产和生活资源分配两极分化。比如说,非洲是一个世界上经常发生饥饿的地方,引起人们广泛的关注和同情,然而这个饥饿的非洲又是面向西方富裕国家的一个巨大的食物出口基地。1981 年,整个非洲出口贸易额的 750 亿美元,其中的 100 亿美元是来自于食物出口收入。而非洲一半以上的耕地,不是用于生产自身所需要的粮食,而是栽种那些用于出口的热带经济作物。据联合国统计,在 1960 年,世界居前位的 20% 的富裕阶层,其收入是居后位的贫困阶层的 30 倍,到了 1991 年则达到了 61 倍之多。事实上,在见田宗介先生看来,如果粮食不是用作肉食用家畜的饲料,并且这些粮食能得到平等分配的话,世界上就有足够的粮食使每人每天能摄取到约 5000 大卡的热量。也就是说,"世界上一半人的饥饿",最终的原因是分配的不平等。而西方发达国家为了维护本国的高消费水准,维持充足的市场供给,需要不断从发展中国家大量进口食品和物质资源。于是,"在那些人类辛勤劳动超出自己维持生活需要的地方,他们大概都是为满足富人们的巨大欲望而吃苦受累。妇女们在斯里兰卡采摘茶叶,农民们在牙买加装运香蕉,伐木工人在印度尼西亚砍伐森林,矿工在赞比亚开采铜,渔民们在太平洋捕捞金枪鱼——他们和自己的伙伴们,靠着地球的恩惠,在富人们的领地内辛勤劳动。"②并且,发达国家消费的生态影响也深入到了贫困人口的当地环境中,发达国家对木材和矿产的偏爱,促使对热带雨林的狂热开发,结果导致了"使无数物种灭绝的刀耕火种的森林清理"(杜宁语)。在发达国家输出污染和本国经济贫困化两个因素的夹击下,发展中国家

① [日]见田宗介:《现代社会理论》,耀禄、石平译,国际文化出版公司 1998 年版,第 69 页。

② [圭那亚]施里达斯·拉尔夫:《我们的家园——地球》,夏堃堡译,中国环境科学出版社 1993 年版,第 87 页。

的生态危机日益加剧。

显而易见,消费领域中的消费差距越来越悬殊:富人崇尚高消费的生活方式,奢侈消费挥霍性消费随处可见,而贫穷的人则连满足基本的生存需要都无法保障。一个基本的社会现实是,国家与国家、民族与民族之间尚处在实际的不平等状态。然而,许多西方人却认为,全球性的生态危机和贫富悬殊不是缘自诸如消费问题,污染问题,发展问题等,而是缘自人口问题,尤其是发展中国家庞大的人口基数和高出生率造成了沉重的人口负担。由此思维,发达国家认为他们是受害者,深受牵连,发展中国家应该为此承担责任。加勒特·哈丁的"救生艇伦理学"就反映了发达国家在代内公平问题上的心态。

在著名的"公用地悲剧"中,哈丁认为,地球上太多的人口将会毁灭地球并损害所有人,正如过多的牛群放牧在公用草地上,最终会导致公用地失去承载力。哈丁的解决之道是将草地私有化,人们就会出于其利益最大化的目的而合理养护,于是,人人通过保护自己的私有财产而避免了公用地功能的崩溃。与此类似,在哈丁看来,贫穷国家由于谷物欠收和饥荒,导致人口增长率周期性地受到抑制。但是如果发达国家伸出援助之手,把自己国家的食物与他们分享,那么后者的人口由于未受到抑制,将持续增长而导致地球失去承载力。哈丁把发达国家比喻为世界海洋中的一艘救生艇,四周水面上漂浮着穷人,随时都有淹死的危险。问题是,救生艇上的人该怎么做才是公平的呢? 哈丁提出了三种不同的救法:(1)尽可能实践基督教教导的"我们兄弟的监护人"这一理想,或者听从马克思教导的"从按劳分配到按需分配",把所有人全部接上船,这样救生艇因为超载而沉没,所有人都淹死。正所谓"绝对的正义,彻底的灾难"。(2)按承载量救援部分人。既然还有 10个人的承载量,不妨再救上 10 个人,但是,这样做会损害救生艇的安全系数,迟早要付出昂贵的代价(如濒临沉没);并且,选择哪 10 个人,依据什么方法来选择? 是先来后到,还是按照最好的或者最需要救助的顺序? 如何区分? 必然导致"部分的正义伴随着歧视"。(3)"彻底的冷漠,彻底的正义",不许任何人上船,视死不救,保持救生艇的安全。

哈丁引证了洛克菲勒基金会前任副主席艾伦·格雷戈(Alan Gregg)的观点,把地球上人口的增长与蔓延比喻为癌在人体内的扩散,癌细胞生长需要食物,但是它们从未因为得到食物而被治愈。哈丁假定,如果不让人们现在挨饿,救生艇的境遇某一天就会出现。①

哈丁的理论违背了普遍正义原则而受到广泛的批驳,其实质内涵是强调发达国家的利益至上。哈丁倡导"救生艇伦理学"时,地球上仍有足够的食物养活所有的人。不是粮食产量不足,事实上,不合理的食物分配,旧的国际政治经济秩序才是深层次的原因。发达国家过去已经而且现在仍然从发展中国家获得不正当的权益,对财富的占有也是极不公平的。发达国家有义务向发展中国家提供援助,把某些财富转移到发展中国家,为自己对发展中国家的生态侵害给予合理的补偿。如罗尔斯所说,不平等只有在它有利于处在最少受惠的社会成员时才是公平合理的,即社会和经济的不平等(例如财富和权力的不平等)只要其结果能给每一个人,尤其是那些最少受惠的社会成员带来补偿利益,它们就是正义的。消费领域的贫富差距反映着发展中国家在国际关系中地位的不平等,也反映着发达国家与发展中国家在享用自然资源上的不平等。这种历史造成的不平等消费现象,是客观存在的不公的事实,表明了权利受益者没有承担相应的义务,承担了义务的人却不是权利受益者,而权利与义务的对等分配仍然是公平的最基本要求,因此,较多受益者应该通过恰当的方式予以补偿,以合理的方式来校正历史的不公正后果。

具体来说,消费伦理的代内公平原则是指:每一个人或群体或集团在拥有其消费权利的同时,要承担相应的消费责任和消费义务,即强调权利与义务协调平衡,社会资源公平分配,机会平等,合理补偿,资源永续利用。正如世界自然保护同盟、联合国环境规划署和世界野生生物基金会的报告《保护地球——可持续生存战略》所说,为了改善人类的生存条件,我们的生活方式必须满足两项要求,其中"一项要求就是努

---

① Garett Hardin, "Living on a Lifeboat", Bioscience24(1974).

力使一种道德标准———一种进行持续生活的道德标准得到广泛的传播和深刻的支持,并将其原则转化为行动。"①今天,资源逐渐匮乏,环境破坏越来越严重,要实现消费中的代内公平,作为历史地获得了较大权利或较多利益者的发达国家,应该为生态危机和贫富差距问题承担更多的责任,降低消耗和浪费,维护生态平衡,积极缩小贫富差距等。其次发展中国家也要在消除贫困,减少污染,降低人口出生率等方面作出努力,积极克服生存与发展的双重压力。

三、代际消费公平原则

"我们应当如何消费才能共享好生活?"引起我们对代内消费公平的思考,即同代人或当代人之间的公平问题,而当代人与后代人(尚未出生的人,the future generations)之间的公平问题似乎不包括在内。然而,随着 20 世纪 60 年代以来对环境危机的关注,代际公平问题引起了人们高度的重视。所谓代际公平,是指人类在世代延续的过程中,对地球自然资源的享有以及寻求生存发展的权利上应保持公平,既要满足当代人的利益需要,又不对后代人满足其利益需要构成危害。也就是说,在当代人与后代人之间,公平已经成为一条重要的伦理原则。我们不得不思考,当代人在使用和消耗有限的自然资源的时候,应该如何考量后代人的生存权和发展权? 并且如何考量才能较好地惠及后代人的权利更好地体现代际公平? 当我们意识到人类生活资源的有限性时,当代人是否有权利在实现自己需要的过程中危害到后代人满足其需要的能力? 究竟需要一种怎样的代际公平原则才能既满足当代人的需要又不削弱子孙后代满足其需要的能力的发展?

从发达国家的消费方式来看,在现代消费主义文化的侵袭和蔓延下,当代人只顾自己这一代人欲望的满足和及时行乐,全然置后代人的需要、利益和权利不顾,损害后代人满足需要的能力和基本的生存条件。事实上,全球环境不可能支持我们中国的 13 亿人像美国消费者那

---

① 世界自然保护同盟等:《保护地球———可持续生存战略》,中国环境科学出版社 1992 年版,第 5 页。

样生活,更何况 55 亿人或以后至少可达到的 80 亿的人口。1981 年,罗马俱乐部总裁佩西在其著作《未来一百页》中说,现时代的不幸和危机是由人类自己亲手造成的,未来人的生存状况就取决于我们今天所做的选择和决定。1987 年联合国世界环境与发展委员会在《我们共同的未来》的报告中,将可持续发展界定为既满足当代人的需要,又不对后代人满足其需要的能力构成危害的发展。1994 年联合国环境规划署的报告《可持续消费的政策因素》提出可持续消费,把"适度消费"、"绿色消费"和"注重精神生活质量"等作为其主要特点,指在提供服务以及相关产品以满足人类的基本需求提高生活质量的同时,使自然资源和有毒材料的使用量减少,使服务或产品的生命周期中所产生的废物和污染物最少,从而不危及后代需求。

150
　　现实经验充分说明,代际公平问题迫在眉睫。每一个消费者,每一代消费者所消费的东西都不是凭空产生的,而是包含着自然资源的消耗。自然资源既是有限的,又是人类共同的财富,它不为任何一代人所独有,上代人多使用些,留给后代人就会少一些。因而每一个人都负有为他人着想,为下一代人着想,节制生活必需资源的耗费的责任。如厉以宁先生所说:"本代人应当是理智的一代。如果说前代人或以前若干代人在资源方面不够理智,以致产生滥用资源、破坏资源的现象,从而给本代人的生产与生活带来了一定的困难的话,那么本代人作为理智的一代,不应当怀有'上代人已经这么做了,我们为什么不这么做?''上代人在哪些方面为我们着想了?我们何必要为后代人多着想?'等想法。为后代人多着想,这既是本代人的责任,也是本代人超越前代人的表现。至于下一代人是不是也像本代人这样理智,是不是也为再下一代人多着想,虽然这是下一代人自己的事情,但并不是说本代人对此不负有任何责任。本代人作出节约使用资源的榜样,对后代人会有好的示范作用。"[1]

　　尽管多数人承认代际公平的正当性和合法性,但是针对当代人如

---

① 厉以宁:《经济学的伦理问题》,三联书店 1995 年版,第 213 页。

何确定对后代人的责任和义务,或者说当代人应当为后代人做些什么的诸如此类的问题还有争议。归纳起来大致有三种理论进路。第一种是功利主义的进路。功利主义认为,当代人为后代人所应做和能做的就是尽量减少他们的痛苦,增大他们的幸福和快乐的总量。但是,后代人的幸福总量究竟是指所有人的幸福总量还是指每个人所平均分享到的幸福,这两种不同的价值设定往往导致现代人采取不同的环境策略。因而注重经验和感觉的功利主义在解决代际公平的问题上将陷入形式主义伦理学的误区,无法提出确定的道德要求。第二种是情感主义的进路。即认为人在理性的意义上都是自私的,而在情感上则可能成为一个利他主义者,所以代际正义的伦理基础应该是情感主义的。情感可以使人从自己所遭受的痛苦中感受到他人的痛苦,从而产生同情的道德情感。当代人对未来人的责任问题也可以借助同情的道德情感确立起来。也就是说,当代人通过设身处地,理性地从后代的角度来考量和权衡对未来应负的责任。然而,通过情感来确定代际公平的伦理基础难以获得普遍的认可,因此其约束力是否具有普遍性也就同样令人怀疑。第三种是自由主义的进路。即认为要确定当代人对后代人的责任,就必须肯定后代人的权利。在西方自由主义的传统中,权利的取得往往是天赋的或通过契约来认定的。这里天赋权利论不会成为隔离后代人的障碍,只要承认后代人将成为现实的人。就契约论而言,契约所保护的总是共同体内部的人的利益,承认后代人的权利就必须把未来人作为人类共同体成员。自由主义思路面临的问题是它也无法明确当代人究竟应当为后代人做些什么,因为无法确知后代人的利益和需要究竟是什么。① 对代际公平辩护的三种进路虽然各有长处和不足,但是却反映了当代人对后代人生存处境的深切的道德关怀。

事实上,消费伦理的代际公平原则针对的是现代社会大行其道的消费主义,为了全人类的继续生存和持续进步,为了实现人类幸福生活

① 参见李培超:《伦理拓展主义的颠覆》,湖南师范大学出版社 2004 年版,第 169—170 页。

的人生目的,人类必须改变一味追求物质财富、物质享受的价值取向。同时,为后代人的生存和发展着想,我们有责任和义务节俭自然资源,为开发可替代的能源做出真诚的努力。然而,实际上要完全实现代际公平也并非易事,而理想的正义要为怎样对待现实的不公提供积极的指导。比如,华盛顿大学的布朗·维斯(Edith Brown Weiss)教授提出三个关于代际公平的原则,强调代际在享有资源、环境、机会三方面的公平性。其中,"保护选择"原则要求各代保护自然和文化遗产的多样性,保证后代享有足够的多样性以供生存发展的选择;"保护质量"原则强调每一代有保护地球环境质量的责任,使后代享有与前代人相当的环境质量;"保护机会"原则强调每一代都有权公平地获取从前代继承下来的遗产,并保护后代人有这种获取的机会。再比如,确定一些公平储蓄原则。罗尔斯处理代际正义问题时,提出了正义储存原则,即为了紧邻的后代,原初状态的人所愿意储存的数量和他们感到对自己的前一代有权利要求的数量之间达到平衡。也就是说,确立合理的储存率以便世代都按既定储存率流传遗产,以维持代际平衡。正义的储存原则可以被视为代际之间的一种相互理解,以便各自承担实现和维持正义社会所需负担的公平的一份。尽管没有哪一代能回报前面的世代,但罗尔斯强调通过一种"单向恩惠",代与代之间能够分别从前面一代获得好处,从而实现了整体互惠,即代际公平。虽然罗尔斯认为正义储存原则可以在原初状态的无知之幕中确定,但仍只是一种理想化的正义理论。尽管代际公平问题的解决存在着种种困难,但我们依然必须充分认识到,仅仅是注意到后代人生存和发展的权利还远远不够,要根本解决代际公平问题,还有赖于我们最终达成共识并建立一种全新的价值观,即把后代人作为人类的一个整体,正确对待我们对环境的权利及对后代应承担的道德责任,以确保人类获得幸福的未来。

第四节 消费伦理的责任原则

自由与责任,似乎从来都是人们饶有兴趣探讨的重要道德课题。

自由作为一种权利,它本身与道德责任和社会伦理义务紧密相连。人类消费活动中必然会涉及个人自由问题,因此我们将讨论消费伦理的责任原则,而有关消费自由和消费责任的诠释,可以看作是消费伦理的基本理念和规范的具体展开。

一、我能够消费什么和如何消费?

在市场经济的条件下,消费是个人自由的表征,为个人身份认同和社会地位竞赛提供了自由的舞台。简言之,消费自由是个人作为消费主体,能自主选择和自主消费的状态和可能。消费自由意味着一种"消费者主权"或消费者的权利,也就意味着一种消费的责任和义务。作为个人生活方式的消费,其合理性标准在于消费者消费权利与消费责任的协调平衡。也就是说,只有达到消费自由与消费责任的平衡,才能保证我们的消费行为的经济合理性和道德正当性。"我能够消费什么和如何消费?"的问题,揭示的是作为消费行为主体的个人,其自由消费的基本限度,即在消费自由的同时需要承担的相应的道德责任。

毋庸置疑,前人对自由的研究可谓硕果累累,最具代表性经典阐释是自由主义大师以赛亚·伯林(Isaiah Berlin),他提出"两种自由"的理论明确而深刻。在伯林看来,虽然有关自由的定义多达200种,但自由的基本意义是免于枷锁、免于囚禁、免于被别人奴役,他把自由分为"消极的自由"(negative freedom)和"积极的自由"(positive freedom)。他认为,"消极的自由"是针对以下的问题所做出的解答,即在什么样的限度里,"主体(一个人或人的群体),被允许或必须被允许不受别人干涉地做他有能力做的事、成为他愿意成为的人的那个领域是什么?"[①]也就是说,从消极的自由来理解,自由意味着"免于……的自由"(be free from...),没有任何人干涉我的自由,我就是自由的,它是一种保证个人自由的最低限度即基本人权成为可能的自由。而关于"积极的自由",伯林认为,它回答了什么东西或什么人,是决定某人做这个,成为这样而不是做那个,成为那样的那种控制或干涉的根源的问

第四章　消费的价值目的与伦理原则

---

① ［美］以赛亚·伯林:《自由论》,胡传胜译,译林出版社2003年版,第189页。

题。在伯林看来,积极的自由是"去做……的自由"(be free to do something),隐含着根据自我理性的个人决定去做,成为自己意志和行为的主人的愿望,这种自由关涉到社会制度的合法性和正义性。历史地看,两种自由自成目的,朝着不同的方向发展。伯林主张一种对自由的消极规定,以"消极自由"作为人类自由的底线和基准,自由意指免于干涉。总的来说,伯林的关于自由的两种概念受到人们广泛注意,而消极的自由似乎更引人注目更受到青睐。① 享有"经济学的良心"美誉的诺贝尔经济学奖获得者阿马蒂亚·森认为,伯林的"消极的自由"关注的是外在障碍(external barriers),而"积极的自由"关注的是内在障碍(internal barriers)。他比较赞同格林所说的"积极的自由",即泛指一个人做某事的自由,包括免于外在干涉的消极自由和伯林所说的积极自由,森将其称为"全面自由"(overall freedom)。② 森揭示出仅仅有消极自由无法保障人类的自由权利,某种剥夺如贫困与饥荒,可以在任何人的消极自由不受侵犯时发生。我们应该关注全面自由,即一个人有能力做这事或那事(如接受良好的营养,远离可避免的疾病和死亡,能够自由迁移等)的自由。森对扩展人们的"可行能力"(capabilities),有更大的自由去行动特别关注。具体地说,"自由"是人们享受他们有理由珍视的那种生活的可行能力,是"实质的"(substantive)"自由",即免受困苦——诸如饥饿、营养不良、可避免的疾病、过早死亡之类——基本的可行能力,以及能够识字算数、享受政治参与等的自由。"一个人的可行能力指的是此人有可能实现的、各种可能的功能性活动组合。可行

① 英国自由主义思想家霍布豪斯认为,自由主义的所谓"自由"主要指消极的自由,"在长时期内,它的消极作用是主要的。它的任务似乎是破坏而不是建设,是去除阻碍人类前进的障碍而不是指出积极的努力方向或制造文明的框架。它发现人类受到压迫,立志要使其获得自由。"[英]霍布豪斯:《自由主义》,朱曾汶译,商务印书馆1996年版,第7页。诺齐克强调个人拥有权利。有些事情是任何他人或团体都不能对他们做的,做了就要侵犯到他们的权利。这些权利如此强有力和广泛,以致引出了国家及其官员能做些什么事情的问题(如果能做些事情的话)。[美]罗伯特·诺齐克:《无政府、国家与乌托邦》,何怀宏等译,中国社会科学出版社1991年版,第1页。

② Amartya Sen, Markets and Freedoms, *Oxford Economic Papers* Vol. 45, 1993, p. 525.

能力因此是一种自由，是实现各种可能的功能性活动组合的实质自由（或者用日常语言说，就是实现各种不同的生活方式的自由）。"①

自由主义者通常在消极自由的意义上使用"经济自由"一词。根据《帕尔格雷夫经济学词典》的解释，经济自由(economic freedom)所描绘的是在一种特定的条件下，个人受他所处的经济环境中一定的特性的支配。自由表示个人在商品价格、可支配收入和可用于消费的公共财货的组合中达到消费满足的最大化。因此要求产品价格由市场竞争决定，个人能自由做各种选择，用自己的产业和资本参与竞争。可以说，经济自由主要是指人类经济生活的自由，是一种自由与干预的平衡以保持经济的稳定增长的自由，包括自由贸易、自由投资、自由交换、自由消费、企业经营、契约行为等，个人在经济活动中有免于人为的干预和强制的自由。事实上，无论是政治、经济、文化道德领域的自由，甚至是任何一个生活领域的自由，都可以从善恶的角度进行道德伦理的评价，都有其特殊的道德考量和道德规范。经济生活中的自由也不例外。正如著名的经济伦理学家科斯洛夫斯基所说："经济不是'脱离道德的'，经济不仅仅受经济规律的支配，而且也是由人来决定的，在人的志愿和选择里总有一个由期望、标准、观点以及道德想象所组成的合唱在起作用。……把经济看成是社会的一个独立系统，这只是现代的事情"，"伦理学传统——康德例外——总是主张道德和被正确理解的利益的一致，经济学理论的新成果只会证明这种一致。"②在此意义上，对经济自由的伦理反思，实际上是对经济自由本身的道德考量以及经济自由所必需的善恶评价和道德规范。当然，经济自由是人自由全面发展的一个根本手段，经典作家马克思曾表述了三层意思：一是人类的自由必须建立在人类改造自然的生产活动基础上；二是人类获得全面自由的前提，是人在与自然交换的生产活动或经济活动获得的自由，当自

---

① ［印］阿马蒂亚·森：《以自由看待发展》，于真等译，中国人民大学出版社 2002 年版，第 62 页。

② ［德］科斯洛夫斯基：《资本主义的伦理学》，王彤译，中国社会科学出版社 1996 年版，第 3、42 页。

由的个人真正联合起来合理地从事生产的、经济的活动,把人与自然的交换控制在人自己手中,摆脱自然对人的控制,也摆脱人对人的奴役、控制而获得经济领域中的自由;三是使人类的经济活动真正符合人的本性,而不是控制人使人的本性扭曲。总之,人类经济活动的目的本身就是人自身,这是人的全面的、真正的自由。在经济伦理的视野内,自由是经济活动的准则,反映现代商品经济下的经济关系,是交换价值的理想表现。市场经济的特点即大工业生产的本性决定劳动的交换、职能的变更和工人的全面流动,树立了前所未有的自由观。市场经济本性上要求经济主体具备自由意志,商品交换显示经济活动自由的必然,因而也产生自由观念。自由作为适应市场经济的经济伦理规范,将随着社会生产力的发展,升华为人类普遍的伦理规范,甚至是人类终极的发展目标,使人类从必然王国走向自由王国。①

个人自由一直是人类美好的理想和信念。格林曾由衷地说道:"我们可能都赞成,自由应被正确地理解为一种最大的福祉,它的实现将是我们作为公民的所有努力的终点。"②历史地看,反封建宗法等级人身依附关系,争取平等自由权利的斗争一直如火如荼地进行着,随着市场和市场经济的出现,个人自由才被添上了现实的翅膀。也就是说,市场经济为个人自由的实现提供了物质手段和社会条件的担保。按照马克思的说法,商品经济是天生的平等派,它以平等的自由交换主体的存在为前提。市场经济本质上内蕴着平等的自由权利的这一基本价值要求,它要求市场行为主体从宗法等级人身依附关系和宗教神学统治中解放出来,形成个人的自我觉醒意识,并充分肯定了个人权利及其利益,肯定个人主体性地位及其创造性。市场经济不仅孕育出了对于个人平等自由权利的关注意识,还滋生出个性与自由的自主意识和独立意识。作为市场行为的主体,不仅获得了人格自由和法律认可的主体

---

① 参见章海山:《经济伦理论》,中山大学出版社 2001 年版,第 216—218 页。

② Amartya Sen, *Rationality and Freedom*. Cambridge, MA: Harvard University Press, 2002, p. 7.

资格,还具有自由贸易、自由选择、自由发挥能力、自主决定生活方式等权利和自主承担经济行为的责任。事实上,市场为个人自由和个性解放提供了现实的社会物质基础,个人自由又使创造性生产劳动和自由竞争成为可能,从而促使整个社会经济的增长和繁荣。市场经济给人类带来了生活和行为的解放,从根本上为消费自由开辟了道路。具体来说表现在以下三个方面:

首先,自主选择和自由消费是个人自由的充分展现。中国古代社会,人们的消费被严格限制,体现着等级与身份的差异。不同身份的人们之生活方式和消费方式要符合不同的“礼”,即行为规范。等级消费规定了每一个等级的消费标准,超越标准的消费行为是“僭奢”。比如,孔子主张,“奢不违礼,俭不伤义”,荀子云:“衣服有制,宫室有度,人徒有数,丧祭械用,皆有等宜。声,则非雅声者举废,色,则凡非旧文者举息,械用,则凡非旧器者举毁,夫是之谓复古,是王者之制也。”传统礼制社会严格规定了按等级消费的生活方式,消费打上了鲜明的阶级性和差别性的烙印。

中世纪的欧洲也是一个等级分明的社会,由僧侣、贵族和平民构成。僧侣的责任在于祷告、赞扬上帝并在精神上救济人类;贵族则保护秩序、执行警察权并防御侵犯;平民的责任是用劳动来支持上面两特权等级。这些特权和等级观念,渗透了封建制度盛行下各国的整个中世纪社会。在日常生活中,衣食住行的消费明显反映出等级身份的差异。举例说,德国社会学家埃利亚斯(Norbert Elias)在其《文明的进程》一书中,谈到中世纪不同社会阶层的肉食消费情况:世俗上流社会大量消费肉食,部分寺院由于禁欲而放弃肉食,社会下层即农民的肉食消费量往往很有限。但是,这不是出于考虑上帝和彼岸世界而做出的自愿节制,而是出于肉食不够的缘故。农民饲养牲口往往供给了那些特权阶层、贵族和市民。也就是,社会结构的等级性决定了消费的等级性。

大众消费社会阶段,生产的意志让位于消费的意志,消费者可以自由选择,生产的意志服从消费的意志才能达到利益的最大化目的。在哈耶克那里,消费者主权是市场经济中最重要的原则,其前提——个人消费自由也受到人们的无比珍视。在自由主义思想家看来,消费者的权力是个人自由的集中表现,个人的消费权力是至高无上的。消费者利益也只有在市场经济中才能实现,因为市场经济通过竞争和价格机制,使生产者必须适应和服从消费者的要求,市场保障了个人自由。今天,市场经济为每个人自由平等的参与和能力的展示提供了广阔的舞台,使人们摆脱因政治权力、等级身份、传统观念、种族性别等政治文化因素所造成的束缚,保证了每个人自主选择生活方式,自由选择消费内容,确立新的消费理念的机会,为个人自由的充分展现提供了前所未有的社会物质生活条件。

其次,自由消费是个体认同的体现和表达。现代市场经济的高速发展带来了商品的极大丰富,为人们提供了多样化的生活方式和消费方式,消费的自由为人们提供了更多的个体身份认同的能力。后现代学者韦克斯(Jeffrey Weeks)指出,"认同乃关于隶属,即关于你和一些人有何共同之处,以及你和他者有何区别之处。认同给你一种个人的所在感,给你的个体性以稳固的核心。认同也是有关于你的社会关系,你与他者的复杂牵连。"①在齐格蒙特·鲍曼看来,对消费品的依赖性——即对购物的依赖性——是所有个体自由的必要条件;它尤其是保持不同的自由和"获得身份"的自由的前提条件。

事实上,物以类聚,人以群分,消费的一个重要的作用在于它是自我定位与身份认同的手段。人们消费什么,如何消费,在哪里消费,是个性和自我的展示,体现了自我的看法、定位和评价,以及对自己的社会角色和地位的接受。人们个性化的消费,意味着购买符合自己消费习惯的商品,展现个人的能力、成就和品味,表现个性张扬、个人财富、生活理念和价值观念,从而"定位"自己,建构并发展自我。"现在,人们通过向别人传达信息来定位自己,而这种信息的传达是通过他们加工和展示的物质产品和所进行的活动方式实现的。人们对自己进行熟

---

① Weeks Jeffrey, The Value of Difference, In Identity: *Community, Culture, Difference*, ed. by Jonathan Rutherford, London: Lawrence and Ishart, 1998, p. 32.

练的包装,由此创造并维持自己的'自我身份'。物质商品的不断丰富给这一过程提供了支柱。在一个物质产品不断丰富的世界,个人的身份成为一个人对个人形象进行选择的问题,而以往任何时候都不曾如此。人们越来越不得不对他们的身份做出一定的选择。"①

第三,自由消费是社会定位与地位竞赛的手段。消费是彰显个体经济实力、权力、社会声望,显示差异性的一种重要途径。由于生活环境、历史条件、生产生活方式以及资源分配不均等各方面的因素,实际上的不平等造成了不同的社会阶层或者地位群体。英国社会学家吉登斯(Anthony Giddens)指出:"一种社会定位需要在某个社会关系网中指定一个人的确切'身份'。不管怎样,这一身份成了某种'类别',伴有一系列特定的规范约束……某种社会身份,它同时蕴含一系列特定的(无论其范围多么广泛)特权和责任,被赋予该身份的行动者(或该任务的'在任者')会充分利用或执行这些东西;他们构成了与此位置相连的角色规定。"②消费个体总是隶属于一定社会阶层或社会集团,根据占有的社会经济资源来消费,你消费了哪个阶层的物品你就属于哪个阶层,消费成为社会分层和社会定位的表征。

与此同时,社会下层总是极力模仿社会上层的消费,以期达到与他们同样的消费水准,而社会上层又不断寻求新的时尚商品,制造新的流行风格来彰显自己的社会地位。因此,在这场对社会上层的向往和对社会地位的追逐中,人们对特定商品的需求总是永无止境,一种需求得到满足另一种需求立马又应运而生。也就是说,社会地位的竞赛通过物质商品的消费竞争表现出来。制度经济学家凡勃伦深刻地揭示,消费与人们所属的特定阶层或社会地位密切相关,商品的消费不仅有经济因素还有社会地位因素。"有闲阶级"在消费上超过了生活所需,达到消费的财物在数量和等级上符合"习惯的礼仪标准",以便满足竞赛

---

① [芬]尤卡·格罗瑙:《趣味社会学》,向建华译,南京大学出版社 2002 年版,第12 页。

② [英]安东尼·吉登斯:《现代性与自我认同》,赵旭东等译,三联书店 1998 年版,第 161 页。

心理和"歧视性对比"的要求,以"炫耀性消费"来表现自己的有闲和高人一等的生活习惯。因此,消费成了一种炫耀和竞赛,上一阶层总是消费上的礼仪标准的制定者,"每个阶级所羡慕的、所要争取列入的总是刚好比它高一级的那个阶级,至于比它低的或远在它之上的那些阶级,一般都是置之度外,不作较量的。"凡勃伦认为,"社会上没有一个阶级——甚至极度贫困的也不例外——对惯常的明显消费会完全断念;除非处在直接需要的压迫之下,否则对于消费的这一范畴的最后一点一滴是不会放弃的。人们宁可忍受很大的痛苦和不安,而不肯在非万不得已的情况下放弃金钱礼仪上最后剩下的一些小零小碎或最后的门面装点。世上没有一个阶级,也没有一个国家,会那样卑怯地屈服在物质缺乏的压力之下,甘心让自己不获得对这种高一层的或精神上的要求的完全满足。"①这种炫耀性消费心理,使自由消费成为一种社会定位与地位竞赛的手段。

二、消费自由与消费责任

恩格斯在其《反杜林论》中说到,如果不谈谈所谓自由意志、人的责任、必然和自由的关系问题,就不能很好地讨论道德和法的问题。市场经济中,个人的消费是自由的:在平等、自愿、自由的基础上,任何消费者都可以根据自己的经济状况、个性风格、生活习惯来作出选择性地消费。但是,消费自由的权利同时也包含了对消费责任的承诺。也就是说,我们在肯定消费自由的同时,也要明确意识到自由的道德负担,即消费的道德责任。具体表现在以下两个方面:

第一,消费不背离生活目的本身的责任。消费者或生活者拥有"消费者主权",有自由消费的权利,这是一种基本的生活权利。贝尔指出,"在受着消费者主权原则约束的市场经济活动中,生产什么东西是由作为消费者的个人或家庭按照他们的爱好所做出的集体决策来决定的。"作为社会的成员,我们有权利要求社会为我们提供充分有益的生活条件,以满足我们正常的生活需要。关键是,消费者应当充分意识

---

① [美]凡勃伦:《有闲阶级论》,蔡受百译,商务印书馆 2004 年版,第 77、65 页。

到这些问题的重要性:消费作为生活方式,怎样的消费方式和手段才是适当合理的? 如何消费才符合生活本身的目的? 如何消费才能幸福地生活? 对这些问题的恰当回答正是实现消费自由和道德责任平衡的前提。也就是说,只有当消费者的生活目的及消费方式是正当合理的,消费权利与消费责任的平衡才有实现的可能。比如说,奢侈消费就是生活目的的异化,消费不再是为了满足生活所需,而是为了五花八门的无限制的非自然欲望。贝尔精辟地分析道:"犹如地平线总是在延伸一样,个人的需求意识也会漫无止境。在资产阶级社会里,心理的'需求'取代了生理的'需求',成为需求满足的基础。这样,资产阶级社会所奉行的哲学是一种从享乐的角度算计快乐与痛苦的功利主义,就不是偶然的;或者说,功利主义创始人边沁创造了那个佶屈聱牙的新词 maximmization(最大限度地获得幸福),就不是偶然的。用亚里士多德的话说,欲求已经取代需求——所谓欲求在本质上就是漫无限度和无法满足的。新教的伦理曾经有助于对消费(尽管不是资本)积累的限制。当这种观念为现代资产阶级社会所摒弃时,剩下的就只有享乐主义。在选择方式的过程中,经济的原则——对效率和收益的合理计算一直在起作用,目的是增加生产(例如,劳动力和资本的最有效组合)。然而,起初推动社会经济系统向前迈进的力量却是一种基于个人欲望和无穷无尽的享受之上的追求奢侈的观念。"[1]消费的目的就在于生活本身,奢侈消费从根本上背离了幸福生活的目的。事实上,消费主义和享乐主义带来的并非是自由和快乐,不管是富人还是穷人,都将更多的时间用来工作而缩短度假的时间。为了我们的大房子、名牌汽车、高级服饰、许许多多情有独钟的精美物品,我们不得不减少与家人和朋友相聚的时间,减少用于睡眠、身体锻炼、旅游、阅读和其他有助于调节身心活动的时间。人们为了挣得更多的金钱而身不由己地牺牲自由,损害了感受生活和享受生活的能力。

---

① [美]丹尼尔·贝尔:《资本主义文化矛盾》,赵一凡等译,三联书店1989年版,第279—280页。

第二,弘扬节俭美德并维护合理经济秩序的社会责任。人是社会关系的总和,人的社会性决定了消费的社会性。因此,消费不仅是个人的事,凭自己的经济能力和兴趣所在而自由选择的行为,它本质上是一种社会活动。"人是生而自由的,但却无处不在枷锁之中。"(卢梭语)在黑格尔眼里,当听说自由就是指可以为所欲为,这种看法只能被认为完全缺乏思想教养。马克思则认为自由就是从事一切对别人没有害处的活动的权利,这种活动的界限是由法律规定的,正像地界是由界标确定的一样。霍布豪斯斩钉截铁地强调:"法治是走向自由的第一步。一个人被他人控制是不自由的,只有当他被全社会必须服从的原则和规则所控制时才是自由的,因为社会是自由人的真正主人。"①事实上,自由的本质是自律的。消费自由绝不意味着任性和为所欲为,个人消费自由权的实现和保障涉及社会条件和社会基础问题,包括社会物质条件的经济限制,社会制度安排和道德规范的限制。从现实的经验层面来看,节俭的消费方式和生活态度是一种生活美德。万俊人先生指出,节俭消费符合经济最大化效率原则和经济合理性原则,一方面,节俭杜绝对超生活必要的资源浪费,在保证人的正常生活需要得到满足的同时,使生活费用限制在合理范围,使剩余生活资料向社会生产资源的转化成为可能。另一方面,节俭不是节约或限制人们的正常生活需要,它是针对欲望的。节俭体现的是一种理性的生活态度,一种对生活目的的合理计划和生活方式的明智选择。尤其是在现代人类日益清醒地意识到自身生态条件和自然资源的有限性时,这种生活态度所具有的美德意义就更为凸显和珍贵了。② 与之相反的是,那些用公款进行的奢侈消费以及一些所谓的"大款"、"大腕"的恣意挥霍财富,既造成社会资源的巨大浪费,又不利于建立良好的社会道德风尚,更没有承担与其权利占有相应的道德责任和社会义务。如弗兰克在剖析"奢侈

---

① [英]霍布豪斯:《自由主义》,朱曾汶译,商务印书馆 1996 年版,第 11 页。
② 万俊人:《道德之维——现代经济伦理导论》,广东人民出版社 2000 年版,第294—296 页。

病"时所说,当我们在奢侈品方面消费的增长速度相当于整个消费增长速度的 4 倍时,我们的公路、桥梁、供水系统和其他公共基础设施部分的情况则在恶化,这使人们的生活处于危险之中。从自由与责任的关联来看,如前对公平原则的探讨,在经济伦理的范畴内,公平或公正指的是社会经济利益的均衡与协调,即权利与义务的公平分配问题。个人消费自由作为一种基本权利与社会普遍公平密切相关。也就是说,社会保障了个人消费自由并尽可能为个人创造更多自由行动的可能,与此同时,每一个自由的消费者也必须尊重社会正义安排和公平原则,合理分配和节俭使用有限的人类生活资源,维持人类生活的可持续发展,担当起维护经济生活秩序的社会责任,实现真正意义上的消费自由。

第五章
消费社会及其道德批判

164

全球化的时代,伴随消费社会而生发的"传统断裂、资源浪费、环境恶化、社区解体、主体性丧失"等社会和文化现象日益凸显,而作为消费社会重要特征的消费主义意识形态没有边界,它不仅成为全球性的经济文化特征,也成为我们这个时代的文明特征。在此情景下,对消费社会的关注和论争,已不再是一个地区性经济文化问题,而是一个与人类持久发展息息相关的需要我们共同面对的全球性问题。因此,在现代消费社会条件下,如果我们想要建立某种正当合理的消费伦理秩序,就必须重新审视人类现实消费生活,反思和批判消费社会,它既是我们难以回避的消费道德事实和消费道德境况,也是我们探究消费伦理的坚实基础和充分理由。本章将基于西方有关消费社会研究的主要观点,与第四章所论述的消费价值目的和伦理原则相对应,从终极目的、人与自然、人与人、自我反身,即从幸福问题、生态问题、贫困问题、个人欲望四个方面来对消费社会进行道德批判,并将这一批判融入更为广阔的全球背景中,既为我们全面而理性地看待现时代的消费现象提供了一个宽广的理论平台,也为消费伦理研究提供世界性的理论视景。

第一节 消费社会的理论溯源

在当今的晚现代(吉登斯)、第二现代(贝克)、超现代(巴朗迪尔)

或后现代阶段,现代社会几乎不再需要大批的工业劳动力和应征军队,而需要它的成员有能力去作消费者。今日社会塑造其成员的方法主要是由消费者角色的义务所决定的,我们的社会向其成员提出的标准是有能力并愿意去扮演消费者的角色。① 传统的以生产为中心的社会让位于以消费为中心的社会,引起人们全面审视消费社会的理论兴趣,这也是对 20 世纪学术领域中从现代性向后现代性话语转向的回应。有关消费社会的批判性话语中,主要存在两种不同的研究取向和理论范式:其一是在现代性语境中,消费社会被看作是现代性的后果,是资本主义社会劳动领域中的异化向消费领域的渗透,或者资本主义工具理性化发展的逻辑推演。这种研究取向立足于现代社会理论关于主体性、理性、进步的批判论述,关注由消费引起的社会失序与道德后果,追究隐藏在消费资本主义背后的社会权力关系。其二是将消费社会视为与现代社会截然决裂的后现代社会,强调人们的行动越来越为各种消费"符码"、"影像"、"诱惑"所控制,社会走向崩溃和解体,工业意识形态彻底失落,无深度文化无孔不入。它具体有两种不同的批判诉求,一是从积极的意义上寻找颠覆消费社会意识形态的机会和动力,一是着力于描述消费主义引起的"主体死亡"和"社会的终结",走向了悲观主义和虚无主义。它们共同点是偏重于对消费社会的符号意义的解读。②

一、消费社会的缘起与特征

从一种宽泛的社会历史角度看,20 世纪西方社会经历了从福特主义到后福特主义的过渡,实现了从工业社会向后工业社会的转变。现代化、标准化的大批量生产,使得消费者的购买力获得极大的提升,与此对应,广告业的繁荣、市场营销术以及分期付款制度的完善,这一切共同造就了一个大众消费的时代。一般来说,20 年代的美国就已经迈

---

① [英]齐格蒙特·鲍曼:《全球化》,郭国良、徐建华译,商务印书馆 2001 年版,第 77 页。

② 参见莫少群:《20 世纪西方消费社会理论研究》,社科文献出版社 2006 年版,第 38 页。

入了"大众消费社会"。美国学者大卫·里斯曼（D. Riesman）注意到，在世界上最发达国家，尤其是美国，随着由生产时代转向消费时代而发生了全社会范畴的革命。第二次世界大战后的法国的现代化进程也给人们带来了一种剧变感。从 50 年代初期到 70 年代中期，法国经历了一场波澜壮阔的复兴运动。"物质的现代化以惊人的步伐向前迈进，以农业为基础的社会变成了一个主要以城市和工业为基础的社会，一种停滞不前的经济体制一下子变成了全球最具活力和最为成功的经济体制之一。经济上的欣欣向荣以及与此相伴随的生活方式的改变，一下子把法国人根深蒂固的旧习惯同新生活模式之间的许多前所未有的矛盾抖落出来……一向被指责为眼光总是盯着过去的法国佬，现在突然间却要面对生活在现代世界这样一个事实——这使他们感到既震惊又害怕。"①事实上，资本主义社会发生了两次革命，而第二次革命更加意味深长。在里斯曼看来，在过去的 400 年里，第一次革命荡涤了统治人类大部分历史的以家庭或家族为核心的传统生活方式。这次革命包括文艺复兴、宗教改革、反宗教改革、工业革命以及 17 世纪到 19 世纪的政治革命等。这次革命当然仍在进行中，但在最发达国家，尤其是美国，这次革命正让位于另一种形式的革命——即随着由生产时代向消费时代过渡而发生的全社会范畴的革命。这个转向就是由过去的生产性社会转向了被物所包围的、大规模物的消费的社会，即以符号为中介的消费社会。

消费成为当下资本主义社会的内在逻辑，对于这一全新的历史阶段，对于大众消费社会的整体性兴起，法兰克福学派的研究者们忧心忡忡。他们看到了西方社会在充裕的物质生活后面蕴藏着的人的精神上的痛苦和不安，人成了商品的奴隶和消费的机器。他们关于"虚假需求"、异化消费和技术理性批判思想的讨论，引起人们对这个由生产为主导转向了由消费为主导的社会的强烈兴趣。各种术语纷至沓来，如

---

① ［美］大卫·里斯曼：《孤独的人群》，王崑、朱虹译，南京大学出版社 2002 年版，第 4 页。

"被控消费的官僚社会"(列斐伏尔)、"丰裕社会"(加尔布雷思)、"景观社会"(德波)、"后工业社会"(丹尼尔·贝尔)、"晚期资本主义"(詹明信)。而把当今社会界定为"消费社会",得到了研究者们广泛的认同。詹明信(Fredric Jameson)认为它同现代化社会、媒体或大众社会、跨国资本主义等系列概念相同,代表着"一种新型的社会生活和新的经济秩序"。对于消费社会的深刻描绘,最引人注目的莫过于波德里亚(Jean Baudrillard)。他指出,在我们的时代,消费控制着生活的方方面面,这一状态代表了完美的"消费进化阶段",从纯粹而简单的财富,到由互相联系的物品所构成的系统,到对行为和时间的全面控制,再到以百货商店、购物中心到现代机场为特色的未来主义城市,无不表明这一阶段的来临。

何谓消费社会?它作为一种全新的历史形态,具有以下三个基本特征:其一是技术理性的无限扩张,加上符号编码的图腾,商业的"触角"已经深入到人的潜意识深处,整个生产的过程就是制造消费的过程,消费具有前所未有的生产性质;其二是生产的意识形态已从幕前退居幕后,取而代之的是,大众传媒和"新的文化传媒人"通过意义联想与时尚制造,在引领生活风尚的同时,也在行使着对日常生活政治的监控;其三是消费者通过无止境的消费,在识读和认同社会通用的符号象征的同时,也在积极地进行个性的建构和生活的注解。① 今天,商品崇拜、消费竞争成为消费社会的伦理和意识形态,深入人们的思想意识。具体表现在:

第一,消费社会中一切都可以成为消费品,一切都可以出售,所有的商品都是符号,所有的符号也都是商品。由此,"我们处在消费控制着整个生活的境地",所有的物品、服务、身体、性、文化和知识等都可以被生产和交换。"人们一向认为不能出让的东西这时都成了交换和买卖的对象……这个时期,甚至像德行、爱情、信仰、知识和良心等最后也成了买卖的对象……这是一个普遍贿赂、普遍买卖的时期,或者用政

第五章　消费社会及其道德批判

① 郑红娥:《社会转型与消费革命》,北京大学出版社 2006 年版,第 70 页。

治经济学术语来说,是一切精神的或物质的东西都变成交换价值并到市场上去寻找最符合它的真正价值的评价的时期。"①美国社会学教授乔治·瑞泽尔(George Ritzer)曾描述了作为美国之产物的那些相对较新的"消费手段",这些消费手段在美国已经非常重要,而且它们也正处在向世界其他国家输出的不同阶段。其中的两种新消费手段是快餐店和信用卡。与消费手段有关的其他创新之处包括:购物中心(包括超大购物街区)、超级市场、网络购物街区、主题公园、电视购物、信息广告片、电话推销等,以及在某种程度上已经变得比较老式的超级市场。从表面上看,各种消费手段以及它们的功能是相当仁慈和蔼甚至是非常积极的。但它们不过是以各种对于生产者和销售者来说非常有利的方式,温和地(以及不是很温和地)引导消费者进行消费的一些消费手段罢了。有些时候它们的运作是以消费者的损害为代价的。例如:(1)快餐店为人们提供的食物在胆固醇、糖类、盐等方面的含量趋高,而它们有害健康;(2)信用卡诱导人们超出自己可支配的财力进行花费,诱使人们购买一些他们不需要甚至不想要的东西;(3)购物中心也诱使人们买一些可能不需要的东西;(4)电视购物网和网络购物街区允许人们每周 7 天、每天 24 小时地购物,这就增加了人们超出自己的能力进行消费的可能性;(5)商品目录册使人们可以在世界上的任何地方购买产品,这也容易使消费者购买一些不必要的东西。② 瑞泽尔精辟地指出,这些(以及其他新的)消费手段赋予人们某些能力使他们能够做一些以前不能做的事,但是它们也在资金、心理及物质上强制人们,使人们超出自己的需要进行购买,超出自己的"应然"进行花费。

第二,消费社会以最大限度攫取财富为目的,制造无限增长的消费需求,去满足生产自身无限扩大的欲望,以此确保资本主义的持续繁荣和发展。消费社会宣称在需求和满足原则面前人人平等,在物与财富

---

① 《马克思恩格斯全集》第 4 卷,人民出版社 1973 年版,第 80 页。
② [美]乔治·瑞泽尔:《后现代社会理论》,谢立中译,华夏出版社 2003 年版,第 309 页。

的使用价值面前人人平等,实际上,资产阶级的福利革命宣称人人平等的理念,寄希望于经济增长会提供财力增加穷人的收入,经济增长必然资助公众事业。这个想法不可能实现社会真实平等,不过是一种平等的幻觉而已。在波德里亚看来,"福利革命"是资产阶级革命,或简单地说是任何一场原则上宣称人人平等,但又没有能够实现这个目标的革命。

第三,消费社会中,购物和消费成为自我表达和身份建构的主要形式,人们越来越按照他们的消费模式而得到界定,由此,消费攀比和消费竞赛也愈演愈烈。凡勃伦的《有闲阶级论》是研究消费攀比和消费竞赛的经典著作,他提出的"炫耀性消费",指有意炫耀自己的消费行为,展示个人经济实力从而确定社会地位的一种手段。现代社会,当一个人的出身、历史和阶级在社会里不再那么重要的时候,个人的身份、财富、权力、地位成为一种流动的资本,尤其是那些显而易见的或容易辨认出来的东西,如服饰、汽车、房屋等,消费成为社会地位和个人身份确定的标识。从社会学的角度看,消费具有明显的社会分层意义,你若想进入某个社会阶层,就意味着必须消费那个阶层所特定的商品和服务,而那些必不可少的特定阶层的消费品又是不断淘汰、不断更新和改进的,人们对于社会身份(等级)的追求,最终使消费成为一种竞赛,往往通过消费攀比和消费竞赛来彰显社会地位。

现代社会是一个消费社会(与生产社会相对),在全球化浪潮的推动下,西方消费文化被作为令人艳羡的西方生活方式的代表推销到世界各地。作为美国的产物的消费手段,如快餐店和信用卡也正倾全力于国际扩张,这将意味着更大的利润。马克思很早就注意到,不断扩大产品销路的需要,驱使资产阶级奔走于全球各地。他必须到处落户,到处创业,到处建立联系。由于资产阶级开拓了世界市场,使一切国家的生产和消费都成为世界性的了。他们的产品不仅供本国消费同时也供世界各地消费。世界上越来越多的人步美国人之后尘,进行提前消费。如果人人效仿美国式的消费,将不可避免地更多地消费资本主义国家的商品,那么在给资本主义企业带来巨大利润的同时,也繁荣了资本主义体制。跨国扩张当然不限于快餐店和信用卡。现在,在亚洲和欧洲都能看到迪士尼的主题公园;购物中心和超级市场正在受到国际上的广泛接受;在美国领土之外,电视购物网也出现了,当然,就像它作为其中一部分的互联网一样,网络购物中心的范围本来就是跨国性的。确实,这对于一大批范围广泛的商品和服务的提供商来说是一种巨大的诱惑。①消费社会塑造的消费主义、物质主义、享乐主义文化充分融入各个领域中,成为全球化的重要部分,从而也为资本利益的全球化开辟道路。

二、现代性的反思:从工作伦理到消费崇拜

黑格尔曾经说,概念构成认识之网上的一个网结。所谓"现代性的反思",其中的"现代性"指的是我们观察、理解消费社会的一个重要视角。也就是说,"理论先于观察",没用纯粹的观察,任何观察已经予以某种理论为前提,借助于理论我们得以理解观察的对象,并对其作出解释。

一般来说,谈论"现代性"必然与"后现代性"相联系,现代性与后现代性这两个词包含着时代的含义。现代性出现于文艺复兴时期,是相对于古代性加以定义的,与传统秩序相对,指的是社会世界中进化式的经济与管理的理性化与分化过程(韦伯、齐美尔等),也就是现代资本主义工业化国家的形成过程。而后现代性意味着一个时代的转变,意味着具有自己独特组织原则的新的社会整体的出现,意味着与现代性的断裂。波德里亚和利奥塔都假定有一个后工业时代的运动,波德里亚强调,后现代时期的从生产性社会秩序向再生产性社会秩序转变过程中,技术和信息的新形式占有核心地位;利奥塔谈论的后现代社会或后现代时代,主要是向后工业社会秩序的发展。② 在当代的理论纷争中,对于现代性概念的界定,简单地说比较著名的解读有三个:"吉登斯从社会学的角度将现代性等同于'工业化世界'与'资本主义'制

---

① [美]乔治·瑞泽尔:《后现代社会理论》,谢立中译,华夏出版社2003年版,第322页。

② [英]迈克·费瑟斯通:《消费文化与后现代主义》,刘精明译,译林出版社2000年版,第4页。

度,哈贝马斯从哲学的角度将现代性看作是一套源于理性的价值系统与社会模式设计,福柯同样也从哲学的视角出发,不过却将现代性视为一种批判精神。"①当然,有关现代性概念的界说,不同学者有不同的看法。但在这里,现代性概念对于我们理解消费社会来说,为我们的观察预先提供了一个理论的基础。

传统社会是以生产为中心的社会,工作或劳动是人们生活的重心,既是个体谋生的手段也是安身立命的所在。韦伯曾通过新教伦理与资本主义精神之间的内在关系,对"工作伦理"作了深刻的分析。在韦伯看来,新教伦理是一种社会伦理价值取向,它倡导一种以节俭为核心的美德伦理和以天职为核心的工作伦理。韦伯所揭示的工作伦理包括了一系列社会文化及其伦理精神、人格气质,比如劳动天职、节制有度、讲究信用、忠于职守、积极进取、精明勤奋等等,正是这样一种社会精神气质驱动了资本主义的迅速的发展。消费社会的到来,消费与生产的关系发生了倒转,消费,而不是工作,成为生活世界运转的轴心。而对"消费社会"这个令人迷恋而又充满纷争的理论领域的研究,其中不仅有对它的各种不同的解读和困惑,也充满着对它的批判与解构的尝试。

毫无疑问,马克思提供了迄今为止对资本主义体系最为深刻而系统的分析,他提出的"异化劳动"和"商品拜物教"两个概念,为消费社会的研究提供了重要的思想启示和理论资源。在黑格尔异化理论的基石之上,马克思从实践出发建立了独具特色的异化理论。马克思认为,人与自然是对立统一的。一方面,人通过生产劳动改造自然,使之适应于自身的目的;另一方面,通过这一过程,人不仅使自己的本质力量对象化,而且在改变自然的同时改变着自身。从这一观点看,人的本质、人的需要都不是一成不变的,而是随着社会生产力的发展、人的文化素质的提高而不断丰富和发展的。如马克思所说,衣、食、住等不是纯粹自然的需要,而是历史上随着一定的文化水平而发生的自然需要。在这个过程中,人们通过劳动创造物质财富和精神财富用以满足自己的

①　陈嘉明:《现代性与后现代性十五讲》,北京大学出版社 2006 年版,第 5 页。

需要,同时,劳动也是人类满足自身的创造需求,是发展和完善自己的根本方式。但在资本主义条件下,人的劳动、人的需要和人的本性都被异化了,一方面,工人劳动的产品不是自己所需的物品;另一方面,工人必须出卖劳动换取工资,以便购买消费品满足自己的生活需要。劳动变成了商品,成为不符合人的本质的生产活动,表现为劳动产品支配人而不是人支配劳动产品,这就产生了异化。在马克思看来,工人把自己的生命投入对象,但现在这个生命已不再属于他而属于对象了。因此这个活动越多,工人就越丧失对象。凡是成为他的劳动产品的东西,就不再是他本身的东西。因此这个产品越多,他本身的东西就越少。也就是说,劳动不是出于内在的必然的需要,不再是"自由的生命表现",而是被迫的活动。我出卖劳动生产我并不需要的物品,我消费的物品不与我的本质发生联系。在资本主义条件下,商品劳动取代了生产与消费的有机的、实践的联系,代之以一种通过市场、金钱、竞争、利润为中介的关系,代之以一种商品的交换价值为中介的关系。马克思精辟地指出,异化使"劳动为富人生产了奇迹般的东西,但是为工人生产了赤贫。劳动生产了宫殿,但是给工人生产了棚舍。劳动生产了美,但是使工人变成畸形。劳动用机器代替了手工劳动,但是使一部分工人回到野蛮的劳动,并使另一部分工人变成机器。劳动生产了智慧,但是给工人生产了愚钝和痴呆。"①

马克思的另外一重要概念是"商品拜物教"(Commodity Fetishism),它指的是一种意识形态。马克思把商品经济形式在人性、人的意识中的表现,称之为拜物教。本来,商品作为劳动产品是人手的产物,在拜物教的意识形态中,却表现为商品可以离开人独立存在,自身具有生命,彼此发生关系、并同人发生关系的独立自存的东西,人的一切活动反而要受到它的支配,造成了"物的世界的增值同人的世界的贬值成正比"。在马克思那里,商品拜物教反映着资本主义社会中物与物的关系掩盖下的人与人的关系,人们在"只见物不见人"的商品交换中

---

① 马克思:《1844年经济学哲学手稿》,人民出版社2000年版,第54页。

失去了人与人之间的平等。也正是商品的这一神秘性质阻碍了我们去认识资本主义的剥削本质。

马克思关于"异化"劳动和"商品拜物教"的批判理论,成为20世纪有关消费社会的现代性研究进路的出发点。"马克思第一个追溯了商品形式的发生及其历史发展,并且表明它又如何成为资本主义社会的结构原则。后来的马克思主义者(卢卡奇、阿多诺、马尔库塞等)已经说明了在一种'新资本主义'消费经济中,商品化是如何渗入经验和社会生活的新领域的。在他们的理论中,资本主义已经变成了一个被物化的并且赋予自身合法地位的系统,在这个系统中,客体世界获得了控制权,而人类的富裕是由消费所定义的。在这个传统基础上,波德里亚最初主张商品形式已经发展到一个新阶段,此时符号价值替代了使用价值和交换价值,符号价值把商品重新定义为被消费和展示的符号。"①

马克思的理论为西方马克思主义批评家提供了取之不竭的思想资源,其中,卢卡奇(G. Lukacs)的"物化"(reification)理论就独树一帜。卢卡奇认为,物化是生活在资本主义社会中每一个必然的、直接的现实。商品结构中物的关系掩盖了人的关系,将人与人之间的关系转化为物与物或者"现金交易关系",物化导致了意识形态的操纵能力的增长。在《历史与阶级意识》这部西方马克思主义的开山之作中,卢卡奇把"物化"的后果概括为以下几个方面:第一,在资本主义社会内部,随着商品交换的发展和社会分工日趋细密,人们的职业越来越专门化,他们的生活围于一个十分狭窄的范围,这使他们的目光很难超越周围发生的局部事件,失去了对整个社会的理解力和批判力;第二,这种物化使活生生的历史现实机械化、僵硬化,人们对物(商品)的追求窒息了他们对现实和未来的思考。他们面对的现实不再是生动的历史过程,而是物的巨大累积;第三,它使人丧失了创造性和行动能力,只能消极地"静观"。物、事实、法则的力量压倒了主体性。人们在其中生活的社会秩序仿佛成了一种自然的环境,而不是人的创造行为的结构,人们

---

① Douglas Kellner, *Baudrillard: A Critical Reader*, p. 41.

只能服从却从来不能控制客观的物的法则。更有甚者,在这种环境中,即使是人们的行动和情感,也能成为他可以拥有也可以抛弃的物。物化的现实使人丧失了批判意识和批判能力。

法兰克福学派的马尔库塞(H. Marcuse),也是一位从物化角度对西方社会进行揭露和批判的西方马克思主义思想家。他注意到现代西方社会在充裕的物质生活后面蕴藏着的人的精神上的巨大痛苦和不安,"人成了商品的奴隶、消费的机器"。马尔库塞认为,我们可以区别开"真实的需求"和"虚假的需求",虚假的需求是指那些在个人压抑中有特殊的社会利益强加给个人的需求,这些需求使艰辛、侵略、不幸和不公平长期存在下去。这些需求的满足也许对个人来说是满意的,但结果将是不幸中的幸福感。最流行的需求包括:按照广告来放松、娱乐、行动和消费,爱或恨别人所爱或恨的东西,这些都是虚假的需求。而这些虚假的需求都是由资本主义社会强加给人们的。马尔库塞指出,资本主义"一再唤起新的需要使人们去购买最新的商品,并使他们相信他们在实际上需要这些商品,相信这些商品将满足他们的需要。结果把人完全交给了商品拜物教的世界,并在这方面再生产着资本主义制度、甚至它的需要。"现代资本主义社会不仅压抑着作为人的本质的爱欲,而且还把不属于人的本质的东西强加于人,把人的欲望和需要纳入整个资本主义秩序,使人们陷入深深的异化状态而麻木不仁。因此,资本主义社会虽然是人类文明迄今达到的顶点,但是,同时也是爱欲受到压抑的顶点。① 马尔库塞进一步指出,发达工业社会推行高生

---

① 马尔库塞把弗洛伊德的爱欲本质论与马克思的人类解放论结合起来,提出了一种爱欲解放论。在现代文明中,人受到压抑,就因为作为他的本质的爱欲受到压抑。马尔库塞认为,当马克思说到人的解放时,实际上也就是指爱欲的解放。但是爱欲的解放不能等同于性欲的放纵。爱欲不同与性欲,性欲仅仅是两性关系的欲望,而爱欲作为生命的本能,包括性欲、食欲、休息、消遣等其他生物欲望。爱欲会使个人获得一种全面、持久的快乐,并使社会建立起一种新的关系。马尔库塞指出,马克思把劳动看作人的本质,人的解放就是劳动的解放。然而只有把劳动与爱欲相联系,认识到劳动的解放就是爱欲的解放,才能说明人何以能在劳动中实现自己而获得快乐。参阅[美]赫伯特·马尔库塞:《爱欲与文明》,黄勇、薛民译,上海译文出版社2005年版。

产、高消费的政策,人们拥有高级住宅、轿车、彩色电视机,还有各种现代化的生活设施和用品,但是这种安乐是"痛苦中的安乐",需求是虚假的需求,满足也就是虚假的,是"强迫性的消费"。人们把物质需求作为自己唯一需求之后,实际上他们已是"为了商品而生活",把"商品作为自己生活灵魂的中心"。人与产品的关系完全被颠倒了,不是产品满足人的需要而生产,而是人为了使产品得到消费而存在。人拜倒在物面前,把物作为自己的灵魂,成为"单向度"(one-dimensionality)的人。马尔库塞不无幽默地说,"马克斯·韦伯没有能够活着看到,成熟的资本主义又如何在它理性的效率之中有计划地消灭成百万的人,有计划地毁灭人类劳动这个进一步繁荣的源泉;没有看到十足的疯狂如何成了生活的基础——不仅仅是生活持续的基础,而且是更为舒适的生活基础。他没有能够活着看到,'富裕的社会'面对着它的边界之外的不人道的惨剧和有计划的残忍,如何浪费它的不可想象的技术的、物质的和精神的力量,并且为了永久流通的目的而滥用它的力量。"①

　　总之,消费崇拜已经深入到人们的思想,成为整个社会的伦理和意识形态。从现代性视域出发的消费研究,基本特征是将消费社会视为资本主义商品逻辑演绎的结果,是生产领域的异化渗透到社会生活和文化领域的结果。可概括为如下几点:第一,消费领域呈现全面异化状态,"我们现在的消费欲望已经脱离了人的真正需要"(弗洛姆语)。人本身越来越成为一个贪婪的、被动的消费者。消费品不是用来为人服务,相反,人却成了消费品的奴仆。第二,商品拜物教盛行,人不再是具有独立人格的人。"经济设备自动地使商品具有人的行为的价值……,商品已失去了全部经济特征,只具拜物教的特点,更重要的是拜物教的影响已扩大到社会生活的一切方面。"客体世界成了主宰,人的自由、尊严、人格等被视为微不足道的东西。第三,人被消费文化所主宰,内心世界萎缩,丧失了自由。随着科学技术的高度发展,劳动分工的日益专门化,人们在劳动中从事越来越单调乏味、千篇一律的操

---

① 陈学明等编:《痛苦中的安乐》,云南人民出版社 1998 年版,第 53 页。

作,人越来越成为一种工具。与此同时,人的生活也机械化了,在所属阶层趣味、流行时尚、广告传媒等等的支配和左右下,每个人在不知不觉中就身不由己地沦为各种社会控制力量的俘虏。如霍克海默所说,随着内心世界的枯萎,作个人决断的乐趣、文化发展的乐趣、自由想象的乐趣,也一同消逝了。表面看来,在富裕的社会中,人们享受充分的自由和民主,实质上是"在富裕和自由的伪装下的统治",人们实际上更加不自由了,这种不自由是一种舒适的、安逸的、合乎理性的、民主的不自由,而这种舒舒服服、平平稳稳的"合理而又民主的不自由"正在发达工业文明中流行。

三、后现代性分析:从品味区隔到符号操控

尽管"后现代性"成为一种流行的话语,也在学术界引起广泛的回响,但这个名词和术语的准确含义却存在这巨大的模糊性和争议。"后现代性"究竟为何物,我们可以先了解与之相关的理论,目的是对后现代性作一个总体性的了解。一般认为,后现代主义思想流派产生于 20 世纪 60 年代,经过 70 年代与 80 年代的发展渐成气候,到 90 年代形成了全球性的影响。为了清楚起见,将后现代、后现代主义和后现代社会理论这些词分开解释,以下是贝斯特和凯尔纳(Best and Kellner)所做的区分:

(1)后现代(Postmodernity)指的是一个社会和政治的新时代,这个时代通常在一种历史的含义上被视为是紧随在现代时期之后。

(2)后现代主义(Postmodernism)指的是在艺术、电影、建筑等领域中产生的各种被视为与现代文化产品不同的那些文化产品。

(3)后现代社会理论(Postmodern Social Theory)指的是一种与现代社会理论明显不同的社会理论。①

所谓的"后现代性"之类,被理解为某种时代的社会精神气质,表现为某种认识与思想的态度。从这个意义上说,现代性与后现代性的

---

① 转引自[美]乔治·瑞泽尔:《后现代社会理论》,谢立中译,华夏出版社 2003 年版,第 8 页。

不同,主要就在于两者的思想方式与行为方式的不同。斯马特(Smart)认为有关后现代的理论存在三种基本立场:第一种是极端后现代主义者的立场,认为存在着一种激进的断裂,以及认为现代社会已经被一种后现代社会所取代;第二种较为温和些,认为尽管一种变迁已经发生,但后现代是产生自现代并且仍将继续与现代共存;第三种则认为与其将现代和后现代视为一些不同的时代,不如将它们视为一对处于长远结合关系中的两个东西,在这种长远的对立关系中,后现代持续不断地指出现代所具有的限制。因此,它们应该被视为可供选择的两种不同视角,而不是前后相继的不同时期。尽管斯马特的上述类型学分析不乏用途,但理论家认为它简单化了各种观点之间的巨大差异。事实上,如果我们不把现代和后现代看成是相互更替的时代,而是看成不同的分析方式,那么这种观点将会十分有用。"我们认为,'现代主义'和'后现代主义'并不是相互排斥的两种选择,而是相互交界的两个话语领域……如果我们认为后现代主义这一边并不包含可用来刻画当前文化的更多资源的话,那么,我们就可以一如我们过去所做的那样,工作在现代主义的这一边。"[1]本节我们从后现代性角度入手讨论消费社会。

将后现代社会视为一个消费社会,被人们广为接受。法国著名社会学家布迪厄(Pierre Bourdieu)的研究为我们展示了现代消费表现形态的复杂性。他在其《区隔:品味判断的社会批判》(*Distinction: A Social Critique of the Judgment of Taste*)一书中指出,不同的阶级由于消费习惯而形成不同的阶级品味,消费成为人们在特定场域中确立社会群体之间差异的一种策略性游戏,追求"品味"是为了"区隔"其他阶层,保持和提升其社会地位。用布氏本人的公式表述如下:

〔习惯(资本)〕+ 场域 = 消费实践

在布迪厄看来,消费是一种实践,每一个社会阶级都为自身合法性

---

① 〔美〕乔治·瑞泽尔:《后现代社会理论》,谢立中译,华夏出版社 2003 年版,第 11、307 页。

存在和优越性的保存而与其他阶级竞争,以使其文化资本合法化。例如,在法国,那些具有巨额经济资本的人(工业企业家、商业雇主),以商务宴请、外国汽车、高级别墅、网球、滑水、巴黎右岸的商业走廊作为自己的特殊品位。那些拥有很多文化资本的人(高等教育的教师、美术创造者、中学教师)却以左岸的艺术走廊、前卫派的节日、现代节奏、外语、国际象棋、跳蚤市场、巴赫等作为自己的品位。那些经济资本和文化资本都很少的人(半熟练、熟练、不熟练工人),则以足球、土豆、普通红酒、观看体育比赛、公共舞台等作为自己的品位。① 品位成为社会阶级的标识,社会下层对上层阶级的"高雅品位"的效仿加剧了现代社会的消费崇拜和消费竞赛。

法国著名思想家波德里亚则从符号学角度对消费社会和商品符号价值进行了深入的思考。② 1968 年,波德里亚出版了他学术生涯的第一部著作《物体系》(*The System of Objects*),凭借对"物"的分析,透过物并和物有关联的人的行为及人际关系系统,探讨了消费社会的物像结构。事实上,对"物"的研究在西方有着深刻的理论传统。在马克思那里,"物"体现为资本主义社会中物与物的关系掩盖下的人与人的关系,人们在"只见物不见人"的商品交换中失去了人与人之间的平等。海德格尔沿袭了马克思的批判思路,在理论逻辑上加深了批判力度,将

178

① Bourdieu, *Distinction: A Social Critique of the Judgment of Taste*. Harvard University Press, 1984, p. 310.

② 对于消费社会的深刻描绘,最引人注目的莫过于波德里亚。从 20 世纪 50 年代到 70 年代初,波德里亚的理论兴趣集中于对消费社会的批判分析,其思想体现在《物体系》《消费社会》和《符号政治经济学批判》这些较早著作中。波德里亚对西方消费社会的深刻反省和批判,为全球范围内方兴未艾的消费社会研究者们奉献了一座精致的理论宫殿,他的思想成为人们继续研究的理论基石。因而,对波德里亚消费社会理论的梳理和解读,成了一项十分重要的工作。正如美国哲学教授道格拉斯·凯尔纳所说:"在某些圈子里,让·波德里亚正不知不觉地进入到文化场景的中心。在许多'后现代'期刊和团体中,波德里亚正被看作是对马克思主义、精神分析学、哲学、符号学、政治经济学、人类学、社会学和其他学科中正统理论和传统智慧的挑战。"参见[法]让·波德里亚:《消费社会》,刘成富等译,南京大学出版社 2000 年版;See, Douglas Kellner. *Jean Baudrillard: From Marxism to Postmodernism and Beyond*, Polity Press, 1989, p. 1.

物的思考延伸到技术(生产力)层面。波德里亚把马克思对资本主义的批判从生产领域扩展到消费领域,以对物的存在方式的分析开始他的著述。在《物体系》中,波德里亚首先阐释了物体系统化的客观过程:通过对物的功能性和符号性区分,揭示物体功能的随意组合消解了物的象征意义,形成了一种功能性的符号意义体系;其次,他指出物体系的功能结构造就了与之对应的人的心理结构,即人的心灵合乎成体系的物的存在方式,人在消费中被符号所控制,实质上是人被物所役使;最后是对物体系的意识形态批判。在波德里亚看来,作为真实的功能的物不再出现,而是作为符号出现,它们制定出一种区分人群的符号体系,广告促使了这个体系的形成。

概略地说,符号学方法源自 20 世纪初瑞士语言学家索绪尔(Saussure)创立的结构主义语言学,在索绪尔那里,语言构成一种符号系统,符号的能指和所指之间是一种任意性的关系,符号之间的运作使得现实与符号之间的对应关系难以捉摸。法国学者罗兰·巴特(Roland Barths)将索绪尔的观点扩展到社会文化领域,发展出一套相对成熟的符号学方法论体系。在巴特的神话学里,被神话的过程就是符号的附魅(物的符号化)过程,与此对应的是如何解魅(反符号化)的过程。通过符号解码的方式,层层剥离出能指和所指,才能最终揭示物的本质。与此同时,波德里亚从其导师勒斐伏尔(Lefebvre)的日常生活理论中受到很大启发,他很快地进入到以符号为基点的消费社会批判理论中。

波德里亚注意到,消费是"一种系统化的符号操控行为"。然而,消费又是如何被符号操控的? 符号操控消费的目的是什么? 在波氏看来,消费是一种交流体系,也是一种"语言等同物",作为建立在某种符号和区分编码基础之上的交流过程,消费行为能够在其中得以实现并获得意义。一般来说,语言是一种符号系统,能指和所指组成的符号结构形成一种意义秩序,通过对比替换,意义被无限制地生产出来,形成一种系列关系。与语言结构类似,消费也是一种符号系统,物品通过符号变成功能性物品,它们实质上割裂了符号与实体的关系。物品在其使用价值的客观功用性方面,与物本身的特征有关,具有不可替代性。

但是,在功能性的符号意义体系中,物品只有符号价值,变成可以被随心所欲地相互替换了。在此意义上,消费不再与物的使用价值相关,也不再体现传统消费的个体性和主观性,"人们一旦进行消费,那就绝不是孤立的行为了(这种'孤立'只是消费者的幻觉,而这一幻觉受到所有关于消费的意识形态话语的精心维护),人们就进入了一个全面的编码价值生产交换系统中,在那里,所有消费者都不由自主地相互牵连。"①消费品形成系列关系,消费成为沟通和交换的系统,它以编制某种社会符码的形式发生作用,吸引人们规约于符码之中完成消费的意识形态功能。这就是消费社会中符号操控的运转过程。

符号操控消费,其目的是否定真相。在波德里亚看来,这也是我们这个消费社会的特点,即在空洞地、大量地了解符号的基础上否定真相。在波德里亚看来,广告(及其他大众传媒)的宣传作用就是对需要与消费的操控。广告话语的反复叙事,使消费者通过购物而实现了广告造成的神话世界神圣化。以往,在作为使用价值的物品面前是人人平等,现在,在符号与差异标识了的等级化物品面前,不再有任何平等。在符号操控下,人与物之间不再是简单的消费关系,物品成了符号,消费通过符号体系的差异化,追求一种符号价值的实现。而人本身也患上消费"强迫症",在生活的所有方面,在不知不觉中接受着消费的操控。对物品符号价值的揭示,反映了波德里亚走向对消费社会的深层批判。

尽管前期的波德里亚仍然是一个马克思主义者,他还是发现,政治经济学中对商品的使用价值和交换价值的区分是十分不够的。在《资本论》中,马克思重点考察的是商品的交换价值,而商品的使用价值,

① Jean Baudrillard, *The Consumer Society*, p. 86. 早期的波德里亚采取的还是一种传统的马克思主义立场,继续赋予生产的重要性。他将消费目标视为是"有生产的秩序所规定的",也就是说,"需要和消费实际上是生产力的一种有组织的延伸"。尽管它明显接受了"基础—上层建筑"这种简单的理论模式,但波德里亚还是赋予消费以相当程度的重要性。不同的是,从《物体系》开始,波氏开始系统地运用符号学方式揭示符码的影响力以及物的体系特征,因而,波德里亚的理论超越了前期的有关消费社会的讨论。

取决于自身的属性,失去了一般性和普遍性的可能,并且与资本主义生产矛盾以及商品拜物教都无关,因而没有什么神秘性。马克思把物的交换价值作为了物的商品形式,并揭示出交换价值领域中商品拜物教。波德里亚对此有不同的看法,他认为在使用价值质的层面,所有的物品因为"有用性"而具有可比性,这是物品都具有的一个"共同的抽象目标","对使用价值来说,即有用性本身,是被物化了的社会关系,就如同商品的抽象等价物。使用价值也是一种抽象。它是需求体系的抽象,遮蔽在具体的目的与使用的虚假外表之下,是物品与商品的内在目的。"①这就意味着,使用价值是"需求体系"的抽象,同交换价值的基础是抽象劳动一样,使用价值体系的基础是需求。在消费社会中,需求不再是对物的功能性的需求,而是对物的意义需求,对物的系列的需求,最终表现为对社会区别和差异的需求。使用价值被抽象为某种符号后,以往所表征的人和物的关系转化为人与人的社会关系,在需求体系这一符号系统中,它本身同样可以产生使用价值拜物教。在波德里亚看来,正是两个被物化的过程结合在一起,即使用价值拜物教与交换价值拜物教,它们共同组成了商品的拜物教。对于使用价值本身也是交换价值系统的一个产物,马克思没有认识到,事实上后者制造了一个理性化的需求与客体系统,将个人纳入了资本主义社会秩序中。

消费社会中的消费已成为一种符号交流体系,消费由对物的使用和消耗变成了一种财富的展示,即对符号价值的追求。如果说传统政治经济学分析的消费,是经济交换价值向使用价值的转化,那么今天的消费过程,是一种从经济交换价值向符号交换价值转化的过程。因而,走出传统政治经济学对使用价值和交换价值的分析,符号价值分析成为一种必要。在《符号政治经济学批判》中,波德里亚首次分析了符号性物品和象征性物品,他提出四种基本的价值逻辑:(1)使用价值的功

---

① Jean Baudrillard, *For a Critique of the Political Economy of the Sign*, Tr, By Charles Levin, Telos Press, 1981, p. 131.

能逻辑;(2)交换价值的市场逻辑;(3)象征交换的赠礼逻辑;(4)符号价值的差异逻辑。与之对应的对象分别是工具、商品、象征、符号。其中物品的象征价值较独特,在商品经济系统之外而不在此讨论。关于符号价值,波德里亚力图表明,一个物只有将自己从作为象征的精神确定性中解放出来,从作为工具的功能确定性中解放出来,从作为产品的商品确定性中解放出来时,它才成为消费物。在消费社会,物品不是为了满足需要而直接地被消费,由于物品之间的差异性关系,它们意味着某一地位。比如,"RAPIDO"是代表韩国运动休闲最高水平的品牌,从1988年汉城奥运会起与世界著名的体育品牌并驾齐驱。服装转变为"RAPIDO"服装,这是一种符号化的过程,人们购买它,消费的不仅是作为物的服装,同时还有"RAPIDO"所负载的符号价值,拥有它意味着最高价值的体育时装品牌。在对"RAPIDO"的消费中,人们显示出自己与众不同的品位和等级。正是这种社会区分的逻辑使当代资本主义社会变成了一个彻底的消费王国。对此,波德里亚曾以艺术品拍卖为例,在这一过程中,每次的交换行为既是一种经济的行为,同时又是生产不同符号价值的超经济行为。人们在拍卖中,不再考虑交换所依据的市场供求关系,以及商品的预期使用价值,而是追求艺术品所带来的地位和声望的符号价值。拍卖的行为本身就意味着一种社会分层(不是所有人能够参与),对艺术品符号价值的占有,显示了竞拍获胜者的优越社会地位和社会身份。在此,艺术品的价值来源于符号生产,而符号生产是差异性生产,是一种现实的等级体系生产。波德里亚认为,符号价值在当代资本主义社会中占据垄断地位,它本身成了社会区分逻辑的内在根据,通过对符号价值的占有,使一种差异和等级的关系在现实生活中显现出来。

对于波德里亚的符号价值理论,美国哲学教授道格拉斯·凯尔纳(Douglas Kellner)给予了充分的肯定:"在波德里亚的图式中,需求是真实的还是虚假的,劳动是自由的还是异化的,这些问题并不重要,因为这类概念仍然纠缠在生产主义逻辑之中。波德里亚相信,真正的革命性的出路应该是一种摆脱了一切功利主义律令,陶醉于狄奥尼索斯的游戏与狂欢能量中的符号交换。"①另一位美国学者波斯特则评论说，"就在马克思主义因为不能译解商品符号学而变成'意识形态'之处，波德里亚进来了，他丰富并发展了历史唯物主义，使它符合发达资本主义的新形势。"②波德里亚的消费社会理论对于马克思主义政治经济学的补充和丰富是毫无疑义的，同时在理解当今发达工业社会消费主义伦理所带来的冲击影响方面，其价值也难以估量。遗憾的是，波德里亚缺乏对他所揭露的消费现象和问题的深思反省，对于消费的具体社会实践问题也是悬而未决。他为未来的社会提供了具有启发性的思想线索，而消费社会的广阔理论空间还有待于我们的探索和拓展。

美国的詹姆逊是一位后现代社会的著名批评家，他援引了曼德尔的观点，把资本主义的历史分为三个阶段。即："市场资本主义"、帝国主义下的"垄断资本主义"，以及以"后工业社会"或"跨国资本主义"为特征的"晚期资本主义"。与资本主义这三个阶段相对应，他将文化阶段作了"三分法"的划分，即"现实主义——现代主义——后现代主义"。在詹明信看来，消费社会等同于后工业社会、媒体或景观社会、跨国资本主义。这个新动向在美国始于40年代后期和50年代初期的战后繁荣年代，在法国则始于1958年第五共和国的建立。60年代在很多方面都是个重要的过渡时期，是一个新的国际秩序（新殖民主义、绿色革命、电脑化和电子资讯）同时确定下来，并且遭到内在矛盾和外来反抗冲击和震荡的时期。③詹明信认为，消费社会突出的表现在于"商品消费同时就是其自身的意识形态"，也就是说，只要你需要消费，那么任何意识形态对你来说都无关紧要了，社会上出现的只是一系列的行为、实践，而不是信仰。詹明信进一步指出，当代西方人可以说是

① ［美］道格拉斯·凯尔纳、斯蒂文·贝斯特：《后现代理论》，张志斌译，中央编译出版社2001年版，第148页。

② Douglas Kellner. Jean Baudrillard: From Marxism to Postmodernism and Beyond, Polity Press, 1989, p. 148.

③ ［美］詹明信：《晚期资本主义的文化逻辑》，张旭东编，陈清侨译，三联书店2003年版，第399页。

生活在一种"十分标准化的后现代文化"之中,这体现在各种媒介、电视、快餐和郊区生活等方面。反之,在过去的时代,人们的思想、哲学观点等意识形态在社会与生活中扮演着重要作用,信仰与主义统治着人们的生活。与这一"消费社会"相联系的,是晚期资本主义的另一特征,出现了一个多元放任的社会,其中只有多元的风格和论述,却没有了常规、典范以及体系。詹明信认为,消费社会是肤浅和缺乏深度的。人们陶醉于不断涌现的购物中心、主题公园、商业区、汽车酒店、午夜场、好莱坞 B 级片以及科幻片和科幻小说等等,在无深度的消费文化中醉生梦死。

以上我们从两种视角探讨了消费社会。现代性批判视角通过"商品拜物教"、"物化"等概念来研究资本主义高度发达的消费社会里人与商品的关系,认为人在"丰饶中纵欲无度"中沦为一个贪婪的、被动的消费者,成为消费品的奴仆,导致主体性的丧失,内心世界的萎缩以及精神的堕落和空虚。后现代性的分析认为,消费社会中变换不定的符号的过度生产以及影像与仿真的再生产,导致了整体意义的丧失,消费文化呈现出符号遮蔽主体性、浅薄和无深度性以及历史性丧失等特点。而大众就在这一系列无穷无尽、连篇累牍的符号、影像的万花筒面前,被搞得神魂颠倒,找不出其中任何固定的意义联系。"在一些后现代主义的理论(如波德里亚和詹明信的理论)概括中也能找得到,他们在这里所强调的,就是后现代主义'无深度'的消费文化的直接性、强烈感受性、超负荷感觉、无方向性、记号与影像的混乱或如胶似漆的融合、符码的混合及无链条的或漂浮着的能指。"①我们从中看到,无论是现代还是后现代理论家,对消费社会都持有否定的态度和批判性的立场,他们表达了对当代西方高度文明掩盖下的人类生存危机和世界前景的忧虑,也表达了对人的生存状况和存在意义的关注。而对如何摆脱"消费奴役之路"做了种种有益的批判和探索,为我们留下了一个永久开放性的课题。

---

① [英]迈克·费瑟斯通:《消费文化与后现代主义》,刘精明译,译林出版社2000年版,第34页。

第二节　消费社会的道德批判

本节将从幸福问题、生态问题、贫困问题、个人欲望四个方面来对消费社会进行道德批判，以此抛砖引玉激发人们更多的关注、思考、批判和行动，并重视我们的行为所包含的道德内容。

一、幸福生活：消费主义的美丽神话

在所谓"物的丰盛"的现代社会，消费主义冠冕堂皇地登堂入室，成为主导人们生活方式的支配性的社会价值观。齐格蒙特·鲍曼在《消费主义的欺骗性》中写道：

> 我正在寻找一种探讨从旧观念中解脱出来的有关当代社会的理论模式。我发现消费主义是一个非常中心的范畴，消费性的选择在当代社会中扮演了某种极为中心的角色。消费，不只是一种满足物质欲求或满足胃内需要的行为，而且还是一种出于各种目的需要对象征物进行操纵的行为，所以，强调象征性的重要性就显得十分有必要。在生活层面上，消费是为了达到建构身份、建构自身以及建构与他人的关系等一些目的；在社会层面上，消费是为了支撑体制、团体、机构等的存在与继续运作；在制度层面上，消费则是为了保证种种条件的再生产，而正是这些条件使得所有上述这些活动得以成为可能。我认为我们迟早要重写 19、20 世纪的历史，因为我们只是把 19 世纪理解为工业主义的生产，那么消费主义的生产呢？消费主义必定也是在那段时间中产生的，但我们却忽略了这一点。一旦被作为一个中心范畴接受时，消费主义就会使我们对人的动机、人的态度、个人与社会之间的关系，以及人类生存的总体逻辑所作的最基本的假定产生不同的看法，作出不同的评价。①

---

① ［英］齐格蒙特·鲍曼："消费主义的欺骗性"，何佩群译，《中华读书报》，1998 年 6 月 17 日。

现代社会,消费主义大肆宣扬的神话是,物资产品的丰富必然带来幸福生活,追求更多消费品被视为大众通往幸福的道路。然而,消费主义伦理是给人类带来了幸福,还是使人类陷入到一种新的道德和精神危机之中?也就是说,物质繁荣与幸福是相互关联的吗?经济增长与消费增加一定会增进人们的幸福感吗?

传统说法认为,经济增长与福利之间,或是大众的富裕和快乐之间有着必然的联系。理查德·伊斯特林(Richard Easterlin)研究发现,从一国之内的比较来看,经济增长与幸福有关系(主观衡量),收入的高低和快乐的程度成正比。但是,当我们作一个国际比较时,发现不管是富国还是穷国,自认为生活"快乐"的人数,在各自国家的总人口中所占的比率都差不多,富国和穷国在呈报的整体快乐水平上几乎没有什么差别,因而预期中的经济增长与快乐之间的关系并没有产生。比如,低收入的古巴人以及富裕的美国人都宣传他们的幸福要远远地高于标准。伊斯特林还考察了1945年以来,美国在不同时期所作的一系列有关快乐的调查,结果发现,尽管每一个阶层所获得的收入的确都有所增加,但自认为快乐的人在整个人口中所占的比率还是保持相对的稳定。他用一个"相对所得"的模式来解释结果,也就是说,人们总是把同一个社会同一个时期中,别人所拥有的东西作为参照标准,主观地来判定自己的快乐程度。"在某一社会的某一时期里,都有一个固定的'消费模式'存在,事实上,几乎人人都是以此作为参照标准的。这一消费模式给大家提供了一个公认的标准,人们以此来进行幸福的自我判断和评价,这也就导致在标准之下的人们觉得不怎么快乐,而在标准之上的人们则觉得快乐些。纵观历史,这种标准往往随着整体消费水平的上升而提高,虽说这两者的增长速度并非完全一样。"[①]也就是说,总体收入的增长并没有使人们获得更多的满足感和福利。

拥有是获得幸福的秘诀,这是消费主义的信念。实际上,收入的增

[①] 转引自[美]苏特·杰哈利:《广告符码》,马姗姗译,中国人民大学出版社2004年版,第16页。

长和消费增加并不使人们更幸福,归纳其原因,至少包括了两个方面:

(1)如上所述,人们通过与他人的对比来作出判断和评价,当自己在对比中处于劣势时,人们的幸福感会大大降低。事实上,需要总是由社会定义的,并且是随着经济增长而逐步提高的。关于满足与需要的相对性,马克思在《雇佣劳动与资本》(*Wage Labor and Capital*)中形象地指出:

> 一座小房子不管怎样小,在周围的房屋都是这样小的时候,它是能满足社会对住房的一切要求的。但是,一旦在这座小房子近旁耸立起一座宫殿,这座小房子就缩成可怜的茅舍模样了。这时,狭小的房子证明它的居住者不能讲究或者只能有很低的要求;并且,不管小房子的规模怎样随着文明的进步而扩大起来,只要近旁的宫殿以同样的或更大的程度扩大起来,那座较小房子的居住者就会在那四壁之内越发觉得不舒适,越发不满意,越发感到受压抑。……我们的需要和享受是由社会产生的,因此,我们在衡量需要和享受是以社会为尺度,而不是以满足它们的物品为尺度的。因为我们的需要和享受具有社会的性质,所以它们是相对的。①

事实上,划时代的高消费也没能使消费者阶层更快乐些。收入增长带来的最初喜悦很快烟消云散,因为收入水平在总体上升,因为渴望更高的收入,这种新的对比只会带来失落感。比如,芝加哥大学的国民意见研究中心所作的常规调查表明,并没有更多的美国人说他们现在比 1957 年"更高兴些"。尽管在国民生产总值和人均消费支出两方面都接近翻番,但"更高兴些"的人口份额之比例自从 20 世纪 50 年代中期以来一直围绕着 1/3 波动。杜宁也指出,在收入与幸福之间存在的任何联系都是相对的而非绝对的,人们从消费中得到的幸福是建立在自己是否比他们的邻居或比他们的过去消费得更多的基础上。曾有哲人诙谐地把"有钱人"定义为比他妻子的姐夫的年薪高出 100 美元的人。具体地说,年薪为 40000 美元的人可能是快乐的,也可能是悲哀

---

① 《马克思恩格斯选集》第 1 卷,人民出版社 1995 年版,第 350 页。

的,但是,如果他们的同事的收入是 3.5 万美元而不是 6 万美元,那么他们极有可能对自己的物质生活标准感到满意。事实上,从不同的社会,如美国、英国、以色列、巴西和印度等得出的心理资料表明:高收入阶层倾向于比中等收入阶层略幸福一点,并且最低收入阶层倾向于最不幸福。任何社会的上等阶层都比下等阶层对他们的生活更满意,但是他们并不比更贫穷国家的上等阶层更满意,也不比过去较不富裕国家的上等阶层更满意。消费就是这样一个踏轮,每个人都用谁在前面和谁在后面来判断他们自己的位置。牛津大学心理学家迈克尔·阿盖尔在其《幸福心理学》中所说:"真正使幸福不同的生活条件是那些被三个源泉覆盖了的东西——社会关系、工作和闲暇。并且在这些领域中,一种满足的实现并不绝对或相对地依赖富有。事实上,一些迹象表明社会关系,特别是在家庭和团体中的社会关系,在消费者社会中被忽略了;闲暇在消费者阶层中同样也比许多假定的状况更糟糕。"①

(2)如果指向欲望而不是基于生活需要,那么无论怎样的收入增长和消费增加,亦无法满足所有的欲望,最初所获得的幸福感也逐渐烟消云散。这一类的表现诸如:"渴望得到更多","如果给我再多一点,我就会高兴了"等等。刘易斯·拉帕姆(Lewis Lapham)写道:"不管收入如何……美国人相信,只要收入增加一倍,他们将沉浸在幸福之中……一个年收入在 15000 美元的人,只要是收入达到了每年 30000 美元,毫无疑问的是,他的伤心事也因之缓解;年收入一百万美元的人们相信,如果每年能有两百万美元,一切都将令人满意。"②消费者不断贪求新诱惑,但又很快腻烦已有诱惑,每一件奢侈品很快变成必需品,新的奢侈品又会出现。消费主义绝对是乐于成全和翻新其诱惑。

18 世纪法国哲学家丹尼斯·狄德罗曾在其《与旧睡袍别离之后的烦恼》中说了这样一个故事:朋友送给狄德罗一件精美华贵的酒红色

---

① [美]艾伦·杜宁:《多少算够》,毕聿译,吉林人民出版社 1997 年版,第 22 页。

② 转引自[美]彼得·S. 温茨:《现代环境伦理》,宋玉波、朱丹琼译,上海人民出版社 2007 年版,第 375 页。

睡袍，他穿上这款华丽的睡袍后，感觉非常舒服和体面，于是穿着它在自己的书房里来来往往悠然自得。然而，与这身高档的睡袍来比，周围熟悉的东西越来越不顺眼，家具太陈旧，物品太朴素，式样也老套了，怎么看都像一颗璀璨的钻石落入退色的绒布垫上。于是，他慢慢地将所有的家具物品挨个更新。书房终于上了档次，配上了睡袍的品位，心满意足狄德罗坐在尊贵的书房中，却感觉越来越不对劲，自己不是成为物的胁迫对象了吗？这就是后来被经济学家称为的"狄德罗效应"，表达了一种攀升消费模式。物品之间相互匹配，就像人们穿衣服，除了注意整体的色彩、式样外，还要搭配适合的发型、鞋子、提包、佩饰、香水等，继而扩展到人们的住房、汽车、工作、职业，甚至人们的言行、举止等。这样消费的扩张就具有"齿轮"连带性，消费水准只能不断提高，无可逆性。比如，我们前面所讨论的奢侈品消费，当空调、电冰箱、电视、洗衣机、手机等类似物品，由曾经的奢侈品向必需品转化后，最初拥有它们时获得的快乐转化为习以为常，理所当然。然而没有它们，必然会为早已沉溺于其中的我们，带来异乎寻常的不适，除非有更好的东西来更新和替代。欲望无止境，必然导致消费向上的不可逆性。

用亚里士多德的话说，财富显然不是我们在寻求的善。因为它只是获得某种其他事物的有用的手段。在其《家政学》一书中，亚里士多德告诉人们创造财富固然重要，而如何去明智而合理地使用财富也是需要掌握的知识。福音书的禁律"如果一个人失去了自己的灵魂，即使他得到了全世界和所有的财富又有什么好处"，这句话似乎适用于所有的人。消费主义神话所鼓吹的物的丰裕、华美、堆积，给人们制造一种取之不尽的幸福感，让人们相信物质产品的丰富意味着好生活，这也就为全球范围内的奢侈和浪费套上了美丽的光环。高消费几乎没有限制，那些证明对人类更有利的其他选择（休闲、储蓄、大众化商品）被忽视了，而对高消费的生活方式的期望只能造成人们更多的失望，无论怎样的高消费都有挥之不去的不满足感，因为它所要满足的不是需要，而是欲望。欲望是无限的也是无法满足的。本杰明·富兰克林早就在告诫人们："金钱从没有使一个人幸福，也永远不会使人幸福。在金钱的本质中,没有产生幸福的东西。一个人拥有的越多,他的欲望越大。这不是填满一个欲壑,而是制造另一个。"由上可见,当代资本主义消费社会中,幸福生活只不过是消费主义制造的美丽神话而已。

二、生态危机:消费社会的极限问题

大量的事实证明,人类社会的经济发展逐渐逼近它的"增长的极限",大规模生产与大规模消费必然导致对自然界的过度掠夺和严重破坏。环保主义者对消费社会的批判可谓不遗余力,他们强烈谴责了消费主义导致全球性的生态危机,对人类未来社会的生存和发展提出了质疑。1962年卡逊(L. Kason)的《寂静的春天》成为一座丰碑,犹如旷野中的一声呐喊改变了历史的进程。她在书中列举了许多化学药品,比如DDT、BHC等造成了飞鸟绝迹以及土壤、河流的大面积污染。书中记叙的事情是发生在"50年代的美国",正是所谓的"繁荣的50年代"。对于虫害的防治,没有采用更加安全和可靠的自然或传统的手段,而大量使用农药,显然是为了开拓一个巨大的农药消费市场。《寂静的春天》给我们展示了一幅令人震惊和深思的图景:

> 从前,在美国中部有一个城镇,这里的一切生物看来与其周围环境生活很和谐。这个城镇坐落在像棋盘般排列整齐的繁荣的农场中央。其周围是庄稼地,小山下果园成林。春天,繁花像白色的云朵点缀在绿色的原野上;秋天,透过松林的屏风,橡树、枫树和白桦闪射出火焰般的彩色光辉,狐狸在小山上叫着,小鹿静悄悄地穿过了笼罩着秋天晨雾的原野。沿着小路生长的月桂树,英莲和赤杨树以及巨大的羊齿植物和野花在一年的大部分时间都使旅行者感到目悦神逸。即使在冬天,道路两旁也是美丽的地方,那儿有无数小鸟飞来,在出露于雪层之上的浆果和干草的穗头上啄食。郊外事实上正以其鸟类的丰富多彩而驰名……

> 一些不祥的预兆降临到村落里:神秘莫测的疾病袭击了成群的小鸡;牛羊病倒和死亡。到处是死神的幽灵。农夫们述说着他们家庭的多病。不仅在成人中,而且在孩子中出现了一些突然的、不可解释的死亡现象,这些孩子在玩耍时突然倒下了,并在几小时

190

内死去……这是一个没有声音的春天。这儿的清晨曾经荡漾着乌鸦、鸫鸟、鸽子、鸥鸟、鹪鹩的合唱以及其他鸟鸣的音浪；而现在一切声音都没有了，只有一片寂静覆盖着田野、树林和沼地。农场里的母鸡在孵窝，但却没有小鸡破壳而出。农夫们抱怨着无法再养猪了——新生的猪仔很小，小猪病后也只能活几天。苹果树花要开了，但在花丛中没有蜜蜂嗡嗡飞来，所以苹果花没有得到授粉，也不会有果实。曾经一度是多么吸引人的小路两旁，现在排列着仿佛火灾浩劫后焦黄的、枯萎的植物。被生命抛弃了的这些地方也是寂静一片。甚至小溪也失去了生命：钓鱼的人不再来访问它，因为所有的鱼已死亡……不是魔法，也不是敌人的活动使这个受损害的世界的生命无法复生，而是人们自己使自己受害。①

在《寂静的春天》敲响了生态危机的警钟之后，生态关注或环境保护引起了公众强烈的自责和深深的忧患。一系列具有影响力的书陆续出版：《增长的极限》(1972)、《只有一个地球》(1972)、《公元 2000 年代地球》(1980)、《地球白皮书》(1984)、《我们共同的未来》(1987)、《里约环境与发展宣言》(1992)等等，这些都表明，强烈的现实关注和价值期望愈来愈聚焦在"生态"和"环境"之上。我们正面临着严峻的生态危机，这种证明至少包括了三个基本方面：

(1)对自然世界的毁坏。其一，全球范围内出现不同程度的环境污染。《寂静的春天》描绘了大规模的环境污染状况，它又以不同的面孔在世界各地出现。在不同的工业区，不同类型的工厂排放着许多种的化学物质，诸如氮氧化物、硫酸盐、一氧化碳以及硫化氢等，这些污浊的烟雾构成了我们生活所在地的空气。与此同时，每天产出庞大数字的垃圾也是令人头痛的问题：

美国人对于物质的需求是世界上最大的。美国人平均每人每日直接或间接使用物质 125 磅，或者每年约 23 吨。美国人所制造

---

① [美]蕾切尔·卡逊：《寂静的春天》，吕瑞兰、李长生译，吉林人民出版社 1997 年版，第 2—4 页。

出的废弃物每人每年超过 100 磅。包括 35 亿磅送到垃圾处理场的地毯、250 亿磅的二氧化碳以及 60 亿磅的聚苯乙烯。在美国国内,我们浪费掉 280 亿磅的食物、3000 亿磅用于生产和加工过程的有机和无机化学品以及 7000 亿磅由于生产化学品而产生的危险废弃物。除了废水,美国每年所制造出来的废弃物总量超过 50 万亿磅。在美国,我们每生产 100 磅的产品,就会制造出至少 3200 磅的垃圾。10 年之内,我们就会将 500 万亿磅的分子转化为固体、液体和气体废弃物。①

而从油船与油井漏出来的原油,农田用的杀虫剂和化肥,工厂排出的污水,矿场流出的酸性溶液等等,它们使得大部分的海洋湖泊都受到污染。我们把千万吨废气送到天空去,把数以亿吨计的垃圾留在陆地,再让污水夜以继日地流到海洋中去。于是造就了空气污染、陆地污染和海洋污染,地球不堪重负,其程度超过了环境本身的自净能力,人类的健康生存岌岌可危。

其二,对自然资源的过度消耗。现代资本主义消费社会,其运行逻辑就是通过大量生产来保证大量消费,又通过大量消费来保证生产的持续进行,试图在其内部开拓了一个可无限发展的空间。然而,全球资源的有限性和世界经济增长的无限性之间的矛盾,使人类谋求无限发展的愿望落空。自 20 世纪 50 年代以来,法国、西德和英国也加入到高消费的行列中来,钢材的人均使用量增加了一倍,水泥和铝的进口量增加了一倍多,纸张的消费增加了两倍。最快的增长发生在 50 年代和 60 年代。大量袋装加工的冷冻食品的人均消费在 80 年代的欧洲增加了一倍,在这十年的后五年中,饮料消费——大部分装在用过即扔的容器中——以人均 30% 的速度递增。汽车拥有量在 80 年代的欧洲也增加了一倍,超过了 1988 年的家庭拥有量。今天的每个日本人比 1950 年的日本人多消费 4 倍多的铝、几近 5 倍的能源和 25 倍的钢材,人均拥有 4 倍的轿车。经过消费主义的 40 年扩张以后,西欧人和日本人的

---

① Paul Hawken, Natural Capitalism, *Mother Jones* April 1997, p. 44.

消费水平只比美国人略低一点。① 如果向所有的人推广这种生活方式,只会加速地球生物圈的毁灭。对资源的疯狂掠夺和对环境极端不负责任的破坏,使得我们共同居住的蓝色星球伤痕累累。

（2）对自然界生命的伤害。目前地球上已知生物大约有200万种,这些形形色色的物种构成了地球生物的多样性。人类不过是地球上诸多物种中的一个,各种各样活的有机体(动物、植物、微生物)有规律地结合,构成了稳定的生态综合体。也就是说,人与自然之间是生命共存一体的。而我们往往自认为是,对自然怀着技术功能主义心态,认为自然生命仅仅具有作为人类资源供养的工具性价值意义,完全遗忘并忽视遵循大自然的义务要求。我们把整体环境越来越改造为"人造"而非"自然",大规模的工业化活动,主要通过污染、破坏栖息地或是经由渔猎这样的直接开发,危害着地球生物的正常生存和发展,这一现象带来前所未有的生态变化,看起来正将许多其他物种推向灭绝。正如《1998年世界形势评述》(*State of the World* 1998)所述:

> 就像6500万年以前的恐龙一样,人类发现自己正处于一个物种大规模灭绝的时代,在整个生命历史中几乎是前所未有的一种全球性的进化灾变。对海洋无脊椎动物化石记录检查表明,灭绝的自然或"本底"率,已经在数百年的进化时间中占据优势,据称等同于每年大约有1~3个物种。截然相反的是,对当前情况的大多数估计是,至少在一年中有1000个物种消失,最保守的估计也是一个1000倍于本底率的灭绝率。②

（3）对生态系统的破坏。生态系统(Ecosystem)是英国生态学家坦斯利(Tansley)于1935年首先提出的,指在一定的空间内生物成分和非生物成分通过物质循环和能量流动相互作用、相互依存而构成的一个生态学功能单位。他认为生物及其非生物环境是互相影响、彼此依

---

① [美]艾伦·杜宁:《多少算够》,毕聿译,吉林人民出版社1997版,第13页。
② [美]彼得·S.温茨:《现代环境伦理》,宋玉波、朱丹琼译,上海人民出版社2007年版,第17页。

存的统一整体。也就是说,我们多产的地球,是一个创生万物的生机勃勃的系统,这种系统是地球表面上自然界的基本单位,它们有各种大小和种类。然而,快速发展的现代社会,人类对地球资源的浪费和损耗,对自然的动态稳定与生态更新的伤害干扰,直接威胁到大多数其他物种的生存状态。如一位哲人所说"人类的文明将从采伐第一棵树开始到采完最后一棵树"。令人可笑的是,现代资本主义一方面从外部的国家和地区攫取它所需要的资源和能源;另一方面,把本国生产和消费的废弃和污染物转嫁给这些国家,或者是把能耗大、污染重的企业以转让技术、扩大投资和提供援助的方式转移到发展中国家。这只不过是掩耳盗铃,世界是整体,生态无国界。在全球相互依存的背景下,很难想象,一个国家或地区通过损害别的国家或地区的环境生产力,来保障自己经济的高速增长,整个世界还能够和谐地运行和持续地发展。在生态环境问题上,任何国家都不可能独善其身,逃脱生态灭绝的诺亚方舟。例如,位于乌克兰基辅市郊的切尔诺贝利核电站,1986 年 4 月 26日,由于管理不善和操作失误,致使大量放射性物质泄漏。31 人死亡,237 人受到严重放射性伤害,在未来 20 年内将有 3 万人可能因此患上癌症。核电站周围的庄稼全被掩埋,少收 2000 万吨粮食,距电站 7 公里内的树木全部死亡。此后半个世纪内,10 公里内不能耕作放牧,100公里内不能生产牛奶等等。这次核污染飘尘给邻国也带来严重灾难,西欧各国及世界大部分地区都测到了核电站泄漏出的放射性物质。切尔诺贝利核泄漏事件就足以说明,在生态环境面前全人类前途、命运休戚与共。

由此,《珍惜地球》的作者义正词严地指出:"贪得无厌的人类已经堕落了,只因受到其永不能满足的物质贪欲的诱惑。撒旦唆使道:把石头变成面包! 现代人就照着做了,甚至到了制订某种能量集约计划以将地球上的岩石全部碾成面包原料的地步——妄图吃掉地球方舟本身。但耶稣对付这一诱惑时是警醒而审慎的:人类不能只靠面包生存。经济活动合理的目标是获得足够的面包而不是无穷的面包。贪得无厌的人类在心理和精神方面的饥渴是不会满足的;实际上,眼下为越来越多的人生产越来越多的东西的疯狂愚行还在加剧着人类的饥渴。备受无穷贪欲的折磨，现代人的搜括已进入误区，他们凶猛地抓挠，正在使生命赖以支撑的地球方舟的循环系统——生物圈渗出血来。"①毋须讳言，现代的人类过度地迷恋科学技术的力量，醉心于追求发展、追求效益，环境和资源的破坏已经严重到对人类的生存与发展造成巨大威胁的境地，人类应当如何在有限而脆弱的地球上继续生存的问题，对于目前的人类来说，是一个更为深刻也更为严峻的问题。

三、丰裕中的贫困：理想主义的终结

美国经济学家加尔布雷斯（J. Galbraith）在《丰裕社会》中写道："福利国家的经验是非常短暂的。贯穿全部历史几乎都是很贫困的。只有在欧洲人居住的一小角世界上的最近少数几代是例外，这种例外在人类存在的全部期间几乎是微不足道的。在这里，特别是在美国，才有巨大而十分空前的丰裕。"②在资产阶级理想主义者看来，随着加尔布雷斯宣称的"丰裕社会"的到来，富裕成为时代的主题，经济的增长必然使得社会发展，贫困因此会自动消失。③ 然而事实并非如此，贫富悬殊和不平等现象似乎在日益加重，"滴流效应"理论也没有起到作用。看来贫困不可能被"治愈"，它恰恰是资本主义追求更多积累，追求高速发展的明证。

"丰裕社会"的到来是否就意味着人类不平等的解除？平等是现代民主社会的基本理想，但在资本主义大工业化进程中并没有体现出来，反而是不平等现象在物质生活层面中有目共睹。今天，世界人口中最富有的 5% 的人的总收入却是最贫穷的 5% 的人的总收入的 74 倍。如果平均分配全球的国民生产总值，地球上的每个居民都能够很好地

---

① ［美］赫尔曼·E.戴利、肯尼迪·N.汤森：《珍惜地球》，马杰等译，商务印书馆2001年版，第179页。

② ［美］加尔布雷斯：《丰裕社会》，徐世平译，上海人民出版社1965年版，第2页。

③ "滴流效应"（Tricking Down Effect），新古典增长理论认为，随着经济的增长，国民收入的新增长部分将会逐渐地自动地向贫困阶层扩散，使贫困阶层分享到发展的成果。但实践证明，经济增长的好处并没有通过滴流效应自动地传递到贫困阶层，反而出现富者更富，穷者更穷的现象。

满足他的需求。然而,我们所看到的却是收入分配的越来越不均匀。资产阶级福利革命曾力图实现人人平等的良好愿望。但问题远未得到解决。现实生活中消费行为的自主性和动机的个性化,使得消费造成的人的异化以及消费中的不平等更为隐蔽。对于与需求密切相关的平等问题,波德里亚分析得一清二楚。他指出,在平等的神秘主义当中,"需求"与福利紧密联系,他们号称在需求和满足原则面前人人平等,在物与财富的使用价值面前人人平等。然而,需求是从使用价值来考虑的,人们已经建立起一种客观效用性或自然目的性的关系,而在这种关系面前,并不存在社会的或历史的不平等。诚然,资产阶级的福利革命宣称人人平等的理念,寄希望于经济增长会提供财力增加穷人的收入,经济增长必然资助公众事业。这个想法不可能实现社会真实平等,不过是一种平等的幻觉而已。至于消费社会的匮乏与不平等的问题,在波德里亚看来,"丰盛的社会"与"匮乏的社会"并不存在,也从来没有出现过。因为不管是哪种社会,不管它生产的财富与可支配的财富量是多少,都既确立在结构性过剩也确立在结构性匮乏的基础上。消费社会的稀缺表现为一种结构性的稀缺,丰盛只是表象。而贫困不在于财富的数量,它本质上是一种人与人之间的关系。正是在消费社会这个"区分性的社会"中,社会的不平等与对立清楚地表现出来。

尽管早在 20 世纪 60 年代贫困问题就成为世界银行首要关注的对象。但是从 90 年代到至今,有关贫困问题的报道成倍增加。不到十年的时间,反映收入不平等的基尼系数(Gini)从 0.25 上升到 0.35,平均数从 0.28 上升到 0.38,超过了联合国经济合作发展组织规定的水平。糟糕的是,贫富之间存在严重的收入不平等,国与国之间和国家内部之间的贫富差距日益拉大。在过去的 20 年,美国贫富差距的加深引人注目。美国人中那最为富有的 1% 所拥有的财富超过了底层的那 90% 的财富的总和。一项由预测与政策优先中心(Center on Budget and Policy Priorities)在 1997 年所作的调查发现,自从 20 世纪 70 年代中期以来,最为富有的那 1/5 美国人的收入增长了 30%,而最为贫穷的那 1/5 美国人的收入则下跌 21%。在过去的 5 年中,公司利润以实质单位(real term)衡量业已上涨了 62%。CEO 的薪金也有了极大的增长。1978 年的时候,该比例已增长到 122 倍。到了 1995 年时,CEO 在美国的报酬已经是普通工人的 173 倍之多。①

人们普遍承认,贫困是罪恶。有关贫困阶层的定义,国际社会一直没有一个准确的评价手段,往往是用每人每天生活费用 1 美元以下的标准来衡量。但这样一种贫困的定义是否说是恰当的呢? 1995 年 3 月,联合国《哥本哈根社会发展宣言》强调指出,发达国家与发展中国家内部的贫富差距在不断扩大,呼吁世人对贫困问题给予关注。并从两个方面界定贫困,即绝对贫困与普遍贫困,以便为跨国评估提供基础。

绝对贫困是指完全丧失基本人居需要,包括食物、安全饮用水、卫生设施、医疗保健、住所、教育和必要信息。这一定义不仅包括收入水平,也包括社会服务水平。

普遍贫困包括:缺少保障继续生存的收入和生产资源;饥荒和营养不良;疾病;缺少或没有受教育或其他服务的机会;患病率和患病死亡率增高;无家可归和没有足够的住房;恶劣的环境、社会歧视和社会种族隔离。还包括没有决策参与权;不能参加公民社会的文化生活。普遍贫穷遍及每个国家:发展中国家的大范围贫穷;发达国家和富人相比的少数人的贫穷;经济萧条带来的生活贫穷;自然灾害或武装冲突引起的突然贫穷;低收入公认的贫穷;没有家庭、社会机构及社会安全网络资助的完全贫穷。②

在阿马蒂亚·森看来,用一个人所具有的可行能力,即一个人所拥有的、享受自己有理由珍视的那种生活的实质自由来判断其个人的处境。由此,贫困应被视为基本可行能力的被剥夺,而不仅仅是目前识别贫穷的通行看法,即收入低下。当然,可行能力与收入的联系对消除收

---

① Lynette Engelhardt, *Bread for the World Background Paper Number* 142(September 1998), p. 6.

② [美]雅克·布道编:《建构世界共同体》,万俊人等译,江苏教育出版社 2006 年版,第 236 页。

人贫困是特别重要的,更好的教育和医疗保健不仅能直接改善生活质量,同时也能提高获取收入并摆脱收入贫困的能力。教育和医疗保健越普及,则越有可能使那些本来会是穷人的人得到更好的机会去克服贫困。"如果一个人没有可行能力避免可防御死亡率,不必要的疾病,或者可避免的营养不足,那么几乎可以肯定他在重要方面受到了剥夺。也许还有——更加高级——其他类型的可行能力,也可能获得普遍同意的,比如,因个人明显贫困而不能无害羞地出现在公共场合。"①

从可行能力的视角看待贫困,并没有否定收入不足造成的贫困,只是强调了除低收入之外,还有其他因素影响着可行能力的被剥夺。而如果我们只把注意力集中到收入多少上,就无法理解"丰裕社会"中的贫困问题。美国大约有3100万人被认为是生活在贫困线以下,这里衡量贫困的标准是指一个四口之家年收入不到1.2万美元这样一个生活水准。这与世界银行等组织所使用的人均年收入370美元的水准线有巨大的差异。见田宗介教授指出,在亚洲和非洲的许多乡村,家里没有电视机也不算贫困,但在东京、巴黎和纽约没有电视机就是十足的贫困了。在洛杉矶,家里没有小汽车的话,几乎连一个"普通市民"的正常生活也难以维持。对于这样一种贫困形态,一般用"绝对贫困"和"相对贫困"来解释。"丰裕社会"内部的贫困,是消费社会的体系所造成的,它强制其社会成员依存于日益高度商品化的物资供给与社会服务,并将此作为这个社会中"正常"成员的条件。这样,给绝对"必需"设定了一个又一个不断更新下去的新的水准,从而形成了一种新的并同样是切实的贫困。现代信息消费社会并不关注人到底需要什么的问题,它所关注的是作为"市场"而存在的需求,这一体系在其自身的运动中日益复杂化和多重化,不断去形成和设定只有靠日益增大的货币才能满足的需求。但对于怎样去满足人的必需并不关心,相对贫困正是在

---

① Jean Dreze and Amartya Sen, *Hunger and Public Action*, in The Amartya Sen and Jean Dreze Omnibus, Oxford: Oxford University Press, 1999, p. 15.

这样的落差中得以形成。① 例如,美国纽约市哈莱姆地区的黑人很少能活到四十岁,甚至不能超过孟加拉国人的预期寿命,这不是因为哈莱姆地区的人比孟加拉国的人还要低的收入。贫困不只是收入的问题,还与医疗服务的覆盖面、公共保健、学校教育、社会和社会秩序、暴力的泛滥程度等相关的社会安排有着密切的联系,它们影响了非洲裔的美国黑人的基本可行能力。再比如,在现代装备如电视、录像带、录音机、汽车等已经差不多普及了的国家中,参与社群生活的需要会导致对这些装备的需求(在不那么富裕的国家中则没有这种需求),这给富裕国家中相对贫困的人带来压力,即使他们的收入与不那么富裕的国家的人相比要高出很多。确实,在富裕国家——甚至美国——还存在饥饿这个令人不可理解的现象,就与上述物品的竞争性需求有关。阿马蒂亚·森指出,可行能力视角对贫困分析所作的贡献是,通过把注意力从手段(而且是经常受到排他性注意的一种特定的手段,即收入),转向了人们有理由追求的目的,并相应地转向可以使这些目的得以实现的自由,加强了我们对贫困和剥夺的性质及原因的理解。如果"人们行将饿死于饥荒,那么可以合法地把它理解为严重贫困的情况,甚至无须通过探究相对贫困来补充分析明确的绝对贫困。另一方面,即便没有人饥饿,可一些人与另一些人相比较,被严重剥夺了,并且把他们的相对贫困看成严重的,那么也可合法地断定贫困,就算这儿的标准完全是相对的而不是绝对的。"②以可行能力看待贫困,森更加重视绝对贫困的存在。贫困的概念中始终有一个绝对贫困的内核,即饥饿、营养不良以及其他可见的贫困。在"丰裕社会"日益高涨的消费水平造成世界一半人挨饿的各种机制中,最为直接明显的一个,就是将作为生存必需品的粮食转化为家畜饲料以及各种嗜好品的原料,同时又挤占了本该用于生产基本口粮的土地,这些土地被用来生产出口商品作

199

---

① 参见[日]见田宗介:《现代社会理论》,耀禄、石平译,国际文化出版公司1998年版,第102页。

② Amartya Sen, Levels of Poverty: Policy and Chance, *World Bank Staff Working Papers*, No. 401, July, 1981, p. 2.

物。苏赞·乔治在《为什么世界上有一半人挨饿》一书中作了详细地论述：

> 在低开发国家，更多的土地被用来生产更多的奢侈食品，但能吃上这些食品的人数，从在全体中所占比率来看却变得更少了。非洲现在不仅依旧向欧洲出口椰子油、花生、椰仁干油，而且还出口水果、蔬菜甚至牛肉。并且，这些出口牛肉的大部分竟然是来自于撒哈拉沙漠地区国家。墨西哥与南美各国则是面向美国的草莓、龙须菜等奢侈食品供给基地，南亚各国维持着日本丰富的市场。低开发国家生产出来的谷物立即被送到饲料加工厂，加工之后就被送到畜产区去给家畜上膘。但这些家畜肉却怎么也到不了低开发国的消费者手中。比如说在哥斯达黎加，这几年向北美国家出口的牛肉增加了 92%，但本国国内的肉类消费量却减少了 26%……巴西近年开始种植大豆，使得过去用于生产粮食的土地减少，从而引起食品价格上涨，国内饮食生活水平降低。多米尼加的情况也完全一样。美国的大型联合企业加尔福·韦斯坦公司在多米尼加拥有 27.5 万英亩土地(作为砂糖原料基地牧场)和世界上最大的制糖厂。在过去 20 年里，用于种植甘蔗的土地翻了一番，占到了全耕地的 25%。但另一方面，人均粮食生产量却在减少，粮食价格上涨到 10 年前的两倍，以至于一日一餐的家庭越来越多。1969 年哥伦比亚大学的医师对 5500 名多米尼加人进行抽样调查，发现半数以上的人体力虚弱，自出生以来就一直处于慢性营养失调状态。但尽管如此，多米尼加不仅出口砂糖(占整个出口贸易额的一半以上)，还出口西红柿、黄瓜、洋葱、胡椒、鳄梨、植物油，甚至还有牛肉。①

人们一般认为，在对外贸易中，加强贫困国家的出口有利于农业生产，提高农民的生活水平，减少贫穷。然而事与愿违，许多国家不再生

---

① ［日］见田宗介：《现代社会理论》，耀禄、石平译，国际文化出版公司 1998 年版，第 84—85 页。

产生存所需要的粮食,享受自给自足的经济模式,而是将原本富饶的土地用来种植出口的经济作物,把这些农产品出口创汇,同时又要到市场上买进粮食才能生存。事实上,"贫困并不在于没有钱,而是在于生活在那种以金钱为必需的生活方式中没有钱。"见田宗介先生指出,比如中国的南部少数民族巴马瑶族,因不少年过百岁且身体健康的老人而闻名,他们"没什么烦恼",食物为天然食物,如玉米粉与大米粥,蔬菜与甘薯,南瓜茎与大豆做的汤或炒菜,三天吃一次肉。巴马瑶族地区的人均年收入只相当于每天 0.13 美元。由此可见,如果以货币为媒介来衡量所得,同样是 1 美元,对于山村中基本上自给自足的农村共同体的居民和对于美国纽约、日本东京的居民来说,是有着天壤之别的不同意义。这里的本质问题是,资本主义消费社会通过对"贫困"地区的资源的掠夺,土地的占用,破坏了这些地区原有的共同体的生存条件以及共同体生活以后,就把这些原本生活在与美元无关的世界的人们,抛进了资本主义自身所制造的市场消费的体系之中,让他们也过上一种必须依赖"商品的生产和消费"才能生存下去的生活。同时,当这些人被卷入这种生活之后,由于上述的种种掠夺与破坏,又使得他们恰恰缺少货币,于是,他们不能不陷入贫困中。发达国家对发展中国家大肆掠夺自然资源,把发展中国家和地区作为原料供应者纳入世界经济轨道,使得他们不得不处于一种依赖地位上。从这些批判和分析中,我们可以看到,贫困普遍地存在于这个所谓的"丰裕社会"中。而这样的贫困,从根本上来说是资本主义消费社会体系制造出来的,是被吞没在这一体系的黑洞之中的贫困。那种以为"丰裕社会"的到来贫困能得到根本的"治愈"的想法,只能是资产阶级理想主义者的一个美好愿望而已。

四、欲壑难填:大众媒介的现代谋划

现代社会涌现的一大批自由的消费大众,似乎确定了消费者主体的经济地位以及个人消费权力的至高无上。消费主体倡导的"我买故我在",是否真的意味着个人已然成为商品市场上的主人? 消费主权论是否普遍有效?

《乏味的经济》(*The Joyless Econmomy*)一书的作者希托夫斯基(Tibor Scitovsky)批评了传统的经济理论,其焦点对准了所谓的"理性消费者"和"消费者主权"理论。他提出了"快乐等差"概念,说明满足的模式的稳定性,大致有四种可能的解释:其一,满足是从相对的社会等级而来,有什么样的社会地位,就会有相应的消费模式;其二,工作也是满足的来源,而且一个人所处的社会等级越高,收入越多,他从工作中所得到的满足也就越大,越有奋发向上的激情;其三,所谓的满足是从消费中所得到的新鲜感和奋发之情,但资本主义生产出来的产品,却往往把人的经验同化,它强调的是标准化;其四,满足还在于来自消费的、使人上瘾的那种舒适感觉,但既然我们认为这种感觉是自然而然地获得的,它也就不再是为我们提供奋发之情(与满足)的源泉了。后两方面正是希托夫斯基批评消费者主权理论的所在。该主权说来源于市场营销理论,它认为市场是消费者用金钱进行投票选择的地方,因此,市场上所销售的产品是消费者自由选择的结果。事实上,如果把市场比作一个投票机器的话,消费选择是有钱人的"选择",消费者主权也只是有钱人的一种权利。但是还有一种主要的力量限制着有钱人的消费主权,它是比例经济原理:即许多人购买的东西,其价格一定低于只有少数人才购买的东西。因此,在资本主义的市场里,豪富统治和大众做主是孪生并存的,但生产者的利润实现必须依靠大众的大量购买,生产者必须满足"那些原始的而无节制的欲求,或是同类的种种欲求。总之,在消费大众之中,思想最简单、品位较低而彼此都可以接受的那一个群体",所以说,大众生产的结果,必定是迎合一般的大众口味而不是创造一些曲高和寡的品位来。广告的主要功能便是确保大众的"一致性",只有经过这样限定处理的东西才能大规模生产。而消费者的所谓"自由选择",也只能通过以上方式,在已经选定和大量生产出来的产品里发挥作用。① 这正如存在主义哲学家萨特所感叹的:"选择的无

---

① 参见[美]苏特·杰哈利:《广告符码》,马姗姗译,中国人民大学出版社 2004 年版,第 17—18 页。

限可能性与选择的无可能性"。

消费的市场主导地位并不必然带来消费者自由度的提高,消费中的自由选择与市场的必然趋势的矛盾日益突出和复杂。现代人在"社会的麦当劳化"、"可口可乐化"的趋势下,在齐一化,同一化的产品和再生产出符码和系统面前的"选择"几乎注定不是一个自由的决定。这非常类似于波德里亚关注的公民投票权。在公民投票中,我们表面上拥有选择自由实际上都是事先规定的,它受到了严格的限制。同样,我们在消费时,表面上拥有选择自由,实质上是受到限制的。例如,沃玛特贸易中心,作为一家打折的百货商店,在开始时非常关注被其他大零售商避开的小城镇,因而它有资格作为新消费手段的例子。当沃玛特贸易中心进驻一个小城镇的时候,它挤走了购物中心的许多竞争的商店,在一定意义上说,他实际上成为城镇中唯一的赢家。这样,人们在沃玛特贸易中心选择购物,是出于一种使购物者别无选择的情境,而这样一种情境是沃玛特商业中心创造的。因此,与其说消费者是消费主权的拥有者,不如说他们是在一种"麦当劳化"的,在无尽市场商品海洋中难以辨明方向的漂流者。

事实上,现代资本主义体制就是要尽量克服"市场需要的有限性与生产能力的无限扩大"之间的矛盾,从而避免了可能会越来越严重的经济危机,保证自身持续的繁荣和发展。在此情形下,资本主义体制的无限扩大生产就意味着无限增长消费需求,以消费刺激生产,满足生产自身无限扩大的欲望。广告、商品设计等技术方式能有效拓展消费市场,因而成为资本主义经济体系的"魔杖"。现代社会,广告作为"一种关于客体且通过客体来表达的话语",占有重要的地位。它是最有影响力的一种社会体制,也构筑了大众媒介的内容。人们在消费商品以满足其需要的过程中,广告的参与成为一个很重要的因素。为了更清楚地说明广告对于人们日常生活的影响,表 5-1 显示出广告产品在不同时段中最常出现的价值观(在全美电视网的黄金时段和运动时段各抽取 500 则广告片作分析)。

表5-1 黄金时段与运动时段中最常出现的价值观① （%）

黄金时段		运动时段	
最佳	42.4	最好的	48.5
满足	33.2	休闲1	38.5
休闲	30.0	粗野	28.5
快乐/玩笑	25.0	和平/安全	26.7
美丽	24.0	休闲2	22.4
和平/安全	22.6	坚毅	21.8
家庭	21.8	男性情谊	21.2
健康	21.0	满足	20.2
家务	20.6		

204

　　表5-1显示,不同价值观暗示出不同时段的广告是在追逐不同类型的受众。广告运营商牢牢抓住了人们的心理,在运动时段中,交通运输和酒类广告占有优势;在黄金时段中,个人保健与食品占优势。广告向人们宣传商品的品牌、服务、款式、价格、功用等特点,唤起人们的消费欲望,引导人们的消费决策,使消费者无暇考虑自己的真正需要是什么的情况下,在宣传广告的刺激和操控下,产生"欲购情结"和消费行为。费瑟斯通曾指出,独具匠心的广告能够把罗曼蒂克、珍奇异宝、欲望、美、成功、共同体、科学进步与舒适生活等各种意象附着于肥皂、洗衣机、摩托车及酒精饮品等平庸的消费品上。可以说,大众媒介已经在需要的形成与满足的过程之中,在产品的市场化或商品化过程中扮演着推波助澜的角色。在《现代社会理论》一书中,见田宗介先生指出,现代的资本主义体制,解决供大于求的矛盾的有效方式,是要通过"消费社会化",即通过广告和设计等商业信息技术方式,来积极拓展社会的消费市场。而怎样让欲望脱离"自然的必要性"的地面,进入一个可供开拓的空间,成为"信息化、消费化社会"的核心课题,完成这个课题

---

　　① 资料来源:[美]苏特·杰哈利:《广告符码》,马姗姗译,中国人民大学出版社2004年版,第165页。

的就是"以设计和广告为中心的信息化"战略。事实上,消费的背后是欲望。所谓开拓无限的消费需求,实际上是开拓对消费的无限的欲望。

随着现代媒介技术的发展,今天我们所处的社会,无论是新闻、体育、政治和日常生活中,在无线电广播、电视、电影以及无所不在的广告的煽动下,消费主义潮流对人们的生活世界产生了巨大的影响。大众媒介创造了一个充斥着大量信息和符号的多姿多彩的虚幻世界,处处展示着富足的消费生活模式并对所有人开放的美好景观。社会理论家对大众媒介的评论褒贬不一,作为以刺激和制造人们消费欲望为宗旨的大众媒介,对它的批判主要有以下几个方面:

第一,大众媒介赋予了产品复杂的社会和符号意义,把消费者整合到一张充满社会身份和符号意义的大网里,强化了消费者的"齐一化"和"同质化"。在消费中,人们感到自己是独一无二的,拥有充分的自由选择和自主决策的消费主权,实际上,大众媒介所提供的广告和商品设计等信息成为人们消费理念、消费预期、消费态度、消费期望以及人们进行消费比较的主要来源。人们与自己社会群体中的每一个其他的成员都极其相似,消费的大都是相同的一些东西。也就是说,消费的自由与自主是极其有限的。事实上,在高度市场化的环境里,广告的目的就是在叙述称心如意的生活方式时令人联想到一个能指链,引起人们的情感、欲望和梦想,引导人们在市场中去购买产品。例如,百事可乐=年轻=性感=受欢迎=好玩,人们在消费它时就获得了它所代表的社会和符号意义,而实际上,对这款产品的消费是"平均化"、"齐一化"的,人们消费的是同样的东西。为了从众多广告中脱颖而出,给受众留下深刻的印象,现代广告的制作者就不得不费尽心思考虑到广告的娱乐性、新奇性或亲切感。与此同时,运用各种营销战略(如口碑相传、拍卖会、媒体炒作、网络营销等等),旨在广为传播信息,提高品牌的知名度。例如,①

---

① [美]埃里克·阿诺德等:《消费者行为学》,李东进译,电子工业出版社 2008 年版,第 203 页。

常德卷烟厂的"芙蓉王"在北京成功拍卖,差价及叫价轮次创下中国香烟竞价拍卖历史之最,至今仍未打破。全国13个省市与常德卷烟厂签订了购销合同。一直以来,"芙蓉王"都拒绝过度曝光,对硬性广告的投入非常理性,"芙蓉王"并不希望通过大众消费品式的广告轰炸手段,去实现品牌的高知名度,更希望通过口碑传播,努力为品牌渲染一种神秘高贵的气氛,提升品牌的美誉度。在北京拍卖成功之后,"芙蓉王"又策划了在华天大酒店夜总会拍卖,拍卖结果是"芙蓉王"以1500元一条成交,这在当时简直是天价。受拍卖的影响,"芙蓉王"的市场价格一路攀升。在"芙蓉王"炒得炙手可热之时,常德卷烟厂却在报纸上刊登了一则严正声明,声明指出,鉴于"芙蓉王"已被某些市场大肆炒作,有的地方甚至炒到了1000多元一条,严重地扰乱了市场香烟秩序,常德卷烟厂对此予以坚决抵制。这实际上又是一个非常高明的广告。

第二,大众媒介对需要和消费的操控,使人患上消费"强迫症",成为被欲望和符号操控的被动工具。以波德里亚、鲍曼等人为代表的后现代思想家认为,消费社会中物的消费其实就是符号的消费,消费是"一种符号的系统化操控活动"。本来,"我们在消费活动中应该是具体的、有感觉的、有感情的和有判断力的人;消费活动应该是一种有意义的富于人性和具有创造性的体验。但在我们今天的文化中,这是难以看到的。消费本质上是人为刺激起来的幻想的满足,是一种与我们真实自我异化的虚幻活动。"①通过每天的广告轰炸,人变成强迫性和冲动性消费的消费者,并且出现了"消费上瘾症"。在这样的消费中,人失去了主动性,追求一种符号价值的实现。而人本身也患上消费"强迫症",在生活的所有方面,在不知不觉中接受着消费的操控。以电视为例,电视中的人物所使用的物品和他们所参加的各种活动,标志着他们的社会地位。观众们即使不出家门,也能看到和听到其他社会

① [美]弗洛姆:《健全的社会》,蒋重跃等译,国际文化出版公司2003年版,第134页。

阶级的人们都在消费哪些商品以及他们是如何进行消费的。大众媒介的导向成为引导与操控消费行为的重要力量，在这个过程中，人们往往身不由己地陷入了无选择的境地。下面的例子说明了电视媒介具有使人上瘾的本性，让人无力自拔。

  在那些年的每天下午，我从学校回到家后，就开始看电视。如果我把这些看电视的时间都用来弹钢琴，现在恐怕已经是一位很有成就的钢琴家了；或者我把这些时间用来跳舞、阅读或绘画……但是我打开了电视机。每天、几乎每天都是这样，而几乎每年也是这样，把身子往绿色的旧沙发椅里一缩，舒适地靠着，或是躲在被窝中，身边摆着一袋油炸玉米饼，就着一杯牛奶，一边吃一边看着电视，与剧中人物 Dr. Kildare 一起去面临和感受他的生死命运……回想起那些逝去的下午时光，我总是骗自己说，自己并没有浪费这些时间……我一生中的 5000 个小时，就这么被我全部扔给了电视。[①]

第三，大众媒介对信息真实性和确切性的替代和覆盖，导致真实的沉没和意义的沦丧。在波德里亚看来，符号操控消费的目的就是否定真相。这也是"消费社会"的特点，即在空洞地、大量地了解符号的基础上否定真相。物品的符号意义被大量制造出来，现代的大众传媒起到了中流砥柱的作用。广告的大众传播功能是出自其自主化的逻辑本身，就是说，它参照的并非某些真实的物品，而是让一个符号参照另一个符号，一件物品参照另一件物品，一个消费者参照另一个消费者。广告是超越真和伪的，如同物品就其符号功能而言，它超越了有用与无用。对于广告商来说，广告的目标就是既要符合成本效益又要引起受众的注意和行动："(电视)作为一个生动的媒介，能够利用每一种艺术资源；此外，电视作为私人的家庭舞台，拥有绝好的机会来舒缓受众精神的压力。现在，30 秒一档的广告形式已经压倒了 60 秒一档的广告

---

  ① Kaplan, D. (1972). "The Psychopathology of TV Watching", Performance, July/August, p. 27.

形式,变成了电视广告中占支配地位的传播方式,而且这一发展趋势还正在强化。现在的广告中,有很少一段时间来用于做技术上的说服、证明以及单纯说明购买原因。每个人都知道广告所做的就是:瞬间的戏剧效果,威胁利诱无所不来。"①由此,波德里亚指出,"如今,媒介只不过是一种奇妙无比的工具,使现实(the real)与真实(the true)以及所有的历史与政治之真(truth)全都失去稳定性⋯⋯我们沉迷于媒介,失去它们便难以为继⋯⋯这一结果不是因为我们渴求文化、交流和信息,而

表5-2　产品资讯与特色②　　　　　　　　(%)

展示/描述实用价值:产品能够做些什么	43.1
展示使用的方法	19.7
展示/描述产品的客观特色:大概而不面面俱到	31.7
展示/描述产品的客观特色:详细而完整	6.2
科学测试,证明产品性能良好	9.4
主观的评价:不错的、优秀的、最好的	71.7
对于产品有信心:信任的、可靠的、耐久的	17.9
展示/描述生产过程/产品的历史	5.3
与其他产品作比较:一般性比较,没有指出厂商名称	22.9
与其他产品作比较:特定的比较,指出厂商名称	6.9
比较:声称比较好些	19.3
比较:确实展示/证明好在哪里	10
个人化:专为你制作的产品	8.3
价格上划算	12.3
参与消费者、公众或是工商界的共同利益与责任	1
反面的声明/警告	13.6
指出销售的地方/特价品的详情	9

① Barnouw, E. (1978) The Sponsor: Notes on a Modern Potentate, Oxford University Press, New York, p. 83.

② 资料来源:[美]苏特·杰哈利:《广告符码》,马姗姗译,中国人民大学出版社2004年版,第179页。

是由于媒介的操作颠倒真伪、摧毁意义。"①现实中,广告往往只给出了一些非常肤浅而又充满意识形态意味的资讯,而很少告诉我们产品是怎样生产的,仿佛商品以一种能够自主的形象出现在人们面前,它们似乎拥有属于自己的生命。表5-2即是最好的说明。

①　[美]马克·波斯特:《第二媒介时代》,范静哗译,南京大学出版社2001年版,第20页。

第六章
消费伦理秩序的现代建构

对西方消费社会的道德批判,让我们深刻地体会到,生活中既有的消费秩序并不代表这种伦理关系本身就是合理的,现代社会面临的消费道德危机,恰恰意味着出现了某种程度的秩序紊乱,而这种失序状态的消失,在根本上有赖于新的秩序的形成。而为人类消费生活提供一种整体规范和动态规导的合理消费秩序的建立,正是消费伦理本身得以确立的基础和希望所在。

和谐是人类的一种理想秩序,它指的是事物存在和发展的一种良序状态。在消费伦理的视野内,我们依然以调节人类的三种伦理关系为鹄的,寻求一种人与自然的和谐、人与人的和谐、人与自身的和谐,它们构成了消费秩序所追求的目标系统。而现代消费伦理秩序的建立,既离不开一种健全合理的社会政治、经济和文化制度的保障,也需要一种广泛的文化道德上的价值支持。

第一节　消费秩序的伦理诉求

加尔布雷斯认为:"现代发展计划的最终要求是:它有一项消费理论……一项关于生产最终目的的看法……令人惊奇地很少讨论但很少错过……更为重要的是应当计划什么样的消费。"[1]这里提出的优先内

---

[1]　J. Galbraith, *Ecomomic Development in Perpective*, Harvard University Press, 1962, p. 43.

容正是我们所要回答的问题,即消费的理想状态是什么?

一、新的蜜蜂寓言

美国《未来学家》杂志曾刊载了一篇题为《我们快乐吗?》的文章,引起人们对自我消费行为的关注和深思:"消费是好事,人们普遍这样认为。确实,增加消费是美国经济政策的主要目标。人类文明的发展使 20 世纪 70 年代和 80 年代的消费达到空前高的水平,这表明一种新的人类社会形式,即消费者社会,达到鼎盛时期。但是,消费者社会大量开采资源,总有一天可能会把森林、土壤、水和空气耗竭、毒害或者无可挽回地损毁。全世界各地的消费者们程度不同地要对人类面临的全球环境问题负责。具有讽刺意味的是,高消费在人们的术语中也是好坏参半的词。生活在 90 年代的人比 20 世纪初他们的曾祖父辈们生活富裕三倍半,但是他们并不感到快活了三倍半。心理学家的研究表明,消费和人的幸福之间的关系并不紧密相关。更糟糕的是,人类满足的两个主要因素——社会关系和休闲——似乎在奔忙致富中逐渐衰弱了。因此,消费者社会中的许多人感到,他们富庶的世界不知怎么有些空虚。因为他们为消费主义的文化所蒙蔽,试图用物质的东西来满足实质上是社会的、心理上的和精神上的需要,这自然是徒劳的。"①

现代西方消费社会,消费主义成为主流价值观,它所导致的生态危机和意义危机,意味着某种程度的消费秩序的紊乱。而这种失序状态的消失,在根本上有赖于新的秩序的形成。其理由之一是科学技术的工具理性日益成为现代人类的道德秩序基础。科学技术的进步,曾被喻为替人类盗来天火并传授技艺的普罗米修斯。然而,现代科技是一把双刃剑,一旦偏离了为人类造福的方向,带来的必然是祸害和灾难。毋庸置疑,工具理性无法辨明人类福祉的方向,它固有的缺失造就它只具有手段意义。工具理性在人类社会生活中的政治和道德问题面前,在人类的价值问题面前,必然是无能为力束手无策。因而,科学技术在

---

① 转引自欧阳志远:《最后的消费——文明的自毁与补救》,人民出版社 2000 年版,第 236 页。

卓有成效地给人类带来物的丰盛的同时,却无法回答诸如此类的问题:生产的理想状态是什么? 消费的理想状态是什么? 好的生活又是什么?

现代社会,个人的权力与自由备受重视。相对于凯恩斯理论和国家干预主义,新自由主义经济学倡导"经济自由"和"个人选择"的价值理念。它的主要代表人物之一弗里德曼曾指出,为了使自由市场有效运行,不应实现"福利国家"支持者所主张的"平等",而应当保持"不平等"。他认为,一个社会把平等放在自由之上,其结果是既得不到平等,也得不到自由。相反,"一个把自由放在首位的国家,最终作为可喜的副产品,将会得到更大的自由和更大的平等"。由此我们不难理解,新自由主义积极倡导"自由"至上,认为社会必定通过"看不见的手"走向繁荣。事实上,在西方经济理论史中,无论自 1980 年代以来兴起的新自由主义,还是自 1770 年代以来由亚当·斯密所开创的古典自由主义,其内核都是亚当·斯密所提出的自由放任。在斯密看来,个人通常"没有促进社会利益的心思,他们亦不知道自己曾怎样促进社会利益",而在他们追求自己的利益的时候,他们比出于本意的情况下更有效地促进了社会的利益。也就是说,个人追求私利的经济活动有益于整体社会福利的增进。然而,斯密没有看到,现代市场经济已经由控制资本的积累和价值生产,转向了对需求的扩张和对消费者的控制。在现代市场经济条件下,为了满足"市场需求的有限性与生产能力无限扩大的要求"(见田宗介语),消费者不再被允许自行决定消费还是不消费、消费多少或消费什么,而是被许多精心制造出来的消费欲望所引导,以确保人们积极地以各种方式参与到消费社会中去。由此,我们不难发现,个人追求私利的经济行为不是有益于社会,而是带来了祸害全球的生态危机和意义危机,这是寻求新的消费秩序的基本理由之二。

追溯到 1714 年,经济学家曼德维尔在其《蜜蜂的寓言,或个人劣行即公共利益》一书中说道,追求私欲和利益的蜜蜂为满足虚荣和欲望而奔忙时,各行各业都兴旺起来,当蜜蜂们突发奇想改变奢侈与傲慢之后,社会却变得一片萧条:"随着傲慢与奢侈的减少,一切艺术与技巧都相继丧失!""手工业者——不再有人订货;艺术家、木工、雕石工——全都没有工作而身无分文。"①于是,人们对自己利益的追求导致了社会的繁荣,会最终归结为公共利益,"私恶即公利"。在古典经济学时代,这一比喻基本上被理解为对那些为追求私利而进行生产的企业家形象的写照。而消费社会的蜜蜂们,纷纷追求物质生活的丰富和感性欲望的满足,变成了轿车驾驶者、电视观看者、购物商场的消费者和许多一次性用品的消耗者,已经由"生产的蜜蜂变成了消费的蜜蜂,劳动的蜜蜂变成了欲望的蜜蜂。"②这是一个新的蜜蜂寓言。

二、消费的伦理秩序

人生成为人的过程,马克思曾经归结于三个发展阶段:"人的依赖关系(起初完全是自然发生的),是最初的社会形态,在这种形态下,人的生产能力只是在狭隘的范围内和孤立的地点上发展着。以物的依赖性为基础的人的独立性,是第二大形态,在这种形态下,才形成普遍的社会物质交换,全面的关系,多方面的需求以及全面的能力的体系。建立在个人全面发展和他们共同的社会生产能力成为他们的社会财富这一基础上的自由个性是第三个阶段。第二个阶段为第三个阶段创造条件。因此,家长制的,古代的(以及封建的)状态随着商业、奢侈、货币、交换价值的发展而没落下去,现代社会则随着这些东西一道发展起来。"③这三个阶段,反映了人的类本性的生成过程。人是作为类存在于这个社会的,人的社会性是人类存在的样式和特质,没有人能够脱离社会而单独存在。

人的社会性及其存在的共同体性决定了社会秩序的必要性和可能性。人们在"社会共同体"中,必然形成一些交往规则和行为习惯,以确保人的类本性的存在和丰富以及社会的稳定和进步。也就是说,在

---

① [荷兰]伯纳德·曼德维尔:《蜜蜂的寓言》,肖聿译,中国社会科学出版社 2002 年版,第 8 页。

② [日]见田宗介:《现代社会理论》,耀禄、石平译,国际文化出版公司 1998 年版,第 17 页。

③ 《马克思恩格斯全集》第 30 卷,人民出版社 1995 年版,第 108 页。

人们现实的交往活动中,需要一定的行为准则和规范来协调人们各自不同的生活方式和关系,一方面,如马克思在《共产党宣言》中所说,使"每个人的自由发展是一切人的自由发展的条件",个人在社会共同体中能通过生命本质的相互交流,发挥内在创造潜能,人的类本性得以丰富;另一方面,在个人充分发展的基础上社会才能进步。因此,这些行为规范、准则就是作为社会关系的调节机制而存在的,它形成了秩序。事实上,所谓"秩序",指的是准则和规范系统。人类社会的存在和发展离不开协调稳定的社会秩序。

不同领域有其特殊的内在秩序,比如政治秩序、经济秩序、法律秩序等等,它们共同构成了人类社会秩序,指导和规范着人们的行为,实现社会的有序发展。在所有这些社会秩序中,伦理秩序可以说是无所不在的,它渗透在日常生活中的各个领域。高兆明先生指出,人们日常生活中的政治、经济、法律等领域的具体活动,都是人的自由意志活动的定在,都具有伦理性或价值性。因为如果这些具体领域中的具体活动没有伦理性,就意味着这些具体活动不是社会的、关系的、人的,不是自由意志的,是没有自由意志的纯粹自然冲动,从这个意义上说,这些具体领域的具体活动都是具有伦理性的,这些领域中的秩序都具有伦理性的秩序。伦理秩序为这些社会具体领域的秩序提供合理性与正当性证明,并为这些领域的行为主体确立起基本的价值精神要求。经过伦理秩序的反思性批判后所确立起的各具体领域秩序,直接履行着对自身领域的调节与规范作用,在这里,伦理秩序所内含的基本价值精神渗透并转化为各种具体的秩序要求。① 据此,伦理秩序可以大致理解为一种内在于现实客观社会伦理关系及其结构中的道德规范系统和价值理念系统。

毫无疑问,消费生活也是人类日常生活的一个基本领域,它内含着消费正义、平等、自由等伦理性的内容,伦理秩序就存在于其中。也就是说,一方面,消费生活领域就其本身而言有自己特殊的规律和尺度,

---

① 高兆明:"'伦理秩序'辨",《哲学研究》,2006 年第 6 期,第 109—110 页。

我们需要根据并遵循消费活动的客观规律而行动;另一方面,伦理秩序始终渗透于消费生活领域中,为消费生活中的社会关系及其秩序提供合理性基础。可以说,消费伦理秩序指向的就是人类消费生活及其应遵守的价值规范体系。而伦理秩序总是以理想的社会生活为旨归,包括制度的公正、人际的和谐、生活的幸福、富有德性精神的社会等等,同时追求着人类文明的充分延续和健康发展。

由此,在社会高度发展的今天,人类已面临着严重的消费道德失序及其所带来的人的全面异化和一系列生存危机,在此情况下,消费伦理秩序的现代构建,为人类消费生活提供整体规范和动态规导的重要性和迫切性,就日益显现出来。

第二节　消费秩序的目标指向

人类的一种理想秩序是和谐。"和谐"(harmony)指的是事物存在和发展的一种良序状态。古希腊人崇尚的哲学观是"大宇宙"的自然哲学和"小宇宙"的人生哲学的和谐统一。中华民族历来注重对和谐的追求,以求达到"致中和,天地位焉,万物育焉"的美好图景。中国国家主席胡锦涛在美国耶鲁大学演讲时指出:中华文明历来注重社会和谐,强调团结互助。中国人早就提出了"和为贵"的思想,追求天人和谐、人际和谐、身心和谐,向往"人人相亲,人人平等,天下为公"的理想社会。今天,中国提出构建和谐社会,就是要建设一个民主法治、公平正义、诚信友爱、充满活力、安定有序、人与自然和谐相处的社会,实现物质和精神、民主和法治、公平和效率、活力和秩序的有机统一。

"和"是传统文化的核心内容之一。中华民族一直强调和谐均衡,协调发展,在人与自然的和谐方面追求"天人合一","万物一体","民胞物与","天地与我并在,万物与我为一"的境界;从人与社会的角度追求和谐是实现"视天下为一家,中国犹一人"的大同世界;从身心和谐的角度追求和谐是获得一种至善的人格规定,做到心胸坦荡,仁民爱物,"仰不愧于天,俯不愧于人"。这种和谐,是"和而不同",既是动态的和谐,也是差异中的和谐。如费孝通所说的"各美其美、美人之美、美美与共、天下大同"的和谐。如果说秩序是人类社会得以维系和发展的必要乃至根本条件之一,那么和谐就是社会秩序的目标指向。是故,一种现实合理的消费伦理秩序的目标指向,应当是三种基本伦理关系的和谐:即人与自然的和谐、人与人的和谐、人与自身的和谐。

一、人与自然和谐

人类在对待人与自然的关系上,历来存在着人类中心主义与非人类中心主义的争论:(1)人类中心主义以达尔文的生物进化论(物竞天择、适者生存)为其理论基础,把人类的利益作为价值原点和道德评价的依据,人是价值判断的主体。在人与自然的伦理关系中,人是主体,自然是客体。人类的整体利益和长远利益是保护生态环境的出发点和归宿,也是评价人与自然关系的根本尺度。马克思曾一针见血地指出,人类主体性表现于精神生活中,就在于意识到思维与存在的对立;人类主体性表现于现实生活中,则是以人对自然的全面控制与利用为标志的现代生活方式,及其在世界范围内的普及与发展。(2)非人类中心主义则以生态学为理论依据,强调生物界的互利共生,并以道德关怀对象的不同,分为动物解放论、生物中心主义和生态中心主义。动物解放论主张人与动物是平等的,动物拥有像人一样的道德地位。如澳大利亚哲学家辛格所说,"我们应当把大多数人都承认的那种适用于我们这个物种的所有人的平等的基本准则扩展到其他物种身上来。"[①]生物中心主义认为,人类的道德关怀应该扩展到所有的生命体上,不仅包括能感受快乐和痛苦的高级动物,也包括低等动物和植物等,它们都具有存在的内在价值。生态中心主义则主张一种整体主义生态伦理观,强调以生态共同体的"整体价值"为标准,它涵盖了"大地伦理"、"深生态学"和罗尔斯顿的"自然价值论"。人类中心主义和非人类中心主义实质上都是站在人与自然对立的立场上看问题,只不过人类中心主义执

---

① Peter Singer, All Animals are Equal, *Environmental Ethics: Readings in Theory and Application*, edited by Louis P. Pojman, Johnes and Bartlett Publisher, Inc, 1994, p. 34.

著于以人为中心,非人类中心主义则以自然界为中心,它们割裂着人与自然界互为存在的辩证统一关系。

如果说人类中心主义价值观和工具主义价值观是现代西方增长型发展观背后的道德文化支持,那么人类对自然的掠夺性消费正是这一逻辑所导致的必然后果。从 17 世纪法国哲学家笛卡儿开始,一种基于主体与客体两分的思维模式的科学理性主义认识论哲学,逐渐取代了传统的古希腊哲人创立的宇宙观哲学,即关于"大宇宙"的自然哲学与关于"小宇宙"的人生哲学。在这种主客二分的哲学思维模式中,人成为思想的中心,认识的主体。人与自然区分、对立起来,自然为人而存在。这种人与自然的主客体关系,就如康德所说的"人为自然立法",黑格尔称之的"主—奴关系"。与此同时,一种现代工具主义价值观念也由此滋生,认为自然界仅仅具有为人类提供资源供养的工具性价值意义。人类在"人定胜天"的思想下,"征服自然"、"宰制自然"就是要实现自身的价值目的。在此思想的支配下,人对自然资源展开了弱肉强食般地疯狂掠夺。而以英国经济学家 A. W. 刘易斯和美国经济学家 W. 罗斯托为代表的发展经济学曾预设经济是可以无限增长的。[①] 并乐观地预设了国民收入的增长迟早会带来社会和政治问题的解决。这里经济的无限增长需要的一个前提就是自然资源是无限的且不可耗尽的,自然生态环境可以为经济无限增长提供永久性支撑。

然而,世上"没有免费的午餐",经济的无限增长只是一个美丽的神话而已,全球生态环境的恶化已经在为人类敲响警钟。罗马俱乐部

[①] 刘易斯的经济增长理论认为,发展就是经济增长,把国民生产总值和人均国民收入的增长作为评判发展的唯一标准,把储蓄、投资的增加以及科技进步、知识增长等视为发展的动力。罗斯托在其"经济成长阶段论"中根据经济增长水平和物质消费水平把历史分为五个阶段,即传统社会(前工业社会)阶段、为发动创造前提阶段、发动阶段、向经济成熟推进阶段、高额群众消费阶段和提高生活质量阶段。他指出,当社会快要达到成熟阶段时,或者达到成熟阶段之后,社会的主要注意力就从供应转到需要,从生产问题转到消费问题和广义的福利问题。并乐观地认为,高额群众消费时代还没有达到终点,由于福利增长规律的作用和最广泛意义的需求因收入而变得弹性在不同社会中表现出来,将有各种不同的消费形态发生。

的研究者发现,人口增长,粮食的生产,投资的增加,资源的消耗和环境的污染这五个因素共同的特点是一种指数增长,它们经过一定的时期和一两个倍增时间,就可能急剧上升。如果这种增长趋势不被遏制的话,那么这个星球上的经济增长就会在今后一百年内某一个时候达到极限。在他们的发表的全球问题研究报告《增长的极限》中说道,"如果在世界人口、工业化、污染、粮食生产和资源消耗方面现在的趋势继续下去,这个行星上增长的极限有朝一日将在今后一百年中发生。最可能的结果将是人口和工业生产力双方有相当突然的和不可控制的衰退。"① 事实上,自然资源的有限性已经预制了经济增长的有限性。

与此同时,《熵:一种新的世界观》再一次为"增长热"的世界提供了一帖清醒剂。熵(entropy)的概念是德国物理学家克劳修斯于1850年提出的,孤立系统的熵只能增加不能减少,这被称为热力学第二定律。这一定律表明,宇宙中的熵在增加,这个过程是不可逆的。越来越多的能量变得不能再转化为机械功,于是宇宙将成为"热寂",宇宙成为一个退化的、逐渐衰亡的宇宙。热力学第一定律揭示的是能量在转化过程中总量守恒,而热力学第二定律则揭示了能量转化过程中能量"质"的变化,即从有效能量转化为无效能量了。熵的自发的增加,意味着系统秩序自发地减少,有效能量在减少而无效能量在增加。"我们不能忘记能量是既不能被产生又不能被消灭的,而只能从有效状态转变为无效状态的。因此,每一个由加快能量流通的新技术所体现的所谓效率的提高,实际上只是加快了能量的耗散过程,增加了世界的混乱程度。能量流通过程的加快,缩短了熵的分界线之间的距离。在狩猎—采集型社会被迫过渡到农业社会以前,人们花了好几百万年才耗尽了环境中的能量。然而农业环境从开始到最后'不得不'过渡到工业环境,却只有几千年时间。只过了短短几百年,人们又耗尽了工业环境的能源基础(即非再生能源),开始面临一个新的熵

218

① [美]米斯都:《增长的极限》,李宝恒译,吉林人民出版社1997年版,第17页。

的分界线。"①在追求经济无限增长,追求劳动生产率,"时间就是金钱"的今天,自然资源问题再一次提出警告。斯特恩(Paul C. Stern)将人类—环境相互影响定义为三个范畴,其中包含了多种变量的相互关系,而人类社会活动对环境的干预力量不容忽视。以下是斯特恩的图表:

表6-1　人类—环境相互影响表格②　　　　　　　　　　(%)

环境恶化的起源		环境恶化的影响		对生态恶化的应对
社会起因	驱动力	对自然环境的影响	对人类社会的影响	通过人类行动的反馈
社会制度 文化信念 个体人格特性	人口水准 技术实践 流动水准 (消费和自然资源)	生物多样性损失 全球气候变化 大气污染 土壤、土地污染和恶化	生存空间受制约 废弃物储藏泛滥 供给损耗 生态体系功能损失 自然资源耗竭	政府行为 市场变革 社会运动 移民冲突

人与自然的和谐是人类社会的美好理想。古希腊哲人崇尚"大宇宙"的自然哲学和"小宇宙"的人生哲学的和谐统一;圣经禁止人们去"征服"自然;《世界自然宪章》指出,人类与大自然和谐相处,才有最好的机会发挥创造力和得到休息与娱乐。中国传统文化中,"天人合一"的命题把追求和谐作为一种至高的价值目标,其基本含义是人应当顺应宇宙发展变化的规律和秩序,实现天道与人道、自然与人为的和谐统一。《易·乾卦·文言》中言:"夫'大人'者,与天地合其德,与日月合其明,与四时合其序,与鬼神合其吉凶。先天而天弗违,后天而奉天时。"强调人与自然的协调一致,和谐共处,其美好景象是:"致中和,天

---

①　[美]杰里米·里夫金等:《熵:一种新的世界观》,吕明、袁舟译,上海译文出版社1987年版,第59页。

②　资料来源:[美]彼得·S.温茨:《现代环境伦理》,宋玉波、朱丹琼译,上海人民出版社2007年版,第9页。

地位焉,万物育焉。"(《中庸·天命》)老子非常尊重自然规律,其云:
"人法地,地法天,天法道,道法自然。"(《老子》20 章)中国古人把追求
和谐作为人生的当然使命。对此,李约瑟曾深刻地分析道:"中国人的
世界观依赖于另一条全然不同的思想路线。一切存在物的和谐合作,
并不是出自他们自身之外的一个上级权威命令,而是出自这样一个事
实,即他们都是构成一个宇宙模式整体阶梯中的各个部分,他们所服从
的乃是自己本性的内在诚命。"①提倡天人合一,道法自然,万物一体的
中国传统文化,始终关注着人与自然的和谐。

　　生态健康问题世人瞩目。联合国教科文组织早在 1968 年就合理
使用和保护生物圈举行了一次会议,同年联合国大会通过在 1972 年召
开人类环境会议。20 世纪 60 年代以来,非政府环境保护组织在全球
遍地开花,著名的如国际自然和自然资源保护联盟(IUCN)、世界自然
基金会(WWF)、国际科学学会联合理事会(ICSU)、国际环境和发展研
究所(IIED)、地球之友(FOE)、绿色和平组织(GREENPEACE)等等。
这些非政府组织致力于环保事业,共同的目标就是遏止地球自然环境
的恶化,创造人类与自然和谐相处的美好未来。组织非常重视对社会
大众的环境教育和宣传,有力地推动了公众环境保护意识的成长和成
熟。如1972 年罗马俱乐部发表《增长的极限》引起了全世界范围内的
热烈讨论,被翻译成几十种文字,发行 2000 万册。例如,1961 年成立
的世界自然基金会(WWF)是在全球享有盛誉的、最大的独立性非政府
环境保护组织之一。其宗旨是保护世界生物多样性;确保可再生自然
资源的可持续利用;推动降低污染和减少浪费性消费的行动。"地球
一小时"就是该组织为应对全球气候变化所提出的一项倡议,旨在唤
起人们应对全球气候变化的责任感和紧迫感。活动源自 2007 年悉尼
的环保宣传活动,当时超过两百万户家庭、企业和该城市的大型地标性
建筑关灯一小时,节约了大量的能源。随后,"地球一小时"活动迅速
席卷全球,2008 年约有 35 个国家 370 座城市的 5000 万人参加,而

---

　　①　李约瑟:《中国科学技术史》第 2 卷,上海古籍出版社 1990 年版,第 619 页。

2009 年预计将有全世界 80 多个国家和地区的 2400 多个城市、超过 10 亿人加入此项活动。

与中国传统文化一脉相承，2002 年召开的党的十六大将"促进人与自然和谐"作为全面建设小康社会的一项重要目标。2003 年，党的十六届三中全会提出了科学发展观，国家主席胡锦涛阐明科学发展观时指出："要牢固树立人与自然和谐的观念"。2004 年，党的十六届四中全会又首次提出了"构建社会主义和谐社会"的概念，和谐社会的特征之一就是人与自然的和谐相处。2006 年国家环保总局编制的《全国生态保护"十一五"规划》确定了我国"十一五"期间生态保护的总体目标：到 2010 年，生态环境恶化趋势得到基本遏制，部分地区生态环境质量有所改善；重点生态功能保护区的生态功能基本稳定，自然保护区、生态脆弱区的管理能力得到提高，生物多样性锐减趋势和物种遗传资源的流失得到有效遏制；基本摸清全国土壤环境污染状况，初步解决农村"脏、乱、差"问题，重点区域农村面源污染、规模化畜禽养殖污染防治措施得到有效落实；省、市、县、乡镇和村相应级别的生态示范创建活动深入开展，资源开发活动的生态保护监管能力进一步加强，公众生态保护意识得到提高，生态保护法律法规体系进一步完善，为人们在良好的环境中生产、生活提供坚实的生态安全保障。① 2007 年中国消费协会提出的主题是"消费和谐"，要求树立和谐消费的理念，营造一个消费和谐的市场环境。实现人与自然的和谐自然是"消费和谐"的题中主义。

实现人与自然的和谐，合理消费必然是实现世界资源最佳利用的有效方式之一。1987 年，世界环境与发展委员会在《我们共同的未来》

---

①　中国和世界一样在经历着生态和环境难题。2007 年 8 月首届中国生态小康论坛在呼和浩特举行。国家林业局新闻发言人曹清尧指出，我国森林资源稀少，人均森林面积和森林蓄积量仅分别为世界的 1/4、1/6。由于森林的缺乏，直接或间接导致了当前我国六大生态危机：(1)沙漠化居全球生态危机之首；(2)水土流失严重，流失面积 356 万平方公里，约占国土陆地总面积的 1/3；(3)干旱缺水，我国是世界上的贫水大国，人均水资源占有量只有世界人均水平的 1/4；(4)洪涝灾害；(5)物种灭绝，我国处于濒危状态的动植物物种数量为总量的 15%—20%，高于世界平均水平；(6)温室效应。资料来源：中国发展门户网，cn.chinagate.cn。

的报告就提出,"在生态可能的范围内的消费标准和所有的人可以合理地向往的标准"来消费。当越来越多的人意识到环保问题的严肃性和紧迫性时,消费价值观也在发生变化,"绿色消费"的兴起就预示着希望的开端。如第四章所述,"绿色消费"用生态文明的理念引导消费行为,是保护人类自身生存环境的一种新型消费价值观。绿色消费追求合理甚至最佳利用资源,以便能够更好地为全人类提供足够的必需品。事实上,免除贫困人口基本需要的匮乏,满足全球人口的吃穿住行仍是一个艰巨的、任重道远的任务。

在人类被"一种由不断增长的物、服务和物质财富所构成的惊人的消费和丰盛现象"(波德里亚语)包围的今天,人类追求物质财富的欲望已经成为一把高悬在自己头上的达摩克利斯之剑,可以说,在现代社会条件下,没有"物质欲望减少"、"技术改变"和"人口稳定"就没有能力拯救地球。我们需要崇尚自然,节制消费,注重环境,保护生态,鼓励节约,努力消除消费主义带来的危害,重建人与自然的和谐关系。

二、人与人的和谐

人类自从成为人类以来,需要处理好的三个重要关系之一就是"人与人的关系,也就是社会关系"(季羡林语)。现代社会,消费成了现代人社会地位、人生价值的标志和人生意义的唯一源泉,人们在彼此的消费竞争中疲于奔命,失落了基于美好人性的天伦之乐、邻里之情、夫妇之爱等多维度的人际关系和情感。新词"富裕流感"(affluenza)产生于消费主义的发源地美国,呈现出一幅病态生存图景和时代病症。它由两个词"富裕"(affluence)和"流感"(influenza)合成,主要内涵包括:第一,一种因极力与邻里攀比而产生的自负、懈怠和挫折感;第二,一种由于固执追求美国梦而导致的"流行病",其特点是压力过大、工作过度、大肆挥霍而负债透支;第三,一种难以持续地对经济增长的无限制追求。① 对此,格罗璐一针见血地指出,现代商品社会不断鼓励甚

---

① 刘春雷:《和谐发展:反对消费主义》,《山西师大学报》(社会科学版),2005 年第 5 期,第 17 页。

至强迫人们超越或逾越他们的需要,它不断造成人们"人为的"或不必要的需要,或用一种过时的说法:对奢侈的需求,人们被说服要消费多于他们真正需要的东西,这是现代社会大多数——如果不是全部苦难的原因。

马克思主义经典作家曾揭示人在本质上是一切社会关系的总和。社会是人们生活的共同体,也是人的生存方式和存在方式。一方面,个人不是一个抽象的存在,也不是孤独的原子式存在,总是社会的存在物。个人只有在具体的社会环境中,才能获得社会规定性、历史规定性。马克思说,"人的存在是有机生命所经历的前一个过程的结果。只是在这个过程的一定阶段上,人才成为人。但是一旦人已经存在,人,作为人类历史的经常前提,也是人类历史的经常的产物和结果,而人只有作为自己本身的产物和结果才成为前提。"①另一方面,社会为个体生命本质的相互交流和各自的充分发展提供客观条件,使个人充分发挥其内在的创造潜能,使人的类本性得到丰富。马克思指出,只有在集体中,个人才能获得全面发展其才能的手段,也就是说,只有在集体中才可能有个人自由。个人面对的是人的社会,理想状态中的个人与社会的关系,在马克思所描述的共产主义社会中,将是这样一个联合体,在那里,每个人的自由发展是一切人的自由发展的条件。在这样的关系中,个人与他人、个人与社会的生存性利益上已不存在根本矛盾。总的来说,社会决定着个人,个人只有与代表人的普遍性的对象现实,即社会保持和谐统一,把个人完全融入社会的统一活动中去,也就是说,使个人占有类的本质,个人才能获得独立的能力才会有自由。

马克思关于个人与社会的关系的精辟分析对于我们考察消费中人与社会的关系问题有着重要的启示意义。在消费伦理的视域下,实现人与社会的和谐至少包括以下两个方面:

一方面,尊重和保护个人的正当消费权利。在消费者和生产者的关系中,消费者主权一直被认为是市场经济中最基本的原则之一。它

---

① 《马克思恩格斯全集》第26卷,人民出版社1995年版,第545页。

意味着消费者在决定某个经济体系所生产品类型和数量上所起的决定作用。生产什么、生产多少、如何生产最终要取决于消费者在其货币支付能力范围内的意愿和偏好。而生产者根据消费者的意愿倾向组织生产,使产品受到消费者的认可和接受,也就是说,消费者对生产者的生产有着最终的决定权。因此,"任何人都有权实现自己的需求和欲望,这种个人的需求和欲望不应被外部的权威剥夺或压抑。在苏联等国家实行的计划经济体制剥夺了人民的消费权利,使人民的需要服从国家的计划,实行所谓'对需求的专政',而剥夺消费权利即是剥夺个人自由,剥夺个人选择的权利,故此哈耶克断言,计划经济是'通向奴役之路'。"①比如中国的"文化大革命"期间,要求人们"毫不利己,专门利人","狠斗'私'字一闪念",在服装消费方面,无所谓凸显个性,只能整齐划一,一片或蓝或绿的朴素色。现代文明的社会应当尊重和保护个人自由选择生活方式和自由消费的权利,只要这种消费本身并没有偏离生活的基本目的,仍是属于满足生活需要的消费。当然,人们的生活需要也不是一成不变的,而是在不断地丰富。唯其如此,才能体现生活的丰富多样和千姿百态,才能体现现代社会的开放多元性和平等包容性。

另一方面,社会是人的存在方式,消费者是处于社会关系中的人,个人的消费总是在与他人的社会经济关系中展开的,它具有的社会性至少表现在以下几点:首先,个人的消费具有社会的内容。个人消费什么,为何消费,怎么消费,消费多少都取决于消费观,而人们的消费观主要是在社会化过程中形成的,不同的群体、阶层和民族的消费观是不尽相同的。其次,个人的消费具有社会的性质。个人消费行为受社会的消费取向和其他社会因素(如消费主义潮流、时尚消费趋向、广告等)的影响,导致消费的社会模仿性。消费行为又是一种象征性竞争,通过不断创造消费差异来表现某些特殊阶层的优势地位,消费能力成为现代人某种社会地位、身份和生活方式的象征。第三,个人的消费具有社

---

① 罗钢、王中忱:《消费文化读本》,中国社会科学出版社 2003 年版,第 12 页。

会的形式。随着社会的分工的发展,消费的供应社会化了,消费者的消费是通过交换来获得对劳动产品和服务的享用,而不仅是自给自足来满足对消费品的需要。正由于个人是错综复杂的社会关系网上的一个网结,个人消费就绝不是个人单独的事,而是与社会和他人有着密切的关系,因此,个人的消费行为必然对社会经济生活秩序产生一定的(积极的或消极的)影响。更重要的是,特定的社会物质生活条件的供应状况制约着消费,在有限的物质财富条件下,消费的不公平往往反映了分配的不公平,富人的高消费导致穷人的不公平感和相对剥夺感增强,最终导致社会的动荡不安。显然,这里包含着一个社会公平分配的问题,在经济伦理的范畴内,它反映的是社会经济权益和责任的合理分配。这就要求一种不仅是社会性的也是个人品格的公平或正义,以产生公正与友善的社会环境,为所有人提供基本的物质生活资料和尽可能的发展机会,实现消费权利与消费责任的协调平衡,实现人与人、人与社会的和谐。

三、人与自身和谐

人是一种特殊的存在,与动物不同之处在于,人虽然是一种自然生命存在,却不断地超越人的自然存在的局限,追求超现实的理想和意义世界。事实上,人的存在从来就不是纯粹的存在,"人类历来受到两种相反指向的吸引。一种具有外向性,即对外部世界的好奇心。这种好奇心体现为旅行、勘探和科学研究,今天则发展成对宇宙的探索。另一种则具有内向性,并发展为内心生活、思考和默想。自文明产生起,天文学家便把目光朝向天空,默想者则把关注转向自我。""它一方面完全属于生物界、自然界和宇宙;另一方面又完全属于文化界,即语言、神话、思想、理性和信仰的世界。"①人既是生命的存在又具有超生命的本质,人的创造型的生存方式,使人拥有了新的生活领域,即"精神生活、神话生活、思想生活、信仰生活",在创造的过程中人性超越了"物性",

第六章 消费伦理秩序的现代建构

---

① [法]埃德加·莫林、布里吉特·凯恩:《地球,祖国》,马胜利译,三联书店1997年版,第49、119页。

人逐渐与动物分道扬镳。

人的精神之本质,在于不断追问自身存在意义,追求一种对有限性的超越。"人是悬挂在由他们自己编织的意义之网上的动物"(克利福德格尔兹语),正是对人对意义的渴望和追求中,显现了人的高贵和生命的尊严。丹尼尔·贝尔指出:"每个社会都设法建立一个意义系统,人们通过它们来显示自己与世界的联系。……这些意义体现在宗教、文化和工作中。在这些领域里丧失意义就造成一种茫然困惑的局面。这种局面令人无法忍受,因而也就迫使人们尽快地去追求新的意义,以免剩下的一切变成一种虚无主义或空虚感。"①然而,在一个受金钱、竞争和技术统治的经济世界,人们高度重视物质文明建设,迷信经济的无限增长,人的意义世界却被相对地忽视了。"这一社会的精神特质宣告:假如你心情低落,那就吃!……消费主义的本能反应是忧郁的。它认为发病前身体不适的表现形式是感到空虚、冰冷、没精打采,这时就需要加补一些暖热浓烈的营养品。当然并不一定是食物,如甲壳虫乐队就'内心感到无不喜悦'。饱吃一顿是拯救之路——消费吧,你就会感到美妙无比!……同样地,还有那不安于现状,渴望不断变化、移动、出现差异——坐着不动等于死亡……因此消费主义犹如忧郁精神病理学的社会对应物,它有两大不相称的症状:倦怠和失眠。"②现代人把自己对无限性的追求几乎完全倾注到物质的世界,在消费主义的意义之网中,贪欲和占有之心使得人们对物质的需要趋于无限,偏执于现实的个人利益,将他人甚至自己都化为一种工具性存在,把物质的享乐当作了人生最大的意义和幸福,这种文化必然导致人与自身的疏离,物质需要与精神追求的离散,信念、理想丧失,人失去了存在的意义。事实上,随着科学技术的发展,我们在解决"如何"一类的问题方面相当成功,科学技术毫无疑问地成了为我们创造巨大财富的普遍有效方式。然

---

① [美]丹尼尔·贝尔:《资本主义文化矛盾》,赵一凡等译,三联书店1989年版,第197页。

② [英]齐格蒙特·鲍曼:《全球化》,郭国良、徐建华译,商务印书馆2001年版,第80页。

而,对于"为什么"这种具有价值含义的问题,却是工具理性无法回答的,也让我们越来越糊涂和困惑。什么是有意义的生活? 我们的发展速度越来越快,我们在手段和工具领域取得了巨大进步,但我们却在目的与意义的领域中迷失了方向。

现代人在消费中寻找人生意义,"拥有即存在","存在即消费",越来越把幸福生活定义为更普遍地获得商品和立即得到自我满足。消费甚至不再源自需要,而仅仅是出于自我满足,即消费的增加意味着更加幸福。于是,"人生的意义就在商业和制造业之中,而不在心灵和灵魂中,人的尊严和独特品格被市场和广告世界所毁灭,友谊、欢乐、爱情、亲情和忠诚皆为商品,皆在名牌汽车、昂贵香水、地位标志和体育比赛入场券的流通中买卖。所以市场和消费影响着我们私人生活和公共生活的每一领域,以及我们意识行为的每一层次,直至我们总想把自己和他人皆看做商品。"①事实上,亚里士多德早就告诫了人们,财富显然不是我们在寻求的善。它只是获得某种其他事物的有用的手段而已。阿马蒂亚·森也指出,不是因为收入和财富就其自身而言是值得向往的,而是因为,一般的,它们是极好的通用手段,使我们能获取更多的自由去享受我们有理由珍视的生活。显而易见,幸福生活才是人类追求的终极目的,而幸福生活绝不仅仅就是物质的消费,精神生活的圆满是不可或缺的向度。

现代生活方式往往使人们在物质生活上丰裕舒适,精神世界却日益荒芜,造成信仰缺失、内在化道德沦丧和审美情趣低下,人被外物所役,生活的意义和生命的美感被排挤到角落。英国著名学者舒马赫曾精辟地指出,人的需要是无穷无尽的,而无穷无尽的需要只能在精神王国中实现,在物质王国根本不可能实现。因而,人类需要改变一味追求物质享受的价值取向,协调好自身的各种矛盾,脱离精神上的焦虑、痛苦、压抑、忧郁和迷惘的深渊,去发现内在的精神价值或精神财富,赋予

---

① James Houston, *The Heart's Desire, a Guide Personal Fulfillment*, A Lion Book, Oxford Batavia Sydney, 1992, p. 13.

生活以丰富而深刻的意义,使人得以身心和谐、"诗意地栖居"于世。

第三节　消费秩序的现代建构

在伦理学视野里,建构消费伦理所必需的消费生活秩序,既需要一种健全合理的社会政治、经济和文化制度的保障,也需要一种广泛的文化道德上的价值支持。因此,消费秩序的现代重建,至少包括三个基本条件:一是以公正为目标的社会制度的保障;二是全体社会公民对一种"自愿简朴"的消费文化认同;三是公民个体的道德自律。在具备这三方面的条件下,人类普遍合理的消费生活秩序的重建才能卓有成效。

一、制度保障

涂尔干、弗洛伊德曾告诫我们,没有对欲望的社会约束,文明是不可能的。当我们思考消费秩序重建的问题时,不能不考虑道德环境问题。因为人总是自己所生活于其中的社会的产物,道德环境的好与坏,直接会影响到个体善的生成。伦理环境是个体德性生长的现实土壤,因为"在一个贫瘠的土地上难以生长出普遍的璀璨道德之花"。要建立新型的正当合理的消费生活秩序,不仅需要消费者的个体德性,更需要一个公正的消费道德环境,而消费道德环境中的极为重要因素是制度,也就是说有赖于一种公正的社会制度体制的确立与巩固,它具体包括了公正的社会政治、经济、文化制度。

社会秩序的良好,如罗尔斯在其《政治自由主义》一书中所认为,它至少表达了三层意思:在这个社会中有一种公众认可的公众理念,每一个人都接受且知道这个社会中的其他所有的人也接受这个相同的公正原则;在这种公正理念指导之下,社会成员间形成稳定的合作系统,这个合作系统不仅被公众认为是公正的,而且还构成社会的基本结构,具体化为社会的具体制度体制;并且,社会所有成员都有一种有效的正义感,都能按照社会的基本制度行事。可见,一个良序社会具有正义或公正的伦理本质。如《正义论》的开篇所说,正义是社会的第一美德,一如真理是思想的首要价值。因此我们不难理解,一种正当合理的消费伦理秩序,它的价值基础就是公正。也就是说,一种具有普遍的正当合法性的消费伦理秩序,是既能够保证有限消费资源的有效配置和合理利用,又能够确保消费权利与消费义务的公平分配。

在罗尔斯看来,平等地分配各种基本权利和义务的方式是由社会基本结构和基本制度所决定的。如果说个人负有制度所带来的义务和职责,那么制度必须首先是正义的。对制度的道德评价和选择优先于对个人的道德评价和选择,制度的公正优先于个人行为的正当。也就是说,整个社会运作的合理有序,在根本上有赖于公正的社会制度。1968年,哈丁发表题为《公用地的悲剧》的著名论文。他指出,在一个对所有人开放的公共牧场,每个牧人都想为自己的直接利益而增加他放牧的牲畜数量,以公共利益为代价的个人获利,使得公地牧场被过度放牧,过度放牧的结果由所有牧人承担,而增加牲口的利益则为个体牧人所有。这一现象被用来描述全球的人口增加、生态环境污染等问题。哈丁指出传统的增长以及无限发展的观念忽略了地球的有限承载力的重要事实。这里,我们看到一个关键的问题,如果没有正义的社会基本结构和基本制度安排,恐怕是难以避免"公用地的悲剧"。

因此,一种公正的社会政治、经济和文化制度对于正当合理的消费生活秩序的建立有着至关重要的作用。首先,公正社会制度的有效供给,能引起人们的制度认同,进而按照制度的要求行事,有利于基本公正的消费秩序的形成。"所谓制度认同是指公民对一制度框架体系在价值上的承认与肯定,认为它是基本公正的,自己愿意遵守与维护这一制度体系。制度认同内在包含着两个方面的内容:一是价值上的肯定,一是有转化行为的现实趋势与取向。在这个制度体系中,每一个成员(无论是作为单独的个人,还是作为一个集合体)都以一种拥有平等的基本自由权利的公民身份存在,并通过相互合作活动,可以共同合理互利。"①由于公正社会制度的合理性,社会中的公民在情感上予以认可接受,从而在消费活动中,能自觉以制度的要求来规范行为,制度成为

---

① 高兆明:《制度公正论》,上海文艺出版社2001年版,第297页。

行为选择的依据。如果社会所有的成员都能在一种公正的社会制度框架范围内理性地消费,那么这个社会就会有基本公正的消费秩序。举例说,一种公正的社会制度必然要考虑到代内公正和代际公正问题,必然包含着对生态和环境的保护意识。而人们的行为也总是由一定的思想所指导,于是当大多数人看到一辆大汽车并且首先想到它所导致的空气污染而不是它所象征的社会地位的时候,环境道德就到来了。同样,当大多数人看到过度的包装、一次性产品或者一个新的购物中心而认为是对他们的子孙犯罪而愤怒的时候,消费主义就处于衰退之中了。对此,有关象牙消费的例子也是很好的说明:野生生物学家和自然资源保护者在 20 世纪 80 年代呼吁停止使非洲大象濒于灭绝的偷猎象牙活动,这个消息开始慢慢扩大,首先在北美洲和欧洲的消费者阶层中略微降低了对象牙的贪欲;80 年代后期,这个运动开始向高潮发展,象牙成为全球消费者社会中大多数人的禁忌;到 1990 年 1 月为止,公众抗议已经把非正式的联合抵制变成了一项象牙贸易禁令,并且用国际法的力量来支持,取得了突破性的进展。① 可见,社会成员通过对社会制度的承认与肯定,有利于共同合理互利,有利于良序社会的形成。

其次,公正社会制度的有效供给,能匡正人们的消费行为和消费习惯,改变人们的消费观念和价值精神,使人们选择一种合理正当的消费生活方式。事实上,真正发达的社会并不意味着经济行为的大规模消费模式,那么制订发展计划时就有必要充分考虑到,达到经济现代化的同时避免大规模消费社会的陷阱。由此,相关的制度应是保障这个计划的有效实现,而不是误入歧途。比如,现时代我国仍是一个能源消费大国。2005 年煤炭消费总量排名世界第一,原油消费总量排名世界第二,天然气消费总量排名世界第四。当资源绩效低下与能源消费大国叠加在一起时,就会造成弥足珍贵的资源能源的巨大浪费以及环境污染的日趋加重,严重制约国民经济发展和经济的竞争力。因此,我国政府从 20 世纪 80 年代起就把环境保护确立为一项基本国策。迄今为

---

① ［美］艾伦·杜宁:《多少算够》,毕聿译,吉林人民出版社,第 102、110 页。

止,国家和政府共颁布了 7 部环境保护法律、13 部自然资源管理法律和 34 项环境保护法规,环境法律体系日趋完善。而最新的全国性社会调查显示,目前我国有 98% 的人会关注并讨论环保问题,48% 的人认为公民在环保方面的作用最大,超过政府、企业和非政府组织的作用,环境保护业已成为一项方兴未艾的全民活动。于是,当越来越多的人意识到节俭消费是一种生活美德,逐渐改变以往高消费的观念转而寻求较为简朴的生活,就成为水到渠成、顺其自然的事。

从根本上说,制度本身具有塑造人、决定人的制度化的规范力量,它能帮助人们在特定的道德情景中进行道德抉择,也能调控和维护行为的具体方式和发展方向,进而改变人们的价值观念和精神气质。因此,一种公正的社会制度体系,为人们提供了消费行为的经济合理性和道德正当性之价值依据,有利于人们建立理性规划生活、享受生活以及创造生活的健康合理的消费观念,抵制消费主义的侵袭和腐化。

事实上,我们的生活方式和道德品质无不受到社会制度的深刻影响。制度伦理对人们的行为起着支配性的作用,为"我们能够成为什么样的人"提供了一个现实的环境与基础。毋庸置疑,在市场经济全球化的状况下,一种现实合理的消费伦理秩序的重建,必然有赖于以公平为目标的社会政治、经济和文化制度的保障。

二、文化认同

文化哲学家通常认为,"人是文化的动物",这一理念反映出人的文化存在本性。哲学家拉兹洛认为,文化确实是我们时代的一个决定性力量,许多冲突表面上看来是政治性的,实际上包含着根深蒂固的文化根源。就人对自然的破坏而言,在它背后就是由一种文化支撑着,这就是西方的主流文化所坚持的:人是为了自身的目的才征服并控制自然。夏弗在其《文化:未来的灯塔》中把文化视为:一个有机的能动的总体,它关涉到人们观察和解释世界、组织自身、指导行为、提升和丰富生活的种种方式,以及如何确立自己在世界中的位置。① 而现代消费

---

① 陆扬、王毅:《文化研究导论》,复旦大学出版社 2007 年版,第 10 页。

主义伦理的滥觞,与一种人与自然分离与对抗的文化思想无不相关。因此,在一个文化多元的现代文明社会,一种正当合理的消费伦理秩序的建立,需要整个社会放弃片面的消费概念与经济增长模式,把注意力集中到人类存在的目的和质量的问题上来,倡导一种外在简单而内在充实,一种自愿简朴的生活方式。而对一种"自愿简朴"的消费文化的普遍认同,所表达的正是人类对自我生存的强烈忧患意识。

何谓"文化"? 关于它的定义可谓纷繁复杂。"文化",从词源学的考释来看,拉丁文为 Cultura,意指"耕作","栽培",主要体现为人与自然的关系;中国古代的"文化"一词是由"文"和"化"逐渐整合、演化而来的,"文化"的意义基本属于精神生活范畴(如人伦、礼乐、道德等),大约指文治教化的总和,有"关乎人文,以化成天下"之意。近代以来学者对文化有着不同的理解,梁启超称"文化者,人类心能开释出来之有价值的共业也";梁漱溟则谓"文化,就是吾人生活所依靠之一切",并把文化概括为精神生活、物质生活和社会生活的总和。一般说来,有三种关于文化的定义有比较大的影响:实体主义、规范主义和表现主义。实体主义的文化观认为,文化就是人类所创造的、同自然相对应的一切东西,包括人造器具、制度环境、典章习俗、语言文字和精神产品,即认为"文化是人类所创造的一切物质财富和精神财富的总和"。规范主义的文化观认为,文化是用于支配和调节人的生活方式、社会关系和社会制度的价值规范系统,包括信仰系统、规范系统和价值系统,而价值规范系统是造成人的行为何以能够以模式化、体系化和连贯化的原因。表现主义的文化观则认为,文化就是语言、文学和艺术等表象或表征系统,用于表现或再现某种意义、观念、价值、理想或情感。① 这三种文化观各有局限。在通常意义上,"文化"即为现实生活提供意义及解释的价值系统。也就是说,为人类的社会价值生活和行为,如物质生产和消费方式、风俗习惯、宗教信仰、道德规范等提供观念、价值及合法性解释的意义系统,它们构成了人类文化的基本要素。

---

① 王宁:《消费社会学》,社会科学文献出版社 2001 年版,第 128 页。

232

在理解文化含义的基础上,我们可以大致把消费文化界定为一种消费生活和行为所表达的价值、意义和符号体系。更一般地说,消费文化就是人们日常消费中所表现出来的文化,或文化中影响人们消费的那部分。英国学者费瑟斯通曾对消费文化之脉络进行了梳理,他认为,消费文化,顾名思义,即指消费社会的文化。它基于这样一个假设,即认为大众消费运动伴随着符号生产、日常体验和实践的重新组织。许多研究都将消费文化追溯到18世纪的英国中产阶级,及19世纪的英国、法国和美国的工人阶级中,认为当时的广告、百货商店、度假胜地、大众娱乐及闲暇等的发展,可能就是消费文化的起源。另一些研究则着重指出,美国在两次世界大战期间,就已初次显露了消费文化的发展迹象:广告、电影业、时尚和化妆品生产、交相传阅的大众小报、杂志和拥有无数观众的体育运动,使得众多的新品位、新秉性、新体验和新理想广泛传播开来。由于与一般宗教、尤其是清教徒所恪守的传统古训(禁欲、勤奋、远见和节俭)背道而驰,人们奉行"及时行乐"的人生哲学,所以,就经常有人假设说,消费主义导致了精神贫乏空虚、享乐型的利己主义……很明显,消费文化的一个重要特征就是,商品、产品和体验可供人们消费、维持、规划和梦想,但是,对一般大众而言,能够消费的范围是不同的。消费绝不仅仅是为满足特定需要的商品使用价值的消费。相反,通过广告、大众传媒和商品展陈技巧,消费文化动摇了原来商品的使用或产品意义的观念,并赋予其新的影像与记号,全面激发人们广泛的感觉联想和欲望。所以,影像的过量生产和现实中相应参照物的丧失,就是消费文化中的内在固有趋势。① 需要指出的是,消费文化不能等同于消费主义,消费主义可以说是一种消费文化,而消费文化是一个中性词,包括的范围更加广泛,可以是指消费品、消费环境、消费方式,也可以是消费价值取向、消费道德观念、消费目标追求,还可以是传统的消费习俗。

---

① [英]迈克·费瑟斯通:《消费文化与后现代主义》,刘精明译,译林出版社2000年版,第166页。

消费文化与人们的消费生活息息相关。一方面,消费文化支配和改变着人们的消费方式和消费行为。人总是生活在特定的社会文化环境中,风俗习惯、道德规范、社会秩序、生活方式、思维方式、审美情趣、语言文化都决定了他消费什么、不消费什么、如何消费以及怎样消费。文化环境的差异决定了不同国家、民族、地区的消费差异。比如说,中国传统消费文化强调的是一种节俭、适度、平和、淡泊的生活伦理,它与中国天人合一的哲学思想和中庸之道的处世原则是相适应的。这与现代西方消费主义伦理所倡导的遵循享乐主义、追逐眼前的快感,追求标新立异与时尚的观点就大相径庭。当然,与不同地域的消费文化体现消费差异一样,不同时代的消费文化也有不同的特征,而人们的消费方式和消费行为总是受到特定消费文化的支配和制约的。另一方面,消费也会直接影响消费文化的发展状况和发展趋势。现代市场经济鼓励人们追求自身的现实利益,人们在追求现实利益的过程中推动了物质文明的发展,而物质文明的发展为精神文明建设提供了物质基础和动力支持。也就是说,没有一定的经济环境和基础,没有相当购买力的文化消费者,实现文化的价值,发展文化产业只能是一句空话。我国经济学家于光远指出,"个人生活和社会有很大关系,它一方面取决于社会经济和文化的发展,另一方面,个人生活对社会经济和文化的发展也起一定的作用。文化,可以表明个人生活和社会生活的某些联系。一个人采用某种消费方式和消费行为已经同文化有了联系,而如果一个民族、一个国家的人都在不同程度上采用某种消费方式和消费行为,那就是非常值得注意的一种社会文化现象。"[1]人们对消费需求和消费投资的增大,推动着世界消费文化的交流和融合以及纵深化的发展。

从目前的消费文化现状看,消费主义文化似乎有席卷全球之势,一种大规模消费的生活方式已经远远超出了一般经济学的意义。我们把消费主义生活方式的性质归纳如下:第一,消费主义的大规模消费需求是被创造出来的,它无形中把所有人都卷入其中,使人们处在一种"欲

---

① 于光远:"谈谈消费文化",《消费经济》,1992 年第 1 期,第 20 页。

购情结"之中,从而永无止境地追求高档消费(社会关系再生产的条件);第二,对符号象征意义的消费成为日常生活中的普遍现象,从而消费成为人自我表达与认同的主要形式(意义来源);第三,消费过程构建了新型的社会统治方式(经济理性主义与科学技术的联合统治),并且体现着一种新的社会组织原则(文化主宰);第四,大规模消费向全社会各个领域的渗入为所谓变化与变革的合法性提供了依据(正当性或合法性问题),可以说,"大规模消费意味着人们在生活方式这一重要领域接受了社会变革和个人改造的观念,这给那些在文化和生产部门创新、开路的人以合法的地位。"①文化总是为人们的生活方式提供了价值观念以及道德上的合法性。

有鉴于此,在现代文化多元条件下,我们应该在保持各国、各民族消费文化的特殊性和差异性的同时,寻求一种文化上的共识,即人们对一种"自愿简朴"的消费文化的广泛认同,这也是人类对共同的消费道德问题和消费道德责任的关切与承诺。显而易见,某种程度和范围的文化认同,是消费伦理秩序现代重建的不可或缺的前提条件。如同《走向全球伦理宣言》中关于全球伦理的定义所说,"我们所说的全球伦理,并不是指一种全球的意识形态,也不是超越一切现存宗教的一种单一的统一的宗教,更不是指用一种宗教来支配所有别的宗教。我们所说的全球伦理,指的是对一些有约束性的价值观,一些不可取消的标准和人格态度的一种基本共识。"②我们所期待和寻求的文化认同,也不是一种统一的全球性的意识形态,而只是人类面对由毫无节制的消费所带来的生存危机时,应达到的一种文化上的共同认可,即一种对提倡简朴生活,节约资源,抵抗消费主义和享乐主义的侵蚀,保护自然生态环境,净化人的心灵,达到人与自然的和谐,人与社会的和谐,人与自身的和谐之消费文化的认同。在此基础上,人们才能把这些伦理要求

---

① 陈昕:"救赎与消费",江苏人民出版社 2003 年版,第 10 页。
② [德]孔汉思、库舍尔编:《全球伦理——世界宗教议会宣言》,何光沪译,四川人民出版社 1997 年版,第 12 页。

化为一种内在的道德,并以此为价值选择依据在消费行为中体现出来,形成一种新型的正当合理的消费伦理秩序。

从历史的观点看,对于消费问题,人类不仅能够达到某种程度和范围的文化认同,而且还分享着许多相同或相似的消费观念。例如,节约和简朴几乎是所有社会和文化传统的一部分,拜物主义、过度消费则成为古代哲人和宗教的一致谴责对象（见表6-2）。而过度的消费主义

表6-2　世界的宗教和主要文化对消费的教导①

宗教或文化	教导以及出处
美国印第安人	"尽管我们在你们眼里是悲惨的,但我们认为我们自己……比你们幸福得多,因为我们对我们所拥有的许多东西感到满足。" （密克马克酋长）
佛教	"这个世界上不论谁克服了自私的欲望,他的悲伤就会离他而去,就像水滴从莲花上滴落一样。"（《法句经》）
基督教	"骆驼穿过针眼比富人进入天堂要容易。" （《马太福音》）
儒家	"过犹不及" （《论语》）
古希腊	"凡事勿过度" （雕刻在特尔斐上的神谕）
印度教	"一个完全摆脱欲望而生活的人,没有渴望……得到了安宁。" （《薄伽梵歌》）
伊斯兰教	"贫穷是我们的骄傲" （穆罕默德）
犹太教	"既不要给我贫穷也不要给我财富" （《箴言》）
道家	"知足常乐" （《道德经》）

---

①　资料来源:世界观察研究所编辑,转引自[美]艾伦·杜宁:《多少算够》,毕聿译,吉林人民出版社1997年版,第107页。

是异常的价值体系,它有着浅薄的文化根基,它所导致的后果是彻底毁灭人类的生态依托。因此,杜宁一针见血地指出,消费主义终将是一种短暂的价值体系。事实上,即使在人类历史上最浪费的社会——美国,节约和简朴也是国家的准则。只是到了21世纪,消费才取代了节约而成为一种生活方式被人们接受。在1907年,当经济学家西蒙·纳尔逊·帕滕宣布"新的美德不是节约而是消费"时,这仍然被认为是一个异端。历史学家汤因比评论说:"这些宗教的创立者在说明什么是宇宙的本质、精神生活的本质。终极实在的本质方面存在分歧,但他们在道德律条上却是意见一致的……他们都用同一个声音说,如果我们让物质财富成为我们最高的目的,将导致灾难。"①

现代社会,"自愿简朴"的生活就是出于心甘情愿,在基本需求得到满足以后开始节约一点、降低一点、放弃一点。自愿简朴,不是回到原始落后的生活,不是严重物质匮乏下的节衣缩食,更不是贫困、苦难和无奈的生活,而是用理性的态度去享受生活和创造生活。它是一种明朗而积极的生活方式,是一种繁华过后更趋成熟的人生态度,是一种返璞归真的处世哲学。在贫穷的地区,厉行节约可能迫于现实状况和生存条件的严峻要求,而在富裕的国家,自愿简朴可能还相当于不发达国家的丰裕,并且是个人自愿选择的结果。应当指出,广泛的自愿简朴是消灭一些不必要的浪费和过度消费,它带来的主要经济效果是使"生产水平符合个人与社会的自觉选择"(德尼·古莱语),改变我们以数量来衡定经济发展和技术进步的习惯。

事实上,如一位哲人所说,赚钱与事物的堆积,不应该扼杀我们灵魂的纯净、心灵的生活、家庭的凝聚和社会的良善。奉行"自愿简朴"的人们正引导着一股新的生活时尚潮流。他们不会为了奢侈品而不惜一切代价,也不会像传统的守财奴那样为存款而降低生活所需。他们抛弃了所有的矫情和虚伪,代表一种更质朴、更真实的生活。倡导"自

---

① 转引自[美]艾伦·杜宁:《多少算够》,毕聿译,吉林人民出版社1997年版,第109页。

愿简朴",至少源自两个方面的理由:其一是出于保护地球生存环境的需要;其二是出于人们免于无限的欲望奴役的需要。这也是解决人类由于过度消费带来的环境危机和意义危机的有效方式之一。鲁宾(Vicki Robin)和杜明桂(Joe Dorminguez)在他们1992年的畅销书《富足人生》(*You Money or You Life*)中写道:

> 你的健康、你的钱袋与环境之间存在着一种相互增进的关系。如果你所做的对其中一项有利,那么对其他二者而言也几乎总是有益的。如果你步行或骑自行车去工作,从而减少了你对温室气体的增益的同时,你也节省了金钱并且获得了极好的锻炼。如果你将家里的厨房下脚料转为肥料以改善土壤(环境),你同时也就改善了你的蔬菜(你的健康)的品质,并且节约了垃圾处理的费用……节约金钱与拯救地球被联结在一起,这也不是出人意料的巧合。事实上,从某种意义上来讲,地球就掌控在你的钱袋之中。理由如下:金钱是对地球资源的抵押品留置权。每当我们在什么东西上花钱时,我们就不仅在消耗着金属、塑料、木材或者其他材料这样一些物料本身,而且也消耗着所有那些将这些物料从地球那里挖掘出来、运输到工厂、加以处理、装配为产品、运送到零售店并从商店那里运回到你的家中的资源……①

20世纪60年代,西方国家曾流行新节俭主义,在经历了西方资本主义经济高度发展时期的炫耀式消费后,回归自然的生活方式吸引着越来越多的人加入到这一行列中来。70年代起,能源危机、资源短缺与环境污染问题日趋严峻,人们日益意识到过度消费的严重性,"恳求负责任的消费"、"道德的消费"、"放弃之伦理"这些含义相近的词比比皆是,民间的行动更是对此作出了积极的回应。例如,美国一个名为"简朴一族"的非经营性团体,其成员人数从"9·11"恐怖袭击以来增加了25%。这一团体是康奈尔大学的"宗教、德育和社会政策中心"在

---

① 转引自[美]彼得·S.温茨:《现代环境伦理》,宋玉波、朱丹琼译,上海人民出版社2007年版,第396页。

洛杉矶建立的一个机构,它主办了"简朴生活圈",组织人们在各自的社区集聚讨论怎样使生活简朴化的方式方法,并向会员提供有关资料,通过创办有关杂志和报刊,如《简单生活月刊》、《真正朴素》等,进行相关理论的研究和宣传,使人们的生活更加健康纯净和简朴有序。它逐渐被更多的人接受并实践着。研究者杜安·埃尔金甚至做过一个乐观的估计:有一亿美国成人正"全身心地"进行自愿简朴地生活的试验。而德国、印度、荷兰、挪威、英国等许多国家也都有一小部分人尝试追随一种非消费的人生哲学。90 年代,德国社会学家贝克(Ulrich Berk)提出了著名的第二个现代化的理论。按照他的观点,第一个现代化的主要特征在于经济增长、技术进步、阶级内部的团结与阶级之间的冲突,在于为了更多的收入与消费的物质资料分配上的竞争。它的经济表达模式就是现代西方工业社会中那样一种以矿物燃料为基础、以汽车工业为核心、一次性商品充斥的经济,它的基本语言就是"征服之欲望"与"制造之能力"。而第二个现代化则是人类崭新的奋斗目标,它的主要特征在于整个社会都是朝着个性化的方向发展的,人们强调自己的时间、自我决定的活动、内心的情感体验以及与他人的对话和交往,一句话,在于非物质的竞争。它的经济表达模式是以再生能源为基础、重复和循环利用资源的可持续发展的经济。它的基本语言就是"同情"、"体味"与"梦想之能力"。这样一种并非以物质财富的占有为尺度来衡量人们的贫富差别的时代,被贝克称为"自我生活的时代",它是一种更具吸引力的、使人的本质特征得以更深刻地展现的崭新的生存方式。[1] 在第二个现代化的时代,人们的消费并非是由外在的刺激达到被动满足的消费,而是一种自主性的,自我实现的消费。在人类品尝"无所不用其极"而带来环境危机和意义危机的后果后,放弃对奢华的追求,返璞归真,转而寻求"自愿简朴"的生活,将品味到一种质朴和真实带来的幸福。

[1] 甘绍平:"论消费伦理——从自我生活的时代谈起",《天津社会科学》,2000 年第 2 期,第 10 页。

第六章 消费伦理秩序的现代建构

三、道德教化

一种现实合理的普遍消费伦理秩序的重建,离不开社会成员德性精神的滋养与补充。而个人道德是社会道德的内化,个人道德内化的过程必须诉诸道德教化的机制和功能。也就是说,通过道德教化才能使社会的价值理念和道德规范最终能够转化为个人的内在品德,起到规范人们行为和整合社会秩序的作用。因此,道德教化对于消费伦理秩序的重建有着重大的意义。

教化是一个古老的问题。古希腊的"教化"(Paideia)意味着"教并使习于所教",习于一事而形成习惯,获得相应的道德品质。德语"教化"(Bildung)一词产生于中世纪,原意是指人性通过不断的精神转变达到神性的完满。《说文解字》中,"教"的意思是"上所施,下所效也"。《中庸》曰:"修道之谓教。"教化意味着把社会所认可的价值理念、道德规范施于社会个体,并转化为社会所期望的个体内在品格。教化的基本内涵包括如下几个方面:(1)教化是一种人性的自我完善和人在现实社会中的实现。人通过遗传获得其自然存在,获得其作为现实存在的可能性,但人是通过教化获得他的现实自我,获得他在现实中作为人的存在的现实性。(2)教化乃是对心灵的型塑,指向心灵的完善。教化总是意味着社会历史中累积的富于价值和意义的客观精神进入个体心灵,把个体心灵从个别性状态提升到普遍性状态,实现人的精神内在的、整体性的生长生成。(3)教化指涉对比自我更高、更完美的东西的追求活动,指涉超越于个体之上的价值目标、客观精神在个体生命中的实现。(4)教化不仅意味着走出自身,克服个体精神的局限性,完整的教化还要求从异己的他物出发返回自己本身。①

儒家重视道德的修养与教育。《论语·子路》记载了孔子与弟子冉有的对话:"子适卫,冉有仆。子曰:'庶矣哉!'冉有曰:'既庶矣,犹何加焉?'曰:'富之。'曰:'既富矣,又何加焉?'曰:'教之'。"在孔子看来,"富之"的基础上要"教之",通过道德教育,提升人的道德修养,做

---

① 参见刘铁芳:《生命与教化》,湖南大学出版社 2004 年版,第 38—40 页。

符合道德的行为。孟子也说："人之有道也,饱食、暖衣、逸居而无教,则近于禽兽"(《孟子·滕文公上》)。教化在柏拉图看来是一种"心灵转向",现代著名教育家杜威则认为,教育的意义就在于改变人性以形成那些异于朴质的人性的思维、情感、欲望和信仰的新方式。从一般意义上说,道德教化是社会道德教育与个体道德认同的互动。一方面,从社会的层面来看,道德教化是社会有目的、有组织、有计划地对个体进行一种价值导向的活动,通过特定的方法和手段对个体进行道德知识和道德情感的培养和开发,使人明白自己所处的人伦关系以及相应的道德要求,以形成和谐的人伦秩序,即所谓"化民成俗","明人伦,兴教化"。如杜威所认为,道德意味着行为意义的增长,至少它意味着这样一种意义的扩展:这种意义是对诸种条件观察的结果,也是行为的结果。它的全部是不断增长的。在道德这个词最宽泛的意义上说,道德即是教育。另一方面,从个体的层面来看,道德教化是个体对社会道德规范和价值理念的认同和内化,即通过对社会主导的道德的认知,增进个体身心和谐与德性完满生成,以提升个体生命的质量和境界。教化乃是"面向个人灵魂的内在和谐的形成,为此,教化提高个人对灵魂的自我理解(智慧)、自我治理、自我更新的能力,它是一种灵魂的治理与自我治理的统一。教化导向心灵的健康,导向个人的理性与欲念的和谐、德性与利益的和谐、社会性与自然性的和谐、自由与责任的和谐、道德知识与行动的和谐"。①

的确,科学技术和现代市场经济体制使人类在物质财富创造方面释放了巨大的能量,人类创造了庞大的工业文明体系,大大改善了人类的物质生活条件。然而,经济的高速发展、物质生活的大大改善并不能自然而然地带来道德的进步和世界的安定和谐。人类精神的家园没有正确的价值导向和人文精神的浸润将日益荒芜,不通过专门的道德教化是不会进步的。"由于社会生活的物化趋势,人的情感异化和意志

第六章　消费伦理秩序的现代建构

---

① 金生鈜:"德性教化乃是心灵转向",《湖南师范大学教育科学学报》,2002年第2期。

的沦丧已经对人们的生存造成了严重的影响。人类心灵的失衡,已经成为时代的精神病症……道德教化必须走向深层次的道德情感教育,着眼于心灵的净化和人格的提升,着力于道德素质的全面提高。"①事实上,科学、技术、工业三驾马车载着人类的命运狂奔。经济增长失去了控制,它的发展把人们引向深渊。物质主义心态已经把精神性资源洗刷得相当稀薄,生活的富裕带来的社会上的骄奢淫逸之风盛行、贫富悬殊的扩大、道德观念的沦丧比比皆是,我们面对的困境空前绝后。因此,道德教化的重要性不言而喻,如孔子所说"道之以德,齐之以礼,民免而无耻"。从根本上说,社会普遍的价值理念和道德规范最终内化为个体的内在品德,全体社会公民道德个性的健康发展,都有赖于道德教化的支持。

242   道德教化之于现代消费伦理秩序的重建有着重要的作用。在消费领域,首先,道德教化应是一种节俭消费的美德教育。节俭是一种生活美德,它不是对生活消费质量的俭省,而是对满足欲望的消费的节制,是对生活费用的合理支出和对资源的有效保护和使用,是一种量入为出、不贪婪、不占有、勤俭节约、心灵安详的人生态度。事实上,节俭是所有文化遗产的组成部分。例如,"小木屋"系列小说的作者罗兰·英格斯·怀德(Laura Ingalls Wilder),将拓荒时代人们的勤奋、简朴、勇敢以及对大自然的谦敬描述得淋漓尽致。回顾他们的生活,靠双手耕种、打猎、缝衣、筑屋、凿井等等,许许多多生活的考验,把人磨炼得更有智慧也更加懂得珍惜和感激。罗兰在她的优秀儿童读物《草原上的小木屋》(Little House on the Prairie)中,描写了流行与上几代美国人中的真正的物质主义。当她的父亲用木瓦加盖他们大草原中房子的屋顶时,罗兰站在下边小心地收集可能掉下来的每个钉子,没有一个钉子会被浪费。在我国,"勤俭自强"被写进《公民道德建设实施纲要》的20字基本道德规范;十届全国人大二次会议提出了"建设资源节约型社会"的要求;国务院发出了2004年到2006年在全国范围内开展

① 李建华:《道德情感论》,湖南人民出版社2001年版,第263页。

资源节约活动的号召,"一粥一饭,当思来之不易;半丝半缕,恒念物力维艰"。

其次,道德教化应是一种正确的金钱观和幸福观的教育。现代市场经济条件下,培养健康合理的金钱观和幸福观日益凸显其重要性,这涉及人们对于金钱、人生意义、幸福生活的正确理解和价值认同。时下"拼命赚钱、及时享乐"似乎成了现代人生活方式的概括,"幸福生活"被界定为物质生活的富足和感官欲望的充分满足。人们信奉"人类福利绝对地依赖于经济状况",以便"在丰饶中纵欲无度"。在被物所包围,以物的大规模消费为特征现代社会里,孩子们也正在被培养成消费者:"从宗教角度来看,市场价值最明显的特性不是它们的'自然特性',而是它们改变思想的技巧无比有效,并且具有极强的说服力。我明白,作为一名哲学老师,一个星期只有几个小时的上课时间,面对着课堂外向学生们袭来的那种改变思想的力量——电视和收音机、杂志和公共汽车等地方上诱人的(常常是虚伪的)广告信息,不停地催促他们'如果你想得到幸福的话就买我吧'——无论我怎么教学生,实际上都无济于事。"[1]事实上,如舒马赫所说,人的需要无穷无尽,但无穷无尽只能在精神王国里实现,在物质王国里永远不会实现。现代人一味地追求物质生活的丰裕舒适,却荒芜了精神的家园,单纯的消费无论如何是无法承载人生的价值和意义的。经济学家加尔布雷斯在其《丰裕社会》一书中提出"生活质量"的概念,指人的舒适、便利的程度,精神上所得到的享受和乐趣。他认为,经过一个较长时间,艺术和反映艺术成就的产品,在经济发展中将越来越占到重要的地位。消费发展到某一程度时,凌驾一切的兴趣也许是在于美感。这一转变将大大变更经济体系的性质和结构。而从艺术发展中得到的享乐,是没有可以看得到的限度的,几乎可以肯定会大于从技术发展中的享乐。于是,要"道之以德,齐之以礼",就必须通过有效的、普遍的道德教化的机制和功

---

[1]　David R. Loy, The Religion of the Market, *Journal of the American Academy of Religion*, Vol, 12, 1965, p. 278.

能,为全体社会公民提供统一的是非善恶的消费价值标准和消费道德规范,在全社会范围内树立正确的金钱观和幸福观,达到公民个体的道德自律,形成消费伦理所需的一种和谐的消费伦理秩序。

第七章
结语：超越消费社会

　　消费伦理探究并不仅仅是做一种"黄昏中起飞的猫头鹰"式的理论反思工作，更重要的是要契合人们日益丰富和复杂具体的道德生活实践，使其化为一种巨大的现实的力量。因为"伦理道德的根基在于它首先是人的现实存在方式、生活方式、实践方式之一，而不是仅仅发生于观念中的东西；因此它必然与人的生存发展实践相联系，并由人的生存发展实践强有力地创生出来。"[①]当代人类社会，随着物质财富的极大丰富，进入了"一种新型的社会生活和新的经济秩序"（詹明信语）的消费时代。这一时期资本主义发生了一种重大的变迁：从 19 世纪资产阶级关注对生产的控制转向 20 世纪的对消费的控制，人们的生存境况和生存体验也由此发生了系列变化。这些变化直接产生了对建立新型消费秩序的内在伦理要求。而这对于正处在现代化社会转型时期的我国来说，结合民族自身优秀文化传统和中国现代化建设的经验，克服西方消费主义文化的弊端，超越西方式的"消费社会"，建设具有中国特色的和谐的"消费"社会，形成一种公正合理的消费生活秩序，这些伦理要求有着更为迫切的现实意义。

　　消费社会在美国诞生之后，已是远远地超出了美国国界，20 世纪50 年代以来，消费社会的核心已经从美国扩展到北美、西欧和日本。中国是否已进入消费社会呢？目前学术界主要有三种观点：其一是认

---

①　李德顺："普遍价值及其客观基础"，《中国社会科学》，1998 年第 6 期。

为中国已经步入消费社会。如陈晓明认为："我们当然难以断言当代中国开始进入消费社会。对当代中国的社会性质下定义是极其困难的事,这个社会包含的因素、涵盖的历史是如此丰富,以至于我们确实无法在一个统一的意义上来描述它的特征。地区性差异,城乡差异,政治、经济、文化之间的不平衡关系等等,使它呈现出多元的内涵。在某种程度上,它确实是一个前现代社会,在较大的范围内它又是一个现代社会,在某些方面,在某些发达区域和城市,它又可以说是接近后工业化社会……不管我们承认不承认,一个蓬勃发展的消费社会正在中国兴起。"①陈昕虽然没有提到中国是否已经步入消费社会,但他指出,"中国城乡日常生活中正在出现和形成消费主义生活方式……中国城乡社会追求西方发达国家代表性的高消费生活方式正在逐步发展成为普遍现象;在这个过程中,对符合象征价值的消费正在成为人们的主要消费选择,甚至超越了对商品使用价值的考虑;大众传媒的渗透以及西方国家、城市、高收入群体、知识分子的示范作用推动了消费主义生活方式的扩散。"②其二是认为消费社会在中国社会的局部地区或局部阶层中存在。如日本学者堤清二认为："消费社会也可以在产业社会的某一特定社会阶层'成熟'起来的场合出现。在社会主义社会看不到西欧型的消费社会形象,不是由于生产力低,而是前苏联社会仅仅把消费理解成劳动力的再生产过程。恐怕在党的高干和官僚中倒悄悄存在着一个'消费社会'。"③他对社会主义社会的看法虽然有些偏颇,但看到腐败现象滋生的潜在因素。波德里亚也在《消费社会》中说到了社会主义国家:工人与高级干部在日常必需品上的差别是 100∶135,居住设施上的差别为 100∶245,交通工具上的差别为 100∶305,而娱乐上的差别达到 100∶390。虽然波氏的数据还有待考证,但现实情况似乎是有过之而无不及,这也是我国政府历年来强调反腐倡廉的原因之一。

---

① 陈晓明:"挪用、反抗与重构",《文艺研究》,2002 年第 3 期,第 5 页。
② 陈昕:《救赎与消费》,江苏人民出版社 2003 年版,第 233 页。
③ [日]堤清二:《消费社会批判》,朱绍文等译,经济科学出版社 1998 年版,第 70 页。

其三是没有采用"消费社会"的提法,而是用"耐用品消费时代"来概括这个时代的特征。如孙立平指出:"我们正在开始进入一个新的时代,这个时代就是耐用品消费时代。在这个时代,耐用消费品的生产和消费,开始成为我们日常生活的主要内容,而生活必需品的生产和消费则退居次要的地位。"①他分析了中国所面临的诸多困境和挑战。从某种程度上说,我们可以断言,目前中国正处在由物质匮乏时代向富裕时代转变的过渡或转型阶段,生产社会的特征仍然占着主导地位,但也表现出一些消费社会的特点。

回顾历史,自1979年实行改革开放以来,中国走向了一条充满希望的现代化道路。如美国教授戴慧思在《中国城市消费革命》(*The Consumer Revolution in Urban China*)一书中所感叹道,不到十年,人们获得了新的传播方式,新的社会话语词汇和新的闲暇方式,这真是一场消费的革命。中国对消费的认识经历了一个从抑制和忽视消费到引导和重视消费的过程。《中共中央关于制定国民经济和社会发展第十一个五年规划的建议》中,提出了建设资源节约型和环境友好型社会,"大力发展循环经济……形成健康文明、节约资源的消费模式";2007年中国消费协会提出"消费和谐"的主题,要求树立和谐消费的理念,营造一个消费和谐的市场环境;从2003年到2008年,我国城镇居民人均消费性支出的年平均增长率为10.8%,国内最终消费需求对GDP增长的贡献率从35.3%提升到39.4%。这都说明了改革开放30多年来,中央有关扩大内需、促进消费、调整投资与消费比例关系的战略方针和举措显现成效,也反映了政府实现国家富强、民族振兴、人民幸福的决心和信心。

毋庸置疑,中国社会已经逐渐从一个生产为主导的社会转变为一个以消费为主导的社会。我们的问题是,如何克服西方消费主义文化的弊端,超越西方式的"消费社会",总结中国现代化建设的经验,顺应

① 孙立平:《断裂:20世纪90年代以来的中国社会》,社会科学文献出版社2003年版,第36页。

时代的潮流,立足于中华民族自身优良文化传统,建设一个与前者完全不同的具有中国特色的和谐"消费"社会? 在当代世界发展中,在全球舞台上,中华民族将呈现什么样的意义世界?

首先,我们的"消费"社会建设必须是建立在社会生产力和经济文化的发展水平不断提高的基础上。经济的增长、社会的稳定、贫困的消除、平等的促进、政治的民主、文明的提高都有待于发展提供现实的可能,没有物质基础只能是无源之水,无本之木。国家主席胡锦涛《在中央人口资源环境工作座谈会上的讲话》中指出,要以实现人的全面发展为目标,从人民群众的根本利益出发谋发展、促发展,不断满足人民群众日益增长的物质文化需要,切实保障人民群众的经济、政治和文化权益,让发展的成果惠及全体人民。2006 年 10 月,党的十六届中央委员会第六次会议一再强调:必须坚持用发展的办法解决前进中的问题,大力发展社会生产力,不断为社会和谐创造雄厚的物质基础……所以,以经济建设为中心,大力发展生产力是整个社会主义初级阶段颠扑不破的真理。在中国人的消费观念中,始终保持着两大传统:"一种传统是认为应当节俭,消费以够用为限度,以实用为目的,勿使扩大,也勿使奢靡;另一种传统是按等级序列消费,达官贵人享用的,平民百姓不能享用,平民百姓惯用的,达官贵人不齿为用,所谓'上下不得相侵'这两种传统使得中国的消费一向持于守贫,消费萎缩。建国以后的 30 年内,人民收入低小,商品物质匮乏,是消费不高的重要前提,但事实上两种消费传统的作用不可低估。人们讲究的是经济实惠,'新三年、旧三年,缝缝补补又三年,'这种生活方式差不多是普通百姓、在城市里是市民百姓的突出特征。"①因此,建设中国特色的"消费"社会必须有坚实的物质基础,必须能为广大人民提供获取大量物质产品的生产能力和完善的制度保障。在物质丰裕的同时,体现社会公正,减少贫富不均,大力提高社会各阶层的收入水平,维护消费者特别是低收入基层的利益,健全和完善城镇社会保障体系,释放城镇居民消费需求,确定灵

---

① 张永杰、程远忠:《第四代人》,东方出版社 1988 年版,第 153 页。

活的价格机制,打消人们传统节俭观的顾虑,给消费者创造敢于消费、愿意消费、善于消费和可持续消费的良好环境。

其次,社会主义的"消费"社会不是经济发展之后的必然产物,物质文明从来都需要精神文明与之并驾齐驱的,也就是说,需要建立一种与大众消费阶段相适应的现代型的文化精神和道德价值观念系统。现代西方消费社会的人们普遍注重物质享受,遵循实用主义和享乐主义,追求外在力量的确证,追求认识和控制物质,在一种现代工具主义价值观念的支配下,把"征服自然"和"宰制自然"看作是实现自身价值的途径,把物质财富视为能力与成功的标志,这一切无疑导致人的道德沦丧、物欲横流,精神生态严重恶化。二百年前托克维尔就曾警告,物质享受欲望如果没有节制将会促使人们相信一切都只是物质。资本主义所积聚的物质财富和发达的科学技术,只是为人类文明走向成熟提供了潜在的物质条件,而依靠自身的文化却已很难摆脱积重难返的资本主义文明所内蕴的深刻危机。著名历史学家阿诺德·汤因比博士早在三十年前就指出,工业革命打破了生物圈的最后平衡,人类非理性力量的严重后果逐步显现出来,人类与自然已经事实上处于尖锐对抗的激烈战争状态。在汤因比看来,世界的统一是避免人类集体自杀的唯一道路,在现存的各民族中,最具备这种条件的,是有着五千余年历史的、形成独特思想方法的中华民族。汤氏在其《人类与大地母亲》中说道:"要避免生物圈的环境污染,以及资源枯竭的危险,依靠狭隘的政治国家是无能为力的,应当以整个地球的规模来克服它。今后的人类如果要免遭灭顶之灾,就要像中国人曾在他们的地域上建立'世界国家'那样,建立全球性的'世界国家'。"①汤因比看到了西方现代文明的内在机制必然导致全面的毁灭性后果,从而开始寻求人类未来的文化模式。在他眼里,西方文明及其相关的宗教体系不具备拯救大地母亲和人类的力量,而有五千年之久的中华文化本身是一种多元统一的、极具包容

第七章 结语:超越消费社会

---

① [英]阿诺德·汤因比:《人类与大地母亲》,徐波译,上海译文出版社 1992 年版,第 734 页。

性的文化,正是这种文化将促成中国"肩负着不止给半个世界而且给整个世界带来政治统一与和平的命运"。

的确,与西方的"个体本位"相反,中国有着强烈的"群体本位"意识。《荀子·王制》曰:"力不若牛,走不若马,而牛马为用,何也?人能群,彼不能群也。"群体的和谐统一被视为最高价值。所以中华民族自古以来就不是自私自利的狭隘民族,有着"四海之内皆兄弟"的"天下大同"的广阔胸怀。《礼记·礼运》中对儒家追求的"大同世界"作了这样的描述:"天下为公,选贤与能,讲信修睦。故人不独亲其亲,不独子其子;使老有所终,壮有所用,幼有所长,矜寡、孤独、废疾者皆有所养。"传统文化看重在心内寻求永久的和平,强调身心和谐、人与自然的和谐,自我与他人、自我与社会的和谐。这些年,我们的经济体制改革和对外开放带来了经济和社会的飞速发展,但与此同时也带来了不少问题,如对拜金主义、消费主义和享乐主义的崇尚。事实上,人类社会的进步与发展绝不仅仅是全球性的大规模消费,也不是科学技术的工具理性成为人类的文化价值坐标,而是对一种新的文化的认同。这种文化出于人类自身幸福生活的目的,塑造一种注重均衡、节约简朴、追求精神境界、推进文化多样性和维护生态健康的生活典范。由此,我们主张在积极推进和改善民主制度的同时,让这种新的文化力量改变人们的观念世界和价值原则,使得一种富足而简单,充实且和谐的有机生活模式成为人类可以合理期许的现实的生活方式。

在现代化的条件下,我们有必要将中国的传统美德和社会主义市场经济的现实国情有机地结合起来,将民族精神与时代精神统一起来,发挥中华民族的生存智慧,展现中华民族的精神意义,消解西方消费主义文化的危害,建立一种公平正义的消费生活秩序。今天,中华民族走向了一条具有中国特色的社会主义现代化道路,也将迎接即将到来的富裕社会即中国特色的"消费"社会。

参考文献

一、中文部分

A. 参考书目

《马克思恩格斯全集》，人民出版社 1995 年版。

马克思:《1848 年经济学哲学手稿》，人民出版社 2000 年版。

［德］黑格尔:《哲学讲演录》，贺麟、王太庆译，商务印书馆 1981 年版。

［德］康德:《历史理性批判文集》，何兆武译，商务印书馆 1997 年版。

［德］马克斯·韦伯:《新教伦理与资本主义精神》，于晓、陈维纲译，陕西师范大学出版社 2006 年版。

［德］马克斯·韦伯:《儒教与道教》，洪天富译，江苏人民出版社 2005 年版。

［德］彼得·科斯洛夫斯基:《资本主义的伦理学》，王彤译，中国社会科学出版社 1996 年版。

［德］维尔纳·桑巴特:《奢侈与资本主义》，王燕平等译，上海人民出版社 2000 年版。

［德］沃夫冈·拉茨勒:《奢侈带来富足》，刘风译，中信出版社 2003 年版。

［德］文德尔班:《哲学史教程》，罗达仁译，商务印书馆 1997 年版。

［法］科尔纽:《马克思的思想起源》，王谨译，中国人民大学出版社 1987 年版。

[法]让·波德里亚:《消费社会》,刘成富等译,南京大学出版社 2000 年版。

[法]让·波德里亚:《物体系》,林志明译,上海世纪出版集团 2000 年版。

[芬兰]尤卡·格罗瑙:《趣味社会学》,向建华译,南京大学出版社 2002 年版。

[圭那亚]施里达斯·拉尔夫:《我们的家园——地球》,夏堃堡等译,中国环境科学出版社 1993 年版。

[荷兰]伯纳德·曼德维尔:《蜜蜂的寓言》,肖聿译,中国社会科学出版社 2002 年版。

[古希腊]柏拉图:《理想国》,郭斌和、张竹明译,商务印书馆 1986 年版。

[古希腊]亚里士多德:《尼各马可伦理学》,廖申白译,商务印书馆 2003 年版。

[美]艾伦·杜宁:《多少算够》,毕聿译,吉林人民出版社 1997 年版。

[美]埃里希·弗洛姆:《占有还是生存》,关山译,三联书店 1988 年版。

[美]埃里克·阿诺德、李东进等:《消费者行为学》,电子工业出版社 2008 年版。

[美]彼得·S.温茨:《现代环境伦理》,宋玉波、朱丹琼译,上海人民出版社 2007 年版。

[美]丹尼尔·贝尔:《资本主义文化矛盾》,赵一凡等译,三联书店 1989 年版。

[美]大卫·里斯曼:《孤独的人群》,王崑、朱虹译,南京大学出版社 2002 年版。

[美]凡勃伦:《有闲阶级论》,蔡受百译,商务印书馆 2004 年版。

[美]弗洛姆:《健全的社会》,蒋重跃等译,国际文化出版公司 2003 年版。

［美］赫伯特·马尔库塞:《爱欲与文明》,黄勇、薛民译,上海译文出版社2005年版。

［美］加尔布雷斯:《丰裕社会》,徐世平译,上海人民出版社1965年版。

［美］杰里米·里夫金等著:《熵:一种新的世界观》,译文出版社1987年版。

［美］罗伯特·弗兰克:《奢侈病》,蔡曙光等译,中国友谊出版公司2002年版。

［美］蕾切尔·卡逊:《寂静的春天》,吕瑞兰、李长生译,吉林人民出版社1997年版。

［美］马克·波斯特:《第二媒介时代》,范静哗译,南京大学出版社2001年版。

［美］米斯都等:《增长的极限》,李宝恒译,吉林人民出版社1997年版。

［美］乔治·瑞泽尔:《后现代社会理论》,谢立中译,华夏出版社2003年版。

［美］苏特·杰哈利:《广告符码》,马姗姗译,中国人民大学出版社2004年版。

［美］雅克·布道编:《建构世界共同体》,万俊人、姜玲译,江苏教育出版社2006年版。

［美］以赛亚·伯林:《自由论》,胡传胜译,译林出版社2003年版。

［美］约翰·罗尔斯:《正义论》,何怀宏等译,中国社会科学出版社1998年版。

［美］詹明信:《晚期资本主义的文化逻辑》,陈清侨译,三联书店2003年版。

［日］堤清二:《消费社会批判》,朱绍文等译,经济科学出版社1998年版。

［日］见田宗介:《现代社会理论》,耀禄、石平译,国际文化出版公司1998年版。

［印］阿马蒂亚·森：《以自由看待发展》，于真等译，中国人民大学出版社 2002 年版。

［英］阿诺德·汤因比：《人类与大地母亲》，徐波译，上海译文出版社 1992 年版。

［英］凯恩斯：《就业利息和货币通论》，高鸿业译，商务印书馆 1996 年版。

［英］亚当·斯密：《国民财富的性质和原因的研究》，郭大力译，商务印书馆 1974 年版。

［英］弗兰克·莫特：《消费文化》，南京大学出版社 2001 年版。

［英］罗素：《西方哲学史》，何兆武、李约瑟译，商务印书馆 1963 年版。

254

［英］大卫·休谟：《道德原理研究》，王淑芹译，中国社会科学出版社 1999 年版。

［英］齐格蒙特·鲍曼：《全球化》，郭国良、徐建华译，商务印书馆 2001 年版。

［英］迈克·费瑟斯通：《消费文化与后现代主义》，刘精明译，译林出版社 2000 年版。

［英］霍布豪斯：《自由主义》，朱曾汶译，商务印书馆 1996 年版。

［英］安东尼·吉登斯：《现代性与自我认同》，赵旭东等译，三联书店 1998 年版。

［英］西莉亚·卢瑞：《消费文化》，张萍译，南京大学出版社 2003 年版。

冯友兰：《中国哲学史》，华东师范大学出版社 2000 年版。

北京大学外国哲学教研室编：《古希腊罗马哲学》，商务印书馆 1961 年版。

陈鼓应：《老子今注今译》，商务印书馆 2003 年版。

曹刚：《法律的道德批判》，江西人民出版社 2001 年版。

陈昕：《救赎与消费》，江苏人民出版社 2003 年版。

陈来主编：《冯友兰选集》，吉林人民出版社 2005 年版。

陈嘉明：《现代性与后现代性十五讲》，北京大学出版社 2006

年版。

陈学明编:《痛苦中的安乐》,云南人民出版社 1998 年版。

高兆明:《制度公正论》,上海文艺出版社 2001 年版。

高清海:《找回失去的"哲学自我"》,北京师范大学出版社 2004 年版。

胡寄窗:《中国经济思想史简编》,中国社会科学出版社 1981 年版。

邓晓芒:《中西文化视域中真善美的哲思》,黑龙江出版社 2004 年版。

季羡林:《我的人生感悟》,中国青年出版社 2006 年版。

李泽厚:《论语今读》,三联书店 2004 年版。

李建华:《道德情感论》,湖南人民出版社 2001 年版。

李建华:《走向经济伦理》,湖南大学出版社 2008 年版。

李培超:《伦理拓展主义的颠覆》,湖南师范大学出版社 2004 年版。

厉以宁:《经济学的伦理问题》,三联书店 1995 年版。

刘湘溶:《人与自然的道德话语》,湖南师范大学出版社 2004 年版。

刘铁芳:《生命与教化》,湖南大学出版社 2004 年版。

陆扬、王毅:《文化研究导论》,复旦大学出版社 2007 年版。

卢风:《享乐与生存》,广东教育出版社 2000 年版。

罗钢、王中忱:《消费文化读本》,中国社会科学出版社 2003 年版。

莫少群:《20 世纪西方消费社会理论研究》,社会科学文献出版社 2006 年版。

欧阳卫民:《中国消费经济思想史》,中共中央党校出版社 1994 年版。

盛宁:《人文困惑与反思——西方后现代主义思潮批判》,三联书店 1997 年版。

孙周兴编:《海德格尔选集》,三联书店 1996 年版。

唐凯麟、曹刚:《重释传统》,华东师范大学出版社 2000 年版。

唐凯麟、陈科华:《中国古代经济伦理思想史》,人民出版社 2004 年版。

万俊人:《道德之维——现代经济伦理导论》,广东人民出版社 2000 年版。

万俊人:《寻求普世伦理》,商务印书馆 2001 年版。

万俊人:《现代西方伦理学史》,北京大学出版社 1992 年版。

王宁:《消费社会学》,社会科学文献出版社 2001 年版。

尹世杰、蔡德容:《消费经济学原理》,经济科学出版社 2000 年版。

张岱年:《中国哲学大纲》,江苏教育出版社 2005 年版。

张岱年:《中国伦理思想研究》,江苏教育出版社 2005 年版。

郑红娥:《社会转型与消费革命》,北京大学出版社 2006 年版。

赵汀阳:《论可能生活》,中国人民大学出版社 2004 年版。

章海山:《经济伦理论》,中山大学出版社 2001 年版。

B. 参考论文

[英]齐格蒙特·鲍曼:"消费主义的欺骗性",《中华读书报》,何佩群译,1998 年。

陈晓明:"挪用、反抗与重构",《文艺研究》,2002 年第 3 期。

甘绍平:"论消费伦理——从自我生活的时代谈起",《天津社会科学》,2000 年第 2 期。

高丙中:"西方生活方式研究的理论发展绪论",《社会学研究》,1998 年第 3 期。

高兆明:"'伦理秩序'辨",《哲学研究》,2006 年第 6 期。

郭金鸿:"国内消费伦理研究综述",《南京政治学院学报》,2004 年第 5 期。

胡金凤:"消费问题研究述评",《哲学动态》,2002 年第 11 期。

金生鈜:"德性教化乃是心灵转向",《湖南师范大学教育科学学报》,2002 年第 2 期。

卢风:"论消费主义价值观",《道德与文明》,2002 年第 6 期。

李德顺："普遍价值及其客观基础"，《中国社会科学》，1998 年第 6 期。

刘春雷："和谐发展：反对消费主义"，《山西师大学报》，2005 年第 5 期。

倪瑞华："可持续消费：对消费主义的批判"，《理论月刊》，2003 年第 5 期。

苏宝梅："对节欲的伦理解读和经济评价"，《齐鲁学刊》，2000 年第 5 期。

唐凯麟："对消费的伦理追问"，《伦理学研究》，2002 年第 1 期。

万俊人："人为什么要有道德"，《现代哲学》，2003 年第 1 期。

于光远："谈谈消费文化"，《消费经济》，1992 年第 1 期。

尹世杰："消费和谐与和谐社会"，《消费经济》，2007 年第 2 期。

尹世杰："关于绿色消费一些值得研究的问题"，《消费经济》，2001 年第 6 期。

王玉生，陈剑旄："关于节俭与消费的道德思考"，《道德与文明》，2003 年第 1 期。

周中之："消费的自由与消费的社会责任"，《道德与文明》，2007 年第 2 期。

周中之："消费的伦理评价与当代中国社会的发展"，《毛泽东邓小平理论研究》，1999 年第 6 期。

周中之、顾燕丽："'现代消费伦理与都市文化'学术研讨会在上海隆重召开"，《消费经济》，2006 年第 2 期。

周梅华："可持续消费及其相关问题"，《现代经济探讨》，2001 年第 2 期。

二、外文部分

Amartya Sen. *Levels of Poverty: Policy and Chance.* World Bank Staff Working Papers, No. 40, July, 1981

Amartya Sen. *Markets and Freedoms.* Oxford Economic Papers Vol. 45,

1993

Campbell, Colin. *The Romantic Ethic and Spirit of Modern Consumerism*, Oxford, London: Basil Blackwell, 1987

Douglas Kellner. *Jean Baudrillard: From Marxism to Postmodernism and Beyond*, Polity Press, 1989

Douglaas Kellner. *Baudrullard: A Critical Reader*, Cambridge, 1994

Edward O. Wilson. *The Diversity of Life*. The Belknap Press of the Harvard University Press, 1992

James Houston. *The Heart's Desire, a Guide Personal Fulfillment*, A Lion Book, Oxford Batavia Sydney, 1992

Jean Baudrillard. *For a Critique of the Political Economy of the Sign*, Trans. By Charles Levin, Telos Press, 1981

Jean Baudrillard. *The System of Objects*, Trans. By James Benedict, London, 1996

Jean Baudrillard. *The Consumer Society*, Tr. George Ritzer, London, 1998

J. Galbraith. *Ecomomic Development in Perpective*, Harvard University Press, 1962

Kaplan, D. *The Psychopathology of TV Watching*, Performance, August, 1972

Nei Mckendrick. *The Birth of a Consumer Society: The Commercialization of Eighteenth-Century England*, Indiana University Press, 1982

Peter Singer. *All Animals are Equal. Environmental Ethics: Readings in Theory and Application*, edited by Louis P. Pojman, Johnes and Bartlett Publisher, Inc, 1994

Pierre Bourdieu. *Distinction: A Social Critique of the Judgment of Taste*. Harvard University Press, Cambridge Massachusetts, 1984

Scitovsky, T. *The Joyless Econmomy*, Oxford University Press, New York, 1976

后　记

　　冯友兰先生曾说，在达到哲学的单纯之前，需先穿过复杂的哲学思辨之林。当然，要穿越"思辨之林"一定非寻常之事。我只是想，尽管路是一个过程，但完成书稿来写"后记"的时候，还是有了一个打包存盘驻足回望的非常时刻，虽然路途依旧遥远，轻松远未到来。

　　窗外近似人间四月天，遥遥望去，天空湛蓝，白云悠远，麓山郁郁葱葱。我印象中的麓山，有时雨丝密密斜斜云雾缭绕，有时枫叶或红或黄飘飘洒洒，有时彩霞满天生机盎然，有时冰雪覆盖银妆妖娆。从春天到秋天，从夏天到冬天，从硕士到博士，对于麓山下美丽的中南大学，一如我最初入校的心情："我的心切慕你，如鹿切慕溪水"。求学的日子白驹过隙，却又如此的鲜活和难忘。

　　拙著是在我的博士论文基础上修改而成的。以"消费伦理"为选题，是在道德价值领域中，给予我们的消费生活以及生活本身的一些思考。对于日渐浮躁和奢华的现代社会来说，我始终"自作多情"地相信，简单不仅是一种富足，还是一种精致。毫无疑问，作为一个跨学科的研究领域，消费伦理本身具有理论的开放性，还有待于不断地充实、生成和完善。因此，我力所能及的工作只能是对我"修辞立其诚"的证明。本书得以出版，我要特别感谢李建华教授，他善意的提命和催促，让我鼓足勇气把还不够完善、原不想就此问世的修改稿交了上去。书中的一些想法肯定还青涩、粗糙和笨拙，也一定会有这样或那样的缺点。所以，此刻我能想到对读者表白的事，就只有恳请多一点点宽容、理解和原谅了。这样，对于今后进一步的学术探究，我将更有理由和信心继续努力,坚定前行。

选题的最初确定,是我刚入门还在"雾里看花"、举棋不定的时候,导师钦点命题的。曹刚教授是我的博士生导师,他严谨深刻的治学、宽厚的道德人品和坦然的生活态度让我记忆深刻。后来,导师常居北京,仍不忘通过邮件和电话促我勤奋和上进。毫无疑问,论文从最初的构思到最后的定稿一直受益于他精到的点拨和指导,凝聚着导师的心血和辛劳。同时,在思考和写作的过程中,李建华教授将他的许多观点慷慨地与我分享。他常常以睿智而幽默的话语,让我们在开怀大笑之时,化开迷津,豁然顿悟。李老师给予学生自由空间的同时,又有着严格的为学和为人之标准。我衷心地感谢两位先生对我潜移默化的影响,"当时只道是寻常",点点滴滴却受益匪浅。

260

我的硕士导师李桂源教授始终关注着论文的进展,他敏锐的思想及对学生充满真诚的关爱情怀,让我体会到润物无声、大德不教的学者风范。此外,我还要感谢曾钊新教授、吕锡琛教授、吕耀怀教授、龙兴海教授、万俊人教授、王泽应教授、吴潜涛教授、王小锡教授、罗能生教授、高恒天教授。他们中间有的是我的授课老师,有的是我的论文评阅和毕业答辩老师,我从他们那儿获得了许多有益的思想和建设性的指导意见,也感受到他们对学术孜孜以求高度负责的精神,弥足珍贵,受益终生。

感谢左高山博士,在他悉心地组织和指导下,让我和同窗好友李好、祎赟、青必几个人,在近乎快乐旅行的"读书会"中,既收获了启发和教益又体会到辩论的无穷乐趣。他无私地带领我们深入阅读经典原著并给予我们诸多的鼓励,让我记忆犹新倍感温馨和亲切。然而,答辩后不久,李好博士却永远地离开了我们!毕业照的笑容依然璀璨,博士服的飘带尚在飞扬……感伤像雪花无声飘落,我在天国的好友啊,希望你宁静的心灵沉睡在幸福的港湾。

此外,感谢一直理解和支持我的家人,他们给予了我面对困难的乐观和勇气;感谢可爱的儿子浩源,与我分享着他童年的纯真和简单的快乐,让我感受到生活的意义和存在的丰盈。

借此机会,我也要衷心感谢湖南师范大学唐凯麟教授、刘湘溶教授、张怀承教授、方小年教授对我的关怀和帮助,他们的支持让我倍感荣幸和温暖。湖南师范大学公共管理学院的诸多老师,给予了我工作上的支持和生活上的关心,在此一并致谢。

此时此刻,院子里不知名的白色粉色小花静静吐露着芬芳,阳光透过玻璃窗照进我的房间,那曲熟悉的"Yesterday Once More"若隐若现,依然在回荡。

徐　新

2009 年 3 月 28 日于师大上游村

后

记

责任编辑:张伟珍
装帧设计:肖 辉
版式设计:程凤琴

图书在版编目(CIP)数据

现代社会的消费伦理/徐新 著. -北京:人民出版社,2009.12
(伦理学研究书系·经济伦理)
ISBN 978 - 7 - 01 - 008205 - 9

Ⅰ. 现… Ⅱ. 徐… Ⅲ. 消费经济学:伦理学-研究 Ⅳ. B82 - 053

中国版本图书馆 CIP 数据核字(2009)第 161840 号

现代社会的消费伦理

XIANDAI SHEHUI DE XIAOFEI LUNLI

徐 新 著

人 民 出 版 社 出版发行
(100706 北京朝阳门内大街 166 号)

北京新魏印刷厂印刷 新华书店经销

2009 年 12 月第 1 版 2009 年 12 月北京第 1 次印刷
开本:710 毫米×1000 毫米 1/16 印张:17
字数:236 千字 印数:0,001 - 3,000 册

ISBN 978 - 7 - 01 - 008205 - 9 定价:32.00 元

邮购地址 100706 北京朝阳门内大街 166 号
人民东方图书销售中心 电话 (010)65250042 65289539